Alexander Groth

Führungsstark in alle Richtungen

360-Grad-Leadership
für das mittlere Management

Illustrationen von Thomas Plaßmann

Campus Verlag
Frankfurt / New York

Für Tanja und Maximilian

Bibliografische Information der Deutschen Nationalbibliothek:
Die Deutsche Nationalbibliothek verzeichnet diese Publikation in der
Deutschen Nationalbibliografie; detaillierte bibliografische Daten
sind im Internet unter http://dnb.d-nb.de abrufbar.
ISBN 978-3-593-38573-0

Umschlaggestaltung: R. M. E, Roland Eschlbeck und Ruth Botzenhardt
Umschlagmotiv: © Getty Images
Satz: Publikations Atelier, Dreieich
Druck und Bindung: Druck Partner Rübelmann, Hemsbach
Gedruckt auf säurefreiem und chlorfrei gebleichtem Papier.
Printed in Germany

Besuchen Sie uns im Internet: www.campus.de

Inhalt

Die Situation des mittleren Managers

Mark, ein Mitarbeiter des mittleren Managements, schaut auf die Uhr. Er weiß nicht, wo ihm der Kopf steht. Der Vormittag war mit dem Schreiben von E-Mails, ein paar Anrufen und einem Meeting wie im Flug vergangen. Zum Mittagessen hat er sich mit einem Kollegen aus dem Controlling getroffen, um einige aktuelle Unternehmensentwicklungen zu besprechen. Dabei hat er unter dem Siegel der Verschwiegenheit erfahren, dass der momentane Sparkurs des Unternehmens wohl doch nicht ohne Personalreduzierung zu machen sei. Welche Auswirkungen das auf seinen Bereich haben wird, kann er nur erahnen. Noch beim Essen hat sein Handy geklingelt. Sein Chef hat ihn zusammen mit einigen Kollegen zu einer Krisensitzung geordert, weil es ein Problem mit einem der wichtigsten Kunden des Unternehmens gibt. Das Thema »Personalabbau« hat ihn während der gesamten Sitzung beschäftigt, aber sein Chef hat sich nichts anmerken lassen. Jetzt ist es 16 Uhr. Marks Blick fällt abwechselnd auf den Stapel an unerledigter Arbeit auf seinem Schreibtisch und den Bildschirm, der ihm den Erhalt von 73 neuen E-Mails verkündet. Er hat noch nicht einmal ansatzweise das abgearbeitet, was er sich für den heutigen Tag vorgenommen hatte. Er seufzt. Mark wird klar, dass es auch heute wieder spät werden und er seine beiden Kinder nur noch schlafend sehen wird. Zum Glück zeigt Kathrin viel Verständnis. Eigentlich hatte er gedacht, mit dem Aufstieg ins mittlere Management mehr delegieren zu können und dadurch etwas mehr Zeit zu haben, aber das Gegenteil ist der Fall. Mark nimmt sich den Konzeptvorschlag eines seiner Abteilungsleiter vor. Gerade, als er sich eingelesen hat, klingelt, wie so oft, sein Handy.

So wie Mark geht es vielen mittleren Managern. Sie haben das erreicht, wovon die meisten jüngeren Manager träumen: Sie sind ins mittlere Management aufgestiegen. Der neue Titel auf der Visitenkarte löst beim Jahrgangstreffen sichtbare Bewunderung aus und der Nachbar schaut neidisch auf den Audi A6-Dienstwagen mit Businesspaket-plus-Ausstattung. Der beste Freund spricht einen scherzhaft mit »Herr Direktor« an, weil man telefonisch nicht mehr direkt, sondern nur noch über die persönliche Assistentin erreichbar ist. So weit ist es das, was Mark sich immer erträumt hat, aber es gibt eben auch die anderen Seiten, die er heute wieder einmal hautnah miterlebt hat.

Es sind die folgenden Probleme, mit denen mittlere Manager heutzutage meistens zu kämpfen haben:

Hohe berufliche Belastungen und Erwartungen Elf- bis Zwölf-Stunden-Arbeitstage sind für viele mittlere Manager Alltag geworden. Die Kollegen arbeiten genauso viel, die Geschäftsleitung oft noch mehr. Gelobt wird man dafür nicht, denn das ist der erwartete Standard. Durch Lean Management wurden in den meisten Unternehmen massiv Stellen abgebaut. Heute leisten viele mittlere Manager das, was früher das obere Management verantworten musste, allerdings steht ihnen dafür nicht annähernd dieselbe Anzahl an Mitarbeitern zur Verfügung. Die Anforderungen an den mittleren Manager steigen kontinuierlich weiter. Die Grenze zwischen Berufs- und Privatleben verschiebt sich immer mehr zugunsten des Jobs. Viele Führungskräfte haben auch abends und im Urlaub das Firmen-Handy und Arbeitsunterlagen dabei.

Die Sandwich-Position Der mittlere Manager hat die Aufgabe, die vom Top-Management vorgegebenen strategischen Ziele in operative Ziele und Prozesse für das untere Management zu übersetzen. Oft fühlen sich mittlere Manager zwischen den beiden Parteien eingeengt: Der Vorgesetzte des mittleren Managers kommt mit teilweise unrealistischen Zielsetzungen und baut Druck zur Umsetzung auf. Die den mittleren Managern unterstellten Führungskräfte beklagen sich über die hohe Belastung und Ressourcenmangel. Der mittlere Manager muss übertriebene Erwartungen und Fehler von beiden Seiten ausgleichen. Dabei kann er es keiner Seite wirklich recht machen.

Begrenzte Aufstiegschancen War der Karrierepfad bis jetzt klar vorgezeichnet, wird es in Zukunft im wahrsten Sinne des Wortes eng. Nach oben hin gibt es immer weniger Stellen. Gleichzeitig konkurriert man mittlerweile mit hoch qualifizierten, international ausgebildeten Managern um die vorhandenen Stellen. Zum ersten Mal stellen sich viele karriereorientierte Menschen die Frage, wie es weitergehen soll. Die Konkurrenz wird härter, das Klima im oberen Management ist rau, und die Familie ist oft schon an der Belastungsgrenze angelangt.

Gestiegene Komplexität Führung und Management waren noch vor wenigen Jahrzehnten viel einfacher und greifbarer. In der Produktion zum Beispiel konnte man Probleme sehen und »be-greifen« (im Sinne von »anfassen«). Die Lösung war meist »offen-sichtlich«. Die heutigen hoch komplexen Produktionsprozesse und Dienstleistungen dagegen sind überwiegend sinnlich nicht mehr erfahrbar und die Ursache-Wirkungs-Gefüge zum Teil sehr kompliziert. Mittlere Manager können daher nicht mehr alles im vollen Umfang überblicken und verstehen und befinden sich immer häufiger in Situationen, in denen sie mit ihrem bisherigen Erfahrungswissen und mit bewährten Vorgehensweisen nicht weiterkommen.

Keine Zeit für Reflexion Viele mittlere Manager gehen in der alltäglichen operativen Arbeit unter. Was dabei auf der Strecke bleibt, ist die Zeit, über sich selbst und die Arbeit in Ruhe zu reflektieren und sich Gedanken über die Mitarbeiter und die Zukunft des Bereichs zu machen. Viele Manager merken zwar, dass sie das Tagesgeschäft »auffrisst«, sehen aber keinen Weg, wie sie den Überblick und die Steuerungskompetenz wiedererlangen können.

Weniger Arbeitsplatzsicherheit Je älter die Führungskraft oder je höher die finanziellen Verpflichtungen sind, desto mehr Bedeutung bekommt das Thema Sicherheit. Früher konnte man in den großen Konzernen davon ausgehen, dass man einen sicheren Arbeitsplatz hatte, solange man seine Arbeit gut machte und sich nichts zu Schulden kommen ließ. Eine regelmäßige Beförderung mit verbundener Gehaltserhöhung war eine feste Kalkulationsgröße. Heute werden mittlere Manager trotz guter Leistung, trotz jahrzehntelanger Betriebszugehörigkeit und trotz guter Unternehmenszahlen einfach entlassen. Wer bleibt, muss sich fragen, wann er auf der Liste stehen wird. Insbesondere wer über 50 ist, muss vorsichtig sein. Ab jetzt gilt man auf dem Arbeitsmarkt als schwer vermittelbar. Selbst hoch qualifizierte ältere Führungskräfte finden manchmal keine adäquate Stelle mehr, weil nun jüngere Bewerber bevorzugt werden.

Belastungen im Privatbereich Mittlere Manager sind auch und vor allem privat oft hohen Belastungen ausgesetzt. Viele haben ein schlechtes Gewissen gegenüber ihren Kindern und dem Partner, weil sie zu wenig Zeit mit ihnen verbringen. Der Manager kommt abends spät und völlig »geplättet« nach Hause. Für die Alltagsprobleme des zum Teil ebenfalls berufstätigen Partners hat er dann kein Ohr mehr. Wenn der Partner ihn dann am Wochenende mit angespannter Stimme bittet, doch auch mal was im Haushalt zu machen und die Kinder zu übernehmen, reagiert der erschöpfte Manager genervt. Parallel kommen häufig Probleme mit den Eltern hinzu, weil diese im Alter krank oder pflegebedürftig werden. Wenn sich dann noch Belastungen durch einen Hausbau oder andere Faktoren einstellen, liegen die Nerven schnell blank. Viele mittlere Manager nehmen ihr Privatleben deshalb nicht als Kraftquelle, sondern als zusätzliche Belastung wahr, wobei dies nicht am Partner, sondern an den Umständen liegt. Dementsprechend ändert sich auch nichts, wenn man den Partner wechselt.

Sie als mittlerer Manager sind mit komplexen Herausforderungen konfrontiert, die Ihre Führungskompetenz auf vier Ebenen erfordert. Zum einen sind Sie der Puffer zwischen »unten« und »oben«. Sie müssen hohe Vorgaben und strategische Richtungswechsel, die von oben kommen, umsetzen und erfüllen. Zugleich gehört es zu Ihren Aufgaben, Ihre einzelnen Mitarbeiter zu fordern und zu fördern sowie ein leistungsfähiges Team zu führen. Zum anderen müssen Sie auf der horizontalen Ebene mit Ihren Managerkollegen auf der gleichen Hierarchiestufe gleichzeitig kooperieren und konkurrieren. Und schließlich müssen Sie auch Ihre eigene persönliche Entwicklung ständig den unbarmherzig steigenden Anforderungen anpassen.

Aus meiner langjährigen Arbeit als Trainer für Führungskräfte weiß ich, dass dieser Druck von mehreren Seiten häufig das Kernproblem des mittleren Managements darstellt. Mit diesem Buch möchte ich Ihnen daher zeigen, wie Sie es schaffen können, auf allen vier Ebenen kompetent zu führen.

Jeder der Führungsebenen ist ein Teil des Buches gewidmet: Im ersten Teil erfahren Sie, wie Sie sich zu einer integren und authentischen Führungskraft weiterentwickeln, im zweiten Teil, wie Sie Ihr Team zu hoher Leistung führen; im dritten Teil erläutere ich Ihnen, wie Sie mit den Kollegen auf gleicher Ebene kooperativ umgehen, ohne sich von der Konkurrenz ausstechen zu lassen, und im vierten Teil, wie Sie Ihre Ideen und Interessen beim Vorgesetzten erfolgreich durchsetzen, auch wenn dieser ein schwieriger Charakter ist. Viele Übungen geben Ihnen Gelegenheit dazu, Ihre eigene Situation und Ihr Verhalten zu analysieren und individuelle Lösungsstrategien zu entwickeln.

Dieses Buch soll Ihnen komprimiert und praxisnah dabei helfen, souverän alle Führungsebenen in den Griff zu bekommen. Denn nur wer seine Aufmerksamkeit auf die spezifischen Herausforderungen aller vier Führungsebenen richtet, wird langfristig erfolgreich sein.

1. Teil

Führen Sie sich selbst als Führungskraft

Der erste Teil des Buches beschäftigt sich mit der Führung der eigenen Person, welches die Voraussetzung dafür ist, andere Menschen führen zu können. Ihr offizieller Titel und Ihre hierarchische Stellung machen Sie zum Vorgesetzten, aber nur Ihre Persönlichkeit kann Sie zu dem machen, was die Amerikaner einen »Leader« nennen. Da die Übersetzung von Leader mit »Führer« in Deutschland historisch belastet ist, haben wir keinen vergleichbaren Begriff. Am besten passt vielleicht noch das Wort »Führungskraft« im Sinne einer Kraft, die Menschen führt, im Gegensatz zum »Vorgesetzten«, der den Menschen nur vorgesetzt wird. In den meisten Unternehmen gibt es, so verstanden, mehr Vorgesetzte als Führungskräfte. Was zeichnet eine gute Führungskraft aus? Idealerweise ist sie integer, authentisch und leistungsstark. Was diese Eigenschaften ausmacht, und wie Sie diese verstärkt ausbilden können, erfahren Sie in diesem Buchteil.

Aus meiner Praxis als Führungstrainer für das mittlere Management weiß ich, dass viele Führungskräfte sich folgende Fragen stellen:

- »Wie kann ich trotz schwieriger Zeiten und des Drucks, der auf mir lastet, integer bleiben und meinen Überzeugungen entsprechend handeln?«
- »Wie finde ich heraus, wo meine wahren Stärken und Talente liegen, um diese noch mehr einsetzen zu können?«
- »Woran muss ich arbeiten, damit ich authentischer werde?«
- »Ich habe einen 12-Stunden-Tag und kaum noch Freizeit. Wie kann ich unter diesen Bedingungen mehr Lebensfreude und Zufriedenheit in mein Leben bringen?«

Diese und weitere Fragen werden in den folgenden vier Kapiteln beantwortet. Sich mit der eigenen Person zu beschäftigen, ist eine spannende Entdeckungsreise. Nehmen Sie sich die Zeit, die ein oder andere Übung durchzuführen und über sich selbst zu reflektieren, um das zu werden, was Ihre Mitarbeiter sich wünschen: Eine integre und authentische Person, von der Menschen sich gerne führen lassen! Im nun folgenden ersten Kapitel beschäftigen wir uns mit der Frage, was integres Handeln als Führungskraft bedeutet. Sie analysieren, welche Werte Ihnen wichtig sind, und Sie erfahren, in welchen Situationen sich zeigt, wie integer Sie sind und ob Sie Ihre Werte vorleben.

Rückgrat oder Wendehals – Wie Sie als Führungskraft integer handeln

Ein Beispiel zu geben ist nicht die wichtigste Art, wie man andere beeinflusst. Es ist die einzige.

Albert Schweitzer
(Nobelpreisträger)

Als Führungskraft wünschen Sie sich, bei den Kollegen und dem Chef angesehen zu sein und von den eigenen Mitarbeitern respektiert zu werden. Für ein langfristig hohes Ansehen ist eine konstant gute Leistung sicherlich unerlässlich. Das alleine reicht aber nicht aus. Die meisten Führungskräfte möchten nicht nur als Manager, sondern auch als Mensch respektiert werden, und dazu braucht es persönliche Integrität. Was genau bedeutet es aber überhaupt, integer zu sein?

> **Integer zu sein bedeutet, dass Sie sagen, wofür Sie stehen, und zu dem stehen, was Sie sagen.**

Die Amerikaner nennen es »to walk the talk«. Schon im 18. Jahrhundert hat der deutsche Dichter Matthias Claudius gemahnt: »Beurteile einen Menschen lieber nach seinem Handeln als nach Worten; denn viele handeln schlecht und sprechen vortrefflich.« Ob Sie integer sind, lässt sich also vor allem an Ihren Handlungen ablesen und weniger an dem, was Sie sagen! Wenn Sie integer sind, handeln Sie auch in schwierigen Situationen Ihren Werten entsprechend. Das erfordert manchmal Rückgrat. Doch nur so gewinnen Sie als Führungskraft an Glaubwürdigkeit bei Ihren Mitarbeitern. Wer kein Rückgrat zeigt, verhält sich wie ein Wendehals.

Das Wort »integer« stammt aus dem Lateinischen und bedeutet »unversehrt«. Unversehrt sind Sie, wenn Sie entsprechend Ihren Werten handeln. Viele Manager tun dies jedoch nicht. Ein alltägliches Beispiel für den Gegensatz von kommunizierten und gelebten Werten ist die Zeit für die Familie. Auf die Frage, was ihnen wichtig sei, antworten die meisten Manager »meine Familie«, wenn sie eine haben. Viele Manager sind sich also durchaus im Klaren darüber, dass die Familie für sie ein wichtiger Wert ist. Trotzdem geben einige dem Beruf immer wieder den Vorrang, bis die Familie fast oder gar tatsächlich zerbricht. Solche Widersprüche in unserem Leben führen auf Dauer zu einem Gefühl der Zerrissenheit. Wenn unser Handeln im Widerspruch zu unseren Worten steht, sorgt dies für einen Mangel an Integrität.

Der erste Schritt zur persönlichen Integrität ist, dass Sie sich bewusst machen, welche Werte Ihnen wichtig sind.

Übung

Können Sie spontan sagen, welche Werte Sie als Führungskraft leiten? Notieren Sie Ihre fünf zentralen Führungswerte:

1. _____
2. _____
3. _____
4. _____
5. _____

Vielen Menschen fällt es schwer, ihre zumeist unbewussten Werte ad hoc zu formulieren, einfach weil sie sich selten Gedanken darüber machen. Das sollten Führungskräfte aber tun, denn in schwierigen Situationen spontan das für sie Richtige zu entscheiden, erfordert ein klares Wertesystem, an dem sie ihre Handlungen ausrichten können. Wenn in Ihrem Kopf verschiedene Werte miteinander konkurrieren und Sie sich das nicht bewusst machen, kann dies zu Entscheidungsunfähigkeit führen. Es kann auch sein, dass, wenn von mehreren Seiten Druck ausgeübt wird, Sie der Seite nachgeben, die am meisten drängt. Das ist aber oft nicht die beste Wahl. Wenn Sie sich Ihrer Werte bewusst sind, können Sie Entscheidungen besser treffen und den gegebenen Zustand aktiv verändern.

Ihre Werte – Ein Selbsttest

Als Führungskraft erleben Sie viele Situationen, die schwierig und manchmal auch moralisch kritisch sind. Der Vorstandsvorsitzende einer großen deutschen Bank hat zum Beispiel im Jahr 2005 eine Steigerung des Reingewinns um 87 Prozent auf 2,5 Milliarden Euro gemeldet und zugleich den Abbau von weltweit 6 400 Stellen bekannt gegeben. Dieser Abbau war im Vorfeld mit der Gewerkschaft vereinbart worden und wurde sozialverträglich umgesetzt. Es gab also keine Entlassungen, aber viele durch Ruhestand oder Wechsel von Mitarbeitern frei gewordene Stellen wurden nicht neu besetzt. Was tun Sie, wenn Sie in einem solchen Unternehmen arbeiten und eine in Ihrem Bereich frei gewordene Stelle von Ihnen nicht wieder besetzt werden darf? Wie gehen Sie mit der Situation um, dass Ihre Mitarbeiter den Verlust der Stelle durch eine aus Ihrer Sicht nicht mehr akzeptable Mehrbelastung ausgleichen müssen, obwohl allgemein bekannt ist, dass es dem Unternehmen blendend geht? Ihre Antwort wird von Ihren Werten abhängen. Wenn »Karriere« und »Sicherheit« Ihre obersten Werte sind, werden Sie sich wahrscheinlich konform verhalten, um diese nicht zu gefährden. Wenn dagegen »Gerechtigkeit« und »Loyalität« (in dem Fall gegenüber Ihren Mitarbeitern) Ihre obersten Werte sind, wird Ihnen der Zustand sicherlich mehr Probleme bereiten. Falls Sie in einem Unternehmen arbeiten, dessen Kernwerte Sie nicht teilen, macht Sie das auf Dauer krank oder aber Sie stumpfen ab. Wenn Sie also nicht nur einen einmaligen, sondern einen grundsätzlichen Wertekonflikt verspüren, sollten Sie das Unternehmen unter Umständen wechseln.

Es existieren viele Lehren darüber, welche Tugenden besonders erstrebenswert sind. Es gibt jedoch einige wenige Werte, die universellen Charakter haben, das bedeutet, dass sie in allen Kulturen der Erde hoch angesehen sind. Diese universellen Prinzipien sind sittliche Werte, die wir in

Deutschland auch Tugenden nennen. Dazu gehören zweifelsfrei die von Platon vor über 2 000 Jahren definierten vier Kardinaltugenden:

1. Weisheit (sophia)
2. Tapferkeit (andreia)
3. Mäßigung (sôphrosynê)
4. Gerechtigkeit (dikaiosynê)

In Tabelle 1 finden Sie beispielhaft ausgewählte Werte, die zum Teil eine moralische Bedeutung haben (zum Beispiel Gerechtigkeit oder Nächsten-liebe), aber auch andere, die nicht moralisch, aber eventuell für uns wichtig sind, wie beispielsweise Wohlstand, Gesundheit oder Herausforderung.

Tabelle 1

Abenteuer	Essen (Genuss)	Karriere	Pünktlichkeit
Achtsamkeit	Familie	Klugheit	Rechtschaffen-
Anerkennung	Fleiß	Komfort	heit
Arbeit	Flexibilität	Konsum	Reisen
Ausdauer	Freizeit	Kunst	Ruhe
Autonomie	Freundlichkeit	Lernen	Sachlichkeit
Autos	Friedlichkeit	Liebe	Sauberkeit
Barmherzigkeit	Gelassenheit	Literatur	Selbstberrschung
Bescheidenheit	Gerechtigkeit	Loyalität	Sexualität
Besonnenheit	Gesundheit	Macht	Sicherheit
Beständigkeit	Gewissenhaftig-	Mäßigung	Solidarität
Dankbarkeit	keit	Menschlichkeit	Sparsamkeit
Demut	Glaube	Mitgefühl	Spaß
Disziplin	Großzügigkeit	Mitleid	Spiritualität
Echtheit	Güte	Musik	Spontaneität
Ehre	Herausforderung	Mut	Sport
Ehrlichkeit	Hobbys	Nächstenliebe	Standhaftigkeit
Ehrfurcht	Höflichkeit	Offenheit	Status
Entschlossenheit	Hoffnung	Opferbereitschaft	Stärke
Erfolg	Humor	Ordnungsliebe	Tapferkeit

Tatkraft	Treue	Wärme	Wohlstand
Toleranz	Verschwiegenheit	Wahrhaftigkeit	Zugehörigkeit
Tradition	Wachstum	Weisheit	Zuverlässigkeit

Der berühmte Psychologe und Überlebende des Holocaust Viktor Frankl hat einmal gesagt: »Werte kann man nicht lehren, sondern nur vorleben.« Welche Werte leben Sie vor? Was ist Ihnen wichtig? Die folgende Übung hilft Ihnen dabei, sich Ihrer persönlichen Werte bewusst zu werden.

Übung

1. Schritt: Schauen Sie sich die oben in der Tabelle aufgelisteten Werte an und suchen Sie sich Ihre zehn zentralen Werte heraus beziehungsweise ergänzen Sie solche, die für Sie wichtig, aber nicht aufgeführt sind. Wählen Sie die Werte, die Sie spontan am meisten ansprechen und die Ihnen wirklich wichtig sind.

2. Schritt: Tragen Sie Ihre zehn wichtigsten Werte in Tabelle 2 in derselben Reihenfolge jeweils in die vertikale sowie horizontale Reihe mit den durchnummerierten Tabellenfelder ein. Füllen Sie dann die Tabelle wie im Folgenden beschrieben aus. Vergleichen Sie jeweils zwischen zwei Werten und entscheiden Sie, welcher Ihnen der wichtigere im Leben ist.

Entscheidungshilfe: Falls es Ihnen schwerfällt, sich zu entscheiden, stellen Sie sich zwei Extreme vor:

Beispiel: Wert Nr. 2 ist »Karriere«, Wert Nr. 3 steht für »Freundschaft«. Stellen Sie sich nun die Frage: Was wäre mir lieber, eine Superkarriere, aber keine Freunde, oder intensive Freundschaften, aber keine Karriere?

Die Zahl, die für den Ihnen wichtigen Wert steht, tragen Sie in das entsprechende schwarz umrandete Koordinatenkästchen in der Tabelle ein (in diesem Beispiel also in den Kasten, in dem sich die Linien von Wert 2 und 3 treffen).

Tabelle 2

Werte	1.	2.	3.	4.	5.	6.	7.	8.	9.	10.
1.										
2.										
3.										
4.										
5.										
6.										
7.										
8.										
9.										
10.										

Werten Sie die Tabelle nun aus, indem Sie addieren, wie oft eine Zahl (beziehungsweise der dazugehörige Wert) in der Tabelle steht und legen Sie die Rangfolge fest. Die Zahl, die in der Tabelle am häufigsten vorkommt, steht für Ihren wichtigsten Wert. Zahlen, die weniger häufig oder gar nicht vorkommen, stehen für Werte, die Ihnen weniger bedeuten. Wenn zwei Werte dieselbe Anzahl Nennungen und damit dieselbe Rangfolge haben (beispielsweise, wenn Wert Nr. 2 und Wert Nr. 3 in der Tabelle jeweils viermal vertreten sind), sehen Sie in der Tabelle nach, welcher der beiden Werte im direkten Vergleich untereinander gewonnen hat. Dieser Wert ist dann in der Rangfolge der wichtigere.

Tabelle 3

Wert Nr.	1	2	3	4	5	6	7	8	9	10
Addierte Zahl										
Rangfolge										

3. Schritt: Übertragen Sie nun die zehn Werte entsprechend der eben festgesetzten Rangfolge in die unten stehende Liste. Beurteilen Sie anschließend subjektiv jeden Wert einzeln auf einer Skala zwischen 1 und 10 bezüglicher Ihrer Umsetzung des Wertes. Je besser Sie einen Wert leben, desto höher ist die Punktzahl. Je weniger Sie für einen Wert tun, desto niedriger ist die Punktzahl. Legen Sie dabei ausschließlich zugrunde, wie Sie handeln, nicht wie Sie denken! Was Sie jetzt und heute tun beziehungsweise bisher getan haben ist entscheidend, nicht Ihre positiven Absichten.

Tabelle 4

Werte in Rangfolge	Wie gut setze ich die Werte um?									
	1	2	3	4	5	6	7	8	9	10
1.										
2.										
3.										
4.										
5.										
6.										
7.										

Werte in	Wie gut setze ich die Werte um?									
Rangfolge	1	2	3	4	5	6	7	8	9	10
8.										
9.										
10.										

4. Schritt: Vergleichen Sie nun die Rangfolge Ihrer Werte und Ihre jeweilige Selbsteinschätzung. Da der oberste Wert (Platz 1) Ihr wichtigster Wert ist, müssten Sie sich hier theoretisch die höchste Punktzahl gegeben haben. Nach unten dagegen kann die Punktzahl kontinuierlich etwas abnehmen, denn diese Werte sind Ihnen weniger wichtig. Im positiven Fall liegt Ihre Selbstbewertung auf den markierten Feldern wie im folgenden Beispiel oder sogar noch rechts von diesen.

Tabelle 5

Werte/Punkte	Umsetzung der Werte									
	1.	2.	3.	4.	5.	6.	7.	8.	9.	10.
1. Wert									▨	
2. Wert									▨	
3. Wert									▨	
4. Wert								▨		
5. Wert								▨		
6. Wert								▨		
7. Wert							▨			
8. Wert							▨			
9. Wert							▨			
10. Wert							▨			

In der Realität sieht die Grafik aber selten genau so aus. Manchmal stehen Werte wie »Familie« und »Gesundheit« ganz oben im Ranking, erhalten aber zum Beispiel nur 4 oder weniger Punkte für die Umsetzung. Übertragen Sie Ihre Kreuze aus der letzten Tabelle mit Ihrer Selbsteinschätzung bezüglich Ihrer Umsetzung in die Tabelle mit der Idealvorgabe. Wo sehen Sie die größten Lücken? Überlegen Sie sich noch einmal, ob die von Ihnen als wichtig eingestuften Werte tatsächlich so wichtig für Sie sind oder ob es sich vielleicht um ein Lippenbekenntnis handelt.

5. Schritt: Wenn die Werte, bei denen eine Lücke besteht, Ihnen wirklich etwas bedeuten, dann überlegen Sie, was Sie tun können, damit die Lücke kleiner wird. Welche konkreten Maßnahmen wollen Sie ergreifen, um die Situation zu verbessern? Legen Sie sich auf drei Maßnahmen fest.

Meine drei wichtigsten Maßnahmen:

1. _____
2. _____
3. _____

Gelebte Integrität

Ob Sie integer sind, also ob Sie für das stehen, was Sie sagen, zeigt sich vor allem in den schwierigen Führungssituationen des Arbeitsalltags. Ihre Mitarbeiter bekommen sehr genau mit, wie Sie hier reagieren. Viele Führungskräfte unterschätzen das. Menschen registrieren das Fehlverhalten ihrer Chefs und geben es per Flurfunk weiter. Manch ein Chef würde mit rotem Kopf durch das Unternehmen laufen, wenn er wüsste, was seine Mitarbeiter alles über ihn wissen und wie sie über ihn reden. Hier eine kleine Anekdote aus der Praxis: Ein Vorgesetzter, der ein einziges Mal eine bestimmte Internetseite eine halbe Sekunde zu spät wegklickte, als ihm eine Mitarbeiterin etwas auf den Tisch legen wollte, heißt heute im ganzen Unternehmen Porno-Peter. Mittlerweile nennen ihn auch schon seine Manager-Kollegen so, wenn er nicht dabei ist, denn sie haben den Spitznamen bei ihren Mitarbeitern aufgeschnappt. Tratsch verbreitet sich manchmal sehr schnell und Spottnamen wird man so schnell nicht wieder los.

Mitarbeiter kennen die Charaktereigenschaften ihrer Führungskräfte oft erstaunlich genau. Wenn Sie mit Mitarbeitern über Jahre zusammenarbeiten, kommen Ihre Wesensmerkmale und Ihre tatsächlich gelebten Wertvorstellungen deutlich ans Tageslicht. Die meisten Ihrer Mitarbeiter wissen, ob Sie authentisch sind, wenn Sie über die Wichtigkeit eines Themas sprechen. Sie beobachten täglich, ob Sie das Thema vorleben und es damit ernst meinen oder ob Sie es mit dem alten Spruch halten: »Der Wegweiser geht nicht selbst nach Rom.«

Was Ihnen wichtig ist, sollten Sie kommunizieren, aber im Grunde genommen brauchen Sie nur nach Ihren Prinzipien zu handeln. Wer beispielsweise Kundenservice predigt, sich aber beim Anruf von Kunden regelmäßig verleugnen lässt, handelt nicht, wie er spricht. Und das wiederum spricht sich herum.

Hier finden Sie eine beispielhafte Auswahl typischer Situationen, in denen Manager ihre kommunizierten Werte zeigen können oder eben auch nicht.

Viele Führungskräfte betonen Werte wie Teamgeist, gegenseitigen Respekt und das Übernehmen von Verantwortung. Ob sie diese tatsächlich mit Leben füllen, zeigt sich in vielen Alltagssituationen:

Über Abwesende nicht negativ sprechen Chefs sollten in Abwesenheit Dritter nicht schlecht über diese sprechen. Wenn den Vorgesetzten etwas an einer Person stört, sollte er das mit der Person direkt und zeitnah unter vier Augen besprechen. Gehen Sie sogar noch einen Schritt weiter: Chefs sollten auch nicht passiv an den Klatschgesprächen anderer teilnehmen. Wenn jemand in Ihrem Beisein über das Verhalten eines Ihrer Mitarbeiter lästert, mit der Absicht, ihn in ein schlechtes Licht zu rücken, können Sie zum Beispiel sagen: »Ich höre, dass sein Verhalten Sie stört. Warum sprechen Sie nicht mit ihm selbst darüber, statt mit mir?« Wenn die Person das ohne ersichtlichen Grund verneint, erwidern Sie einfach »Dann kann es ja nicht so wichtig sein«. Wechseln Sie anschließend das Thema, ohne eine allzu peinliche Pause entstehen zu lassen. Die Botschaft kommt an: »Bei mir wird nicht hintenrum geredet!« Wenn Sie das konsequent machen, wissen Ihre Mitarbeiter, dass Sie für eine offene Kommunikation stehen beziehungweise für offenes Feedback plädieren. Wenn Ihnen die lästernde Person übrigens antwortet, sie wolle das Thema tatsächlich bei der betreffenden Person ansprechen, können Sie bei Gelegenheit nachfragen, ob sie es auch getan hat.

Natürlich sind solche Ratschläge nicht pauschal anwendbar. So ist es beispielsweise nicht immer sinnvoll, als Moralapostel aufzutreten, wenn jemand in Ihrem Beisein eine lustige Geschichte erzählt, bei dem ein Kollege nicht ganz neutral wegkommt. Es kann auch sein, dass Sie den Eindruck haben, die lästernde Person sei selbst tief gekränkt und das Lästern nur die Spitze des Eisbergs eines tiefer liegenden Konflikts. In so einem Fall sollten Sie sich natürlich mit der Person beschäftigen und versuchen herauszufinden, was hinter der üblen Rede steht, statt das Gespräch abzubrechen.

Versprechen einhalten Kennen Sie folgende Situation? Sie sagen jemandem etwas aus einer guten Laune heraus zu und in demselben Moment sagt Ihre innere Stimme: »Wann, bitte schön, willst du denn das noch machen? Das schaffst du doch sowieso nicht.« Diese Stimme hat leider meistens Recht und wir halten diese Zusagen dann nicht ein. Natürlich haben wir immer einen guten Grund, warum wir »es« nicht machen konnten. Schließlich wollen wir nicht als jemand dastehen, der Versprechen nicht einhält. Kennen Sie den Spruch: »Wer will, findet einen Weg. Wer nicht will, findet Gründe«? Also finden wir Gründe, weshalb wir das Versprechen nicht einhalten können, aber eigentlich wussten wir es schon in dem Moment, in dem wir das Versprechen gegeben haben. Der Trick bei der Sache ist, vor dem Versprechen innezuhalten und sich zu fragen: »Kann und werde ich das wirklich tun? Bin ich mir sicher?« Nur wenn die Antwort zu 100 Prozent »Ja« lautet, sollten Sie das Versprechen geben. Sonst sagen Sie auf eine Anfrage freundlich: »Nein, tut mir leid. Ich kann das nicht machen«. Wenn Sie von sich aus jemandem etwas versprechen wollen (»Ich schicke Ihnen mal einen interessanten Artikel«), dann schlucken Sie es runter, ohne es der Person vorher in Aussicht gestellt zu haben. So können Sie den anderen positiv überraschen, wenn Sie es schaffen, haben aber kein Versprechen gebrochen, wenn es nicht klappt. Vorgesetzte stellen zum Beispiel ihren Mitarbeitern bei Jahresgesprächen manchmal eine Gehaltserhöhung oder einen Karrieresprung in Aussicht, den sie dann aufgrund eines Mangels an Budget oder Planstellen nicht einhalten können. Das verringert die Glaubwürdigkeit der Führungskraft.

Jedes Mal, wenn Sie eine Zusage geben und nicht einhalten, auch und gerade bei Kleinigkeiten, heben Sie von Ihrem Integritätskonto bei der anderen Person einen Betrag ab, bis Sie irgendwann ins Minus rutschen und nicht mehr vertrauenswürdig sind. Sie heben aber auch von Ihrem eigenen Integritätskonto ab. Selbstvertrauen entwickelt man unter anderem dann, wenn man sich selbst vertrauen kann. Sie können sich selbst vertrauen, wenn Sie wissen, dass Sie handeln, wie Sie reden. Bauen Sie sich also ein geistiges Stoppschild ein, bevor Sie irgendeine Zusage machen.

Die Vertriebsleiterin eines Großkonzerns, die ich kenne, nimmt sich immer genau diese Pause. Bei schwierigen Entscheidungen erbittet sie sich sogar manchmal einen Tag Bedenkzeit, bevor sie etwas zusagt. Diese zumeist nur kurze Denkpause stört niemanden, denn jeder, der sie kennt, weiß, dass sie erst über die Konsequenzen und ihre Auslastung nachdenkt. Und wenn sie dann etwas zusagt, tut sie alles dafür, was in ihrer Macht steht (und das ist einiges), um es zu erfüllen. Ihr würde ich Haus und Hof anvertrauen. Ein von mir sehr geschätzter Manager macht ebenfalls keine inflationären Zusagen. Häufiger höre ich von ihm: »Ich schau mal, ob ich dazu komme.« Am nächsten Tag habe ich es dann normalerweise auf dem Tisch! Auch ihm vertraue ich, und soweit ich das mitbekomme, tut das auch jeder, mit dem er zusammenarbeitet. Er verspricht wenig und hält viel! So überrascht er oft positiv und baut Vertrauen auf.

Vertrauliches für sich behalten Was denken Sie, wenn Ihnen ein Kollege etwas weitererzählt mit dem Hinweis: »Eigentlich dürfte ich Ihnen das gar nicht erzählen, aber Ihnen kann ich ja vertrauen.« Zum einen sollte man sich fragen, warum der Kollege es wohl nicht erzählen darf. Oft genug deshalb, weil er es einer Person versprochen hat. Also wissen Sie auch, was Sie auf das Wort dieses Kollegen geben können. Zum anderen ist es von dem Kollegen eine sinnlose Annahme, dass Sie es nicht weitererzählen, wenn er selbst es gerade macht.

Es gibt aber Situationen, in denen es sehr sinnvoll sein kann, ein »Geheimnis« weiterzugeben, zum Beispiel um offensichtliche Missverständnisse aufzuklären oder absehbaren Schaden abzuwenden. Dann können Sie zu der Person gehen, die Ihnen etwas anvertraut hat, und ihr sagen, weshalb und wem Sie das Gehörte bis zu welchem Grad erzählen möchten. Sie können sich also die Erlaubnis geben lassen. Wenn Ihnen jemand etwas mit den Worten »aber nicht weitererzählen« anvertraut, was Sie gar nicht wissen wollten und Sie in eine unangenehme Situation versetzt, können Sie sich sofort offen weigern, das Erzählte für sich zu behalten.

Unangenehmes selbst erledigen Manche Führungskräfte drücken sich vor unangenehmen Situationen. Da muss einem wichtigen Kunden eine schlechte Nachricht überbracht werden, und was macht die Führungskraft? Sie delegiert das Gespräch an einen Mitarbeiter. Die Führungskraft weiß, dass sie den Anruf eigentlich selbst tätigen müsste, und der Mitarbeiter weiß es auch. Was glauben Sie, denkt der Mitarbeiter über seinen Chef?

Ich habe auch Teamleiter erlebt, die anstehende betriebsbedingte Trennungsgespräche nach oben delegiert haben: »Die da oben haben die Suppe verbockt, dann sollen die sie auch auslöffeln.« Sie verschwenden keinen Gedanken daran, wie es wohl dem altgedienten Mitarbeiter geht, wenn er bei seinem letzten Gespräch jemandem vom oberen Management gegenübersitzt, mit dem er vorher noch nie gesprochen hat. Manchmal muss dieser obere Manager viele solcher Gespräche führen; er hat wenig bis keine Zeit, sich vorzubereiten, und führt die Gespräche dementsprechend standardisiert und unpersönlich durch. Dabei fällt kein Wort über die guten Leistungen des Mitarbeiters. Es erfolgt kein Wort der persönlichen Anerkennung, denn er kennt die Person nicht, die vor ihm sitzt. Und warum ist die Situation so? Weil der Teamleiter, der vorher immer gerne die Belobigungs- und Gehaltserhöhungsgespräche geführt hat, seinem direkten Mitarbeiter diesen letzten Dienst verwehrt. Es ist keine Frage, dass es für eine Führungskraft eine der schwersten Stunden der Karriere sein kann, einem erfahrenen und verdienten Mitarbeiter kündigen zu müssen. Sie kennt die Familie, weiß, dass das Haus noch nicht abbezahlt ist und die Tochter noch studiert. Die Führungskraft fühlt sich mit dem Gespräch emotional oft völlig überfordert. Eine Studie hat gezeigt, dass sich das Herzinfarktrisiko für Führungskräfte statistisch signifikant erhöht, wenn sie Kündigungsgespräche führen müssen! Und trotzdem gibt es Möglichkeiten. Mit der Personalabteilung kann man das Gespräch üben, sich einen externen Coach bestellen oder sich mit Hilfe eines guten Buches (zum Beispiel von Laurenz Andrzejewski *Trennungs-Kultur*) vorbereiten. Solche Gespräche zu führen heißt, dem Mitarbeiter einen letzten Dienst zu erweisen durch ein ordentliches und menschliches Trennungsgespräch. Aber dafür braucht es Rückgrat und eine gute Vorbereitung. Dazu ein Fall aus der Praxis:

In einem Unternehmen wurde bekannt, dass betriebsbedingte Kündigungen geplant waren. Am Tag, als die Betroffenen informiert wurden, gab es in einer Abteilung drei Kündigungsgespräche, die von der Personalabteilung durchgeführt wurden! Als diese Mitarbeiter ihre Sachen zusammenpackten, wussten die Kollegen nicht, wie sie mit der Situation umgehen sollten, und schwiegen peinlich berührt, während sie auf ihre Computer starrten. Es war keine Führungskraft in Sicht. Die Mitarbeiter schlichen aus dem Unternehmen, ohne dass Ihnen in irgendeiner Form gedankt oder sie verabschiedet worden wären. Was für eine menschliche Armut! Die Situation war sechs Monate im Voraus bekannt gewesen und keine der Führungskräfte hatte sich eine Vorgehensweise überlegt. Das hinterlässt Narben, nicht nur bei denen, die gehen, sondern auch bei denen, die bleiben.

Als Führungskraft gehören Trennungsgespräche zu Ihren Aufgaben. Wenn Sie »gute« Trennungsgespräche führen und die Verabschiedung planen, wissen diejenigen, die bleiben, dass Sie mit Ihnen als Führungskraft rechnen können. Das schafft Vertrauen.

Mangel an Leistung oder Fehlverhalten offen ansprechen Wenn ein Mitarbeiter oder eine Mitarbeiterin einen Mangel an Leistung zeigt, dann sollte der Vorgesetzte diese Person zu sich bitten und ein Gespräch führen. Dabei kann er dem Mitarbeiter ohne anzuklagen und zu werten sagen, was er beobachtet hat und wie es auf ihn wirkt. Anschließend kann er im freundlichen Ton nach dem Grund fragen. Vielleicht gibt es Probleme im Privaten oder im Beruf, von denen der Vorgesetzte wissen sollte. Möglicherweise braucht die Person auch Unterstützung, traut sich aber nicht, das anzusprechen. Manche Führungskräfte schieben diese Gespräche vor sich her, vor allem dann, wenn individuelle Minderleistung vom Team aufgefangen wird. Dann gibt es keinen offiziellen Grund, in Form von fehlender Leistung, einschreiten zu müssen. »Die Zahlen sind doch in Ordnung und das Team wird das schon regeln«, beruhigt sich der führungsschwache Manager selbst. Gerade aber in schlanken Organisationen ist ein solches Verhalten eine enorme Belastung für das ganze Team, und die Minderleistung kann letztendlich nicht aufgefangen werden.

Auch bei wesentlichem Fehlverhalten sollten Sie zeitnah das direkte Gespräch suchen. Ihre Mitarbeiter realisieren ganz genau, ob und in welchen Situationen Sie hin- oder wegsehen. Ein Beispiel ist Mobbing. Die meisten Führungskräfte reagieren völlig überrascht oder entsetzt, wenn sie vom Betriebsrat informiert werden, dass es in ihrer Abteilung einen Mobbingfall gibt. Haben sie erst mal den Namen des Opfers erfahren, wundern sie sich allerdings häufig nicht mehr, dass es diese Person ist, denn in Meetings und in anderen Kontexten hatten sie schon einige spitze Bemerkungen mitbekommen. Vor allem Herr Müller schoss manchmal scharf mit Worten auf die Person.

In solchen Situationen zeigt sich, wer führt. Wenn Herr Müller die gemobbte Person in einem Meeting vor dem Vorgesetzten mit Worten bloßstellt, kann dieser sich denken »Naja, das wird schon nicht so schlimm sein« und nichts unternehmen, weil er den Konflikt scheut. Die Führungskraft kann aber Herrn Müller auch öffentlich nach dem Meeting bitten, einen Moment zu bleiben, und ihn dann unter vier Augen fragen, was genau er sich bei seinem Kommentar gedacht hat. Tut Herr Müller die Begebenheit als Scherz ab, kann die Führungskraft mit wenigen, sehr bestimmten Worten und direktem Blickkontakt klarstellen, dass sie solche Art von Scherzen in ihrem Bereich nicht duldet. Wenn es der Führungskraft ernst ist, wird Herr Müller das sehr deutlich merken! Und obwohl das Gespräch unter vier Augen stattfindet, können sich die meisten anderen Mitarbeiter denken, was da gerade im Meetingraum passiert. Sie realisieren, dass hier gerade eine Grenze gesetzt wird.

Sie setzen die Standards mit Ihren Handlungen und Reaktionen. Ihre Mitarbeiter merken, was Sie durchgehen lassen und was nicht. Das Ansprechen von einem Mangel an Leistung oder von Fehlverhalten ist für niemanden erfreulich, aber das ist Führungsarbeit. Sehen Sie es als Herausforderung. Sie führen einen Menschen dann gut, wenn Sie ihm ehrliches Feedback zu seiner ungenügenden Leistung geben und ihm Hilfe anbieten, oder ihm bei einem Fehlverhalten eine klare Grenze aufzeigen. Diese Führungsarbeit ist nicht angenehm, baut aber Vertrauen auf, selbst bei den Kritisierten.

Verantwortung übernehmen Der amerikanische Präsident Harry S. Truman hatte auf seinem Schreibtisch im Weißen Haus ein Schild aus Walnussholz stehen, auf dem geschrieben stand: »The BUCK STOPS here!« Der Spruch ist abgeleitet von der Redewendung »to pass the buck«, was übersetzt bedeutet »jemandem die Verantwortung/den schwarzen Peter zuschieben«. Truman wusste, dass er als amerikanischer Präsident keine Verantwortung mehr weiterschieben konnte.

Als Führungskraft tragen Sie Verantwortung für das, was Ihre Mitarbeiter machen. Wie viele Führungskräfte gibt es, die bereit sind, bei einem Fehler eines Mitarbeiters nicht auf diesen zu zeigen und zu sagen, dieser sei schuld, sondern nach außen zu kommunizieren, sie selbst seien verantwortlich? Folgende Geschichte hat mir ein Manager erzählt:

Als er selbst noch Mitarbeiter ohne Führungsfunktion war, unterlief ihm ein folgenschwerer Fehler, durch den der Abteilung ein hoher finanzieller Schaden entstand. Ihm und seinem Vorgesetzten war völlig klar, wer den Fehler begangen hatte. Sein Vorgesetzter hatte ihn aber noch nicht zur Rechenschaft gezogen, und er fürchtete sich vor diesem Augenblick. Plötzlich stand sein Chef in seinem Büro und forderte ihn auf, mitzukommen. Auf dem kurzen Weg in die obersten Etagen befahl sein Vorgesetzter ihm, bei der gleich stattfindenden Besprechung keinen Ton zu sagen. Als sie gemeinsam vor dem Büro der Geschäftsführung des Unternehmens standen, rutschte dem Mitarbeiter das Herz in die Hose. Kurz nachdem sie das Büro betraten, gab es von dem wütenden Topmanager mehrere verbale Attacken. Sein damaliger Chef blieb ruhig und nahm alle Schuld auf sich. Er sagte, dass es sein Fehler gewesen sei und er die volle Verantwortung dafür übernehme. Der Mitarbeiter wurde von dem Topmanager nicht beachtet und sagte nichts. Nachdem der Topmanager sich abreagiert hatte, verließen sie beide das Büro. Draußen fixierte ihn sein Chef mit den Augen und sagte langsam und eindringlich: »So etwas möchte ich nicht noch einmal erleben. Machen Sie einen solchen Fehler nie wieder!« Dann drehte er sich um und ging. Der Mitarbeiter ist heute selbst ein erfolgreicher Manager und sagt dazu: »Nach diesem Tag hätte ich für meinen Chef alles getan. Ich wäre für ihn aus dem Fenster gesprungen, wenn er es verlangt hätte. Von ihm habe ich gelernt, was es heißt, Verantwortung zu übernehmen.«

Dieses Beispiel macht deutlich, wie wichtig es ist, als Führungskraft einem Mitarbeiter, der einen Fehler begangen hat, nicht alle Schuld zuzuweisen und ihn damit allein zu lassen. Der europäische Experte für Unternehmensführung Fredmund Malik bringt es folgendermaßen auf den Punkt: »Fehler der Mitarbeiter sind auch Fehler des Chefs – jedenfalls nach außen und nach oben.« Wenn ein Mitarbeiter einen Fehler mache, müsse man ihn durchaus korrigieren, eventuell auch stark kritisieren, jedoch müsse sich der Mitarbeiter auf die Unterstützung und Loyalität des Chefs verlassen können. Darüber hinaus, schreibt Fredmund Malik, sollte die Führungskraft nie eigene Fehler Mitarbeitern in die Schuhe schieben, denn dies unterminiere das Vertrauensverhältnis. Ebenso wichtig sei es, dass Erfolge der Mitarbeiter auch den Mitarbeitern »gehören«: »Als Chef schmückt man sich nicht mit ›fremden Federn‹. Erfolge des Chefs, falls er im Alleingang solche haben sollte, kann er für sich beanspruchen: Die guten Manager, und vor allem die Leader, sagen allerdings auch dann noch: ›Wir haben es erreicht‹.«[1]

Von Tiger Woods, Garri Kasparow und Luciano Pavarotti – Wie Sie Ihre Stärken erkennen und nutzen

Die meisten Menschen glauben zu wissen, worin sie gut sind. Zumeist liegen sie damit falsch. Die Menschen wissen noch eher, worin sie nicht gut sind – wobei sie sich auch diesbezüglich mehrheitlich täuschen.

Peter Drucker
(Harvard-Professor & Management-Legende)

Um langfristig erfolgreich zu sein, ist es absolut notwendig, dass Sie sich mit Ihren Stärken und Schwächen vertraut machen. Diese Aussage wird niemand bezweifeln. In der Praxis stelle ich aber immer wieder fest, wie schwer es Menschen fällt – auch vielen erfahrenen Managern –, ihre Stärken und Schwächen zu benennen. Der Grund dafür ist, dass die meisten Menschen sie schlicht nicht kennen. Auf die Frage nach Stärken werden oft Arbeitsfunktionen des momentanen Jobs genannt. Viele Menschen glauben in etwas gut zu sein, nur weil sie es oft tun. Das muss aber nicht zwangsläufig so sein. Andere würden dieselben Aufgaben vielleicht schneller und besser erledigen. Häufig fehlt dem Manager auch der Vergleichsmaßstab. Außerdem haben sie vielleicht Stärken, die in ihrem jetzigen Job überhaupt nicht zur Geltung kommen. Wie können Sie als Führungskraft erfahren, welche Stärken Sie haben? Diese Frage werde ich Ihnen in diesem Kapitel beantworten.

Peter Drucker, der Begründer der modernen Managementlehre und ein visionärer Denker, wies über Jahrzehnte darauf hin, dass wirklich exzellente Leistungen nur dann vollbracht werden könne, wenn Menschen ihren Stärken entsprechend arbeiten. Es bringt mit wenigen Ausnahmen nur wenig, an den Schwächen herumzudoktern und diese auszugleichen. Besser ist es, stärkenorientiert zu denken und die eigene Karriere an den vorhandenen Stärken auszurichten. Sie kennen das Prinzip aus der Schule. Wenn ein Schüler in Mathematik schlecht ist, kann man ihm Nachhilfeunterricht geben, um seine Leistung zu verbessern. Wahrscheinlich wird er dann nicht sitzen bleiben und zumindest ein mittelmäßiges Niveau erreichen. Die Wahrscheinlichkeit aber, dass er in diesem Fach Klassenbester wird, ist verhältnismäßig gering. Noch geringer ist die Chance, dass er später einmal Mathematik studiert und langfristig herausragende Ergebnisse auf diesem Gebiet erzielt.

Nur wenn Sie sich Ihre Stärken bewusst machen, können Sie außergewöhnliche Leistungen erbringen und Ihre Karriere beschleunigen. Was sind *Ihre* Stärken? Was ist *Ihre* durchschlagende Kraft? Um das herauszufinden, sehen wir uns zuerst einmal an, was eine Stärke ist. Das renommierte Gallup-Institut definiert Stärke so:

Eine Stärke = Talent + Wissen + Können

1. Talent Jeder Mensch hat Talente, die ihm in die Wiege gelegt wurden. Ein Talent beziehungsweise eine Begabung können Sie sich nicht antrainieren. Sie ist Ihnen von Natur aus gegeben. Die Forscher des Gallup-Instituts vertreten die Ansicht, dass spätestens mit Vollendung des 18. Lebensjahres alle Talente voll ausgeprägt sind. Welche Begabungen jemand hat, steht dann unweigerlich fest! Beim Heranwachsen bilden sich im Gehirn Tag für Tag neue neuronale Verbindungen, das heißt kleine Wanderwege oder Pfade im Gehirn, auf denen Impulse weitergegeben werden. Es gibt viele Fähigkeiten, für die Sie wenig neuronale Verbindungen haben. Aber überall dort, wo Sie eine Begabung haben, verläuft so etwas wie eine vierspurige Autobahn. Ihre neuronalen Impulse verlaufen hier besonders schnell und neue Verbindungen bauen sich besonders gerne an. Eine solche Autobahn haben auch Sie! Die Frage ist nur, ob Sie sie ausreichend nutzen!

2. Wissen + Können Begabung alleine reicht nicht aus. Sie benötigen immer auch Wissen (Theorie) und Können (praktische Erfahrung), um eine Stärke vollständig auszubilden. Auch Hochbegabte wie Tiger Woods, Garri Kasparow und Luciano Pavarotti brauchten gute Trainer, die ihre außerordentliche Begabung erkannten und ihnen Wissen und Können vermittelten. Als Führungskraft brauchen Sie unabhängig von Ihren Begabungen Wissen darüber, wie in Ihrem Unternehmen beispielsweise das Mitarbeiterjahresgespräch abläuft (vorgegebener Prozess, Bewertungssystem) und praktische Erfahrung in der Durchführung (Dos und Don'ts), um die Gespräche gut führen zu können.

Die Kombination von Begabung mit Wissen und Können hilft Ihnen, beständig eine außergewöhnliche hohe Leistung in einer Tätigkeit zu erzielen. Dies trifft insbesondere dann zu, wenn Sie über mehrere für die Ausübung einer Tätigkeit nützliche Begabungen verfügen. Sobald bei der Ausübung einer Tätigkeit Ihre Begabungen zum Einsatz kommen, läuft es wie von alleine. Was für andere Anstrengung und Überwindung bedeutet, funktioniert bei Ihnen ohne Mühe.

Finden Sie Ihre Begabung

Achten Sie bei der Suche nach Ihren persönlichen Stärken darauf, in welchen Bereichen Sie ohne viel Anstrengung hohe Leistungen erbringen, und überlegen Sie, welche Begabung Sie dazu befähigt. Ihre Überlegungen sollten auch Ihre Freizeit und Ihr Privatleben miteinschließen. Dabei sollten Sie differenziert beobachten. Nehmen wir als Beispiel Tiger Woods, einen der besten Golfspieler der Welt. Er hat die Begabung, besonders lange Bälle zu schlagen, und er kann nahezu perfekt putten. Seine Fähigkeit jedoch, aus dem Bunker heraus einen präzisen Ball zu schlagen, ist vergleichsweise nicht so gut ausgebildet und daher unbeständig. Sie sehen, dass sich sogar bei einem der besten Golfspieler der Welt die Begabung »Golf spielen« unterteilen lässt.[2]

Diese Art von Differenzierung ist wichtig. Ein Problem, das viele Menschen davon abhält, Ihre Begabungen zu erkennen, ist die Pauschalisierung. Nehmen wir die Aussage »Meine Begabung ist es, Menschen zu führen«. Das klingt so, als gäbe es eine Einzelbegabung, mit deren Hilfe man eine gute Führungskraft ist. Diese Einzelbegabung gibt es aber nicht. Wenn es sie gäbe, hätte längst jemand einen Test für sie entwickelt. Im Gegenteil, es gibt viele verschiedene Begabungen, die für die Aufgaben einer Führungskraft nützlich sein können. Es sind auch nicht auf jedem Manager-Posten die gleichen Talente gefragt. Eine Führungskraft, die von der Konzernzentrale gerne in schnell wachsenden Niederlassungen eingesetzt wird, braucht zum Teil andere Begabungen als ein Manager, der marode Tochterunternehmen vor der Pleite rettet. Natürlich sollten beide die Grundsätze guter Führung beachten, von denen in diesem Buch die Rede ist. Aber der erste kann im schnell wachsenden chaotischen Unternehmen zum Beispiel seine Begabung des »analytischen Denkens« nutzen, um Strukturen zu schaffen, während der andere in schwierigen Momenten wahrscheinlich eher von seiner Begabung der »Durchsetzungskraft« profitieren wird. Es gibt demnach viele verschiedene Begabungen, die für Sie als Führungskraft nützlich sein können, wie zum Beispiel:

- Einfühlungsvermögen
- Menschen integrieren
- Begeistern
- Analytisches Denken
- Durchsetzungskraft

Es ist übrigens in der Praxis nicht immer leicht zu unterscheiden, welche Fähigkeit auf eine Begabung zurückzuführen ist und welche zu Wissen und Können gehört. Folgende Fähigkeiten gehören zum Beispiel zu Wissen und Können, weil sie erlernbar sind:

- Feedback geben
- Aktives zuhören
- Ich-Botschaften senden

- Mitarbeitergespräche führen
- Ziele formulieren und abstimmen

Es kann beispielsweise jemand die Meinung vertreten, dass er als Führungskraft besonders gut Feedback geben könne und hierfür eine Begabung habe. Aber Feedback geben ist eine erlernbare Fähigkeit und keine Begabung. Wenn es einem besonders leicht fällt, auf Menschen konstruktiv zu reagieren, ist aber wahrscheinlich eine Begabung im Spiel. Diese könnte zum Beispiel »Einfühlungsvermögen« sein. Letzteres unterstützt das Geben guter Feedbacks.

Wie aber können Sie eine echte Begabung erkennen? Eine Fähigkeit ist immer dann eine Begabung, wenn Sie sie nicht wirklich erlernen können. Sie können sich durch Lernen zwar verbessern, aber Sie erreichen nie das Niveau, das jemandem mit einer echten Begabung möglich ist. Auch wenn Sie Small-Talk- und Networking-Seminare besuchen, werden Sie nie so gut und schnell Kontakte knüpfen wie jemand, der dafür ein Talent hat. Sicherlich gibt es auch in Ihrem Umfeld jemanden mit dieser Begabung. Wenn so jemand einen Club-Urlaub macht, kennt er bereits am zweiten Tag jeden (der was zu sagen hat), inklusive den Geschäftsführer der Anlage. Und natürlich bekommt er alles, was er will, weil er eben meistens die richtigen Kontakte hat und sie auch nutzt. Wenn jemand mit der Begabung, schnell Kontakte knüpfen zu können, in ein Kloster geht und sich vornimmt, freiwillig eine Woche lang zu schweigen, dann hält er das längstens einen Tag aus. Am zweiten Tag bricht er das Schweigen und abends kennt er jeden Mönch. Das zeigt auch, dass unsere Begabungen immer zum Tragen kommen. Ob wir wollen oder nicht, die vierspurige Autobahn im Kopf lässt sich nur schwer unterdrücken.

Es stellt sich die Frage, ob man sich von begabten Menschen nicht abschauen kann, wie diese agieren, um das dann zu imitieren. Dies können Sie zwar probieren, aber das Schauspielern werden Sie nicht langfristig aufrechterhalten können, wenn das imitierte Verhalten nicht Ihrer Person entspricht, denn es kostet auf Dauer zu viel Energie und funktioniert nur bedingt. Ein Beispiel aus der Politik:

Bei der Bundestagswahl im Jahr 2002 war Edmund Stoiber sehr ernst und lächelte im Vergleich zu Gerhard Schröder zu wenig. Das war nicht medienwirksam. Also wurde er auf mehr Lächeln trainiert, um Sympathie und Souveränität auszustrahlen. Stoiber hat sicherlich einige besondere Begabungen. Die Fähigkeit, Menschen durch eine humorvolle und warme Art für sich zu gewinnen, gehört aber nicht dazu. Daher wirkte sein Lächeln in den Fernsehduellen zum Teil angestrengt und künstlich.

Ihr persönliches Stärkenprofil

Überlegen Sie sich, welches Ihre Begabungen, Ihr Wissen und Ihr Können sind. Das können auch weniger spektakuläre Begabungen und Kenntnisse sein, denn auch diese fügen sich zu einem klaren Profil zusammen. Es gibt ohnehin nicht viele Menschen, die so extrem begabt sind wie Albert Einstein, Albert Schweitzer oder Michelangelo. Aber alle Menschen verfügen über ein Stärkenprofil, das sich aus ihren verschiedenen Begabungen im Zusammenspiel mit ihrem Wissen und Können ergibt. Wenn Sie einen Job finden, der mit seinen Anforderungen Ihrem individuellen Stärkenprofil entspricht, werden Sie sehr erfolgreich sein. Natürlich können Sie auch überlegen, ob Sie in Ihrer aktuellen Position eine Aufgabe übernehmen oder ausbauen wollen, bei der Sie eine Ihrer Begabungen besser einsetzen können. Dadurch macht Ihnen der Job mehr Freude und Sie werden erfolgreicher. Viele Begabungen lassen sich in Ihrer Rolle als Führungskraft positiv nutzen!

Wenn Sie eine Liste mit Tätigkeiten formulieren, bei denen Sie gute Leistungen erzielen und die Ihnen leicht fallen, kann es sein, dass eine Tätigkeit darunter ist, die Ihnen, obwohl Sie sie gut beherrschen, Energie raubt. Dieses Phänomen möchte ich Ihnen anhand des folgenden Beispiels veranschaulichen:

Der Leiter der Personalabteilung in einem großen Konzern ist sehr gut darin, Vermittlungsgespräche zwischen zerstrittenen Unternehmensbereichen zu führen. Er schafft es durch seine gekonnte Moderation, Bereiche einander näher zu bringen und Lösungen für bestehende Konflikte zu erarbeiten. Deshalb wird er auch immer wieder gebeten, solche kritischen Zusammenkünfte zu leiten. Obwohl sie ihm leicht fallen und er erfolgreich darin ist, merkt er, dass ihn diese Vermittlungen immer sehr viel Energie kosten. Er fühlt sich danach jeweils völlig ausgelaugt. Das heißt, dass er eine Begabung hat, Menschen zu integrieren und zwischen ihnen zu vermitteln, diese ihn aber energetisch schwächt.

Dies kann Ihnen auch passieren. Sie merken, dass Sie etwas sehr gut können, aber die Tätigkeit erfüllt Sie nicht mit Energie, sondern kostet Sie nur Kraft.

Der Psychologe Mihaly Csikszentmihalyi erläutert, dass jeder Mensch, egal ob Musiker, Sportler oder Manager, in bestimmten Tätigkeiten völlig aufgehen kann. Bei solchen Tätigkeiten vergessen wir die Zeit, und Stunden kommen uns wie Minuten vor. Wir sind hoch konzentriert und völlig fokussiert. Diesen Seinszustand nennt Csikszentmihalyi »Flow«. Nachdem wir eine solche Tätigkeit ausgeführt haben, fühlen wir uns kraftvoll und erfüllt und keineswegs erschöpft oder ausgebrannt. Interessanterweise empfinden wir während der Tätigkeit selbst kein Glücksgefühl, denn das würde nur ablenken. Wenn ein Dirigent zum Beispiel darüber nachdenken würde, wie gut er sich gerade fühlt und wie schön er dirigiert, wäre er schon nicht mehr voll konzentriert.

Viele Menschen pflegen Hobbys, die ihnen das Erlebnis des Flows ermöglichen. Um in den Flow zu kommen, ist es nicht erforderlich, dass Sie eine hohe Leistung erbringen; man denke nur an die Millionen Hobbysportler oder -musiker, die durch den Sport oder die Musik regelmäßig in einen Flow-Zustand geraten, aber deshalb noch keineswegs zur Weltklasse gehören. Eine Begabung sollte Sie keine Energie kosten, sondern Ihnen vielmehr das Gefühl des Flows vermitteln: Die Beschäftigung fällt Ihnen leicht, läuft fast von alleine und Ihr Zeitempfinden verändert sich.

Übung

1. Schritt: Überlegen Sie, was Ihnen leicht fällt Tragen Sie eine Woche lang einen Zettel mit sich. Richten Sie Ihren Fokus während des ganzen Tages darauf, welche Tätigkeiten Ihnen leicht fallen. Insbesondere, wenn Sie eine außergewöhnliche Leistung erzielt haben und es Ihnen leicht gefallen ist, steckt möglicherweise eine Begabung dahinter. Schreiben Sie die Tätigkeit auf.

Ein Beispiel:
• Wo bin ich erfolgreich?
  »Wenn ich ein neues Team übernehme, ist der Umgang untereinander und die Moral nach einiger Zeit meistens super. Das gilt auch für Teams, bei denen die Stimmung vorher im Keller war.«

- Was fällt mir dabei leicht?
  »Ich kann irgendwie eine gute Atmosphäre schaffen. Früher dachte ich, das sei einfach Glück, aber es liegt wohl tatsächlich an mir. Selbst, wenn ich unbequeme Entscheidungen durchsetzen muss, bleibt die Atmosphäre im Allgemeinen erstaunlich gut.«
- Mögliche Begabung?
  »Menschen das Gefühl zu geben, wertvoll zu sein und gebraucht zu werden, integrativ zu wirken, konfliktdeeskalierend zu wirken.«

2. Schritt: Überlegen Sie, welche Aufgaben Sie energetisch positiv aufladen Beachten Sie dabei unbedingt auch Tätigkeiten außerhalb des Büros oder solche, zu denen es Sie gedanklich hinzieht, die Sie aber bisher noch nicht umgesetzt haben.

- Bei welchen Tätigkeiten vergessen Sie die Zeit?
  _____
  _____

- Bei welchen Tätigkeiten sind Sie voller Energie?
  _____
  _____

- Bei was fällt es Ihnen leicht, sich zu fokussieren und ganz in der Aufgabe aufzugehen beziehungsweise den Flow-Zustand zu erreichen?
  _____
  _____

- Nach welchen Aufgaben fühlen Sie sich aufgeladen und glücklich?
  _____
  _____

- Auf was freuen Sie sich schon, wenn Sie an die nächste Woche denken?
  _____
  _____

- Welche Aufgaben haben Ihnen in der letzten Woche Freude bereitet?
  _____
  _____

Ein Beispiel:
Ich fühle mich energetisch aufgeladen, wenn …

- »… ich ein Umfeld schaffen kann, in dem Menschen gerne arbeiten.«
- »… ich einem Menschen helfen kann, seine Stärken zu finden und besser einzusetzen.«
- »…ich Neues über Themen lernen kann, die mich interessieren.«

3. Schritt: Die Millionärsübung Stellen Sie sich vor, Sie bekommen 2 Millionen Euro vererbt, unter der Bedińgung, dass Sie weiter in Ihrem Land arbeiten. Welcher Arbeit würden Sie nachgehen? Was würden Sie Tag für Tag tun wollen?

4. Schritt: Fragen Sie andere, was sie an Ihnen beobachten Befragen Sie Ihr persönliches Umfeld. Der Lebenspartner und gute Freunde können manchmal wichtige Impulse geben, worin Sie eine besondere Begabung haben und worin eine Stärke bei Ihnen liegen könnte. Paradoxerweise fallen uns unsere Begabungen manchmal selbst gar nicht auf, weil die Aufgaben, bei denen wir sie nutzen, uns so unspektakulär leicht fallen.

5. Schritt: Werten Sie das Gesammelte aus Wenn Sie der Meinung sind, genügend Hinweise gesammelt zu haben, erstellen Sie Ihr individuelles Stärkenprofil. Tragen Sie alle Begabungen, Ihr Wissen und Können zusammen und schreiben Sie dann drei konkrete Tätigkeiten auf, denen Sie sich in Zukunft hauptsächlich widmen wollen. Ausschlaggebend dabei ist, dass diese Sie energetisch aufladen und Ihnen leicht fallen.

6. Schritt: Überlegen Sie sich konkrete nächste Schritte Überlegen Sie, wie Sie es schaffen können, diese drei Tätigkeiten in Zukunft mehr in Ihren Job zu integrieren. Planen Sie die ersten Schritte.

Wenn Sie durch diese Übung nur eine Begabung finden, derer Sie sich vorher nicht wirklich bewusst waren, und diese mehr in Ihr Leben integrieren können, hat sich die Lektüre dieses Buches für Sie schon gelohnt!

Als Ergänzung zu Ihrer Suche nach Begabungen empfehle ich Ihnen die im Anhang genannten Bücher. Diese enthalten zum Teil fundierte Fragebögen mit Auswertung zu Ihren Talenten (Buckingham 2007), Präferenzen (Attems 2003 und Stahl 2005) und Temperament (Littauer 2007). Die Ergebnisse sind sehr aussagekräftig und werden Ihnen helfen, Ihre Talente und Präferenzen besser einzuschätzen. Zur weiteren Vertiefung können Sie außerdem ein Seminar besuchen, in dem Sie mithilfe des »Golden Profiler of Personality®« oder des »Team Management System®-Profils« eine differenzierte Analyse Ihrer Person erhalten und Ihre Stärken und Schwächen unter Anleitung reflektieren (meine Kontaktadresse finden Sie am Schluss des Buches).

Es ist wichtig, sich bei der Analyse der eigenen Begabungen zu vergegenwärtigen, dass mangelnde Begabung für einen bestimmten Job keine Schwäche der Person, sondern höchstens eine Schwäche bezogen auf diese Stelle ist. Jeder Mensch hat nur eine begrenzte Anzahl an Begabungen, die ihn für eine bestimmte Art von Job ganz besonders und mehr als für andere geeignet macht. Für den Großteil der auf der Welt zur Verfügung stehenden Aufgaben sind wir aber nicht ganz besonders, sondern nur durchschnittlich oder sogar unterdurchschnittlich begabt. Das ist aber keine Schwäche, sondern eine von der Natur festgelegte Tatsache, die man akzeptieren muss. Natürlich ist es nicht gut, wenn Sie sich einen Job suchen, für den Sie überhaupt keine Begabung besitzen. Sie können dort weder erfolgreich noch glücklich werden. Man würde schließlich auch keinen internationalen Spitzenkoch als Stürmer bei Bayern München einsetzen und dann sagen: »Der spielt aber nicht gut im Angriff!« Der Mann ist Koch und kein Fußballspieler! Dieses etwas überspitzte Beispiel verdeutlicht das Prinzip. Deshalb ist es so wichtig, dass Sie sich Gedanken über Ihre Stärken (und die Ihrer Mitarbeiter) machen und für sich die richtige Wahl hinsichtlich Job und Unternehmenskultur treffen.

Ist eine übertriebene Stärke eine Schwäche?

Eine Frage, die häufiger gestellt wird, ist die, ob man es mit seinen Stärken auch übertreiben kann. Anders gefragt: Ist eine übertriebene Stärke eine Schwäche? Die Antwort lautet nein! Wenn eine Führungskraft beispielweise sehr einfühlsam ist, so ist das eine Stärke, weil sie sich auf ihre Mitarbeiter gut einstellen kann. Wenn er oder sie aber das Einfühlungsvermögen übertreibt, hat die Führungskraft wahrscheinlich auch für Fehlverhalten zu viel Verständnis und setzt notwendige Grenzen nicht. Sollte die Führungskraft also weniger einfühlsam sein? Diese Frage ist theoretisch. Wenn die Führungskraft eine Begabung für »Einfühlungsvermögen« hat, kann sie gar nicht anders, als sich einzufühlen. Sie kann ihre natürliche Begabung nicht leugnen und nicht minimieren. Sie kann aber etwas anderes maximieren. Schulz von Thun hat hierzu das Modell des Werte- und Entwicklungsquadrates entworfen.[3] Es besagt, dass jeder Wert oder jede Tugend einen positiven Gegenpol als Ausgleich braucht, damit das Verhalten nicht übertrieben wird.

Grafik 1

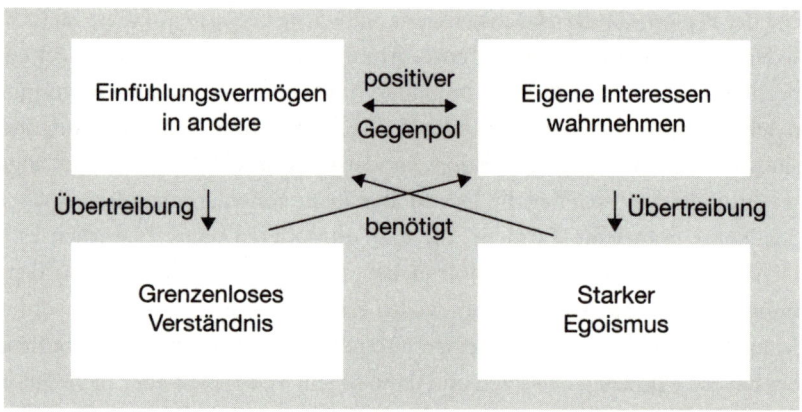

Der Gegenpol für das Einfühlungsvermögen ist die Wahrnehmung der eigenen Interessen. Wenn die Führungskraft über sehr viel Einfühlungsvermögen verfügt, muss sie als Gegenpol die Wahrnehmung und Durchsetzung der eigenen Interessen entwickeln. Sie muss also die positive Eigenschaft des Einfühlungsvermögens nicht minimieren. Diese kann weiterhin positiv genutzt werden.

Dieses Modell des positiven Gegenpols lässt sich auf alle Tugenden und auf viele Begabungen anwenden. In den oberen Feldern stehen die beiden positiven Begriffe, in den unteren die beiden negativ geprägten. Jede positive Eigenschaft braucht immer ein positives Gegengewicht. Sie haben also nie zu viel von etwas, sondern nur zu wenig von dem positiven Gegenpol, und den können Sie entwickeln. Das gilt auch für Ihre Mitarbeiter.

Suchen Sie sich die passende Unternehmenskultur

Es ist außerdem sehr nützlich, sich zu überlegen, in welcher Unternehmenskultur Sie Ihre beste Leistung zeigen können. Fühlen Sie sich in einem kleinen, mittelständischen oder in einem Großunternehmen wohl? Nicht jeder kommt mit der jeweiligen Kultur zurecht. Auch innerhalb der drei Größenordnungen gibt es deutliche Unterschiede. Im Aldi-Management herrscht eine völlig andere Kultur als bei Bosch, die sich wiederum deutlich unterscheidet von der bei einem Großkonzern wie General Electric. Viele Manager bewerben sich einfach auf Stellenanzeigen von Unternehmen, deren Namen sie kennen. Überlegen Sie sich, in welche Unternehmenskultur Sie mit Ihren Werten, Begabungen und Stärken passen. Entsprechende Informationen über die Unternehmenskultur können Sie beispielsweise über ehemalige Kommilitonen bekommen, die das jeweilige Unternehmen kennen (zu finden über Jahrgangsbücher oder XING).

Von Schwächen, verdrängten Gefühlen und anderen inneren Monstern – Wie Sie Ihr Entwicklungspotenzial erkennen und nutzen

Du musst jeden Tag entscheiden, wer den Preis für deine
Führung zahlt: du oder deine Leute.
Kevin Lehmann
(US-amerikanischer Wirtschaftsberater und Autor)

Genauso unbedarft wie mit ihren Stärken gehen viele Manager auch mit ihren Schwächen um. Fragt man Manager in einem Einstellungsinterview nach einer Schwäche, wird oft »Ungeduld« genannt. Diese umformulierte

Stärke soll zeigen, dass man ein antriebsstarker, energiegeladener und schnell denkender Manager ist, und weil die armen Mitarbeiter nicht immer das enorme Tempo halten können, wird man schon mal etwas ungeduldig. Jenseits dieser für Personaler meist nur noch ärgerlichen Floskel wissen viele Führungskräfte nicht, welche ihre wirklichen Schwächen sind.

Die Konsequenzen daraus trägt meistens der Mitarbeiter, der die unreflektierten Schwächen des Chefs oft besser benennen kann als dieser selbst. Entweder Sie arbeiten an sich, oder Ihre Mitarbeiter sind die Leidtragenden Ihrer persönlichen Unzulänglichkeiten. In diesem Zusammenhang ist auch das Eingangszitat zu verstehen. Mit der Frage, wie Sie Ihre Schwächen beziehungsweise Ihr Entwicklungspotenzial erkennen können, werden wir uns in diesem Kapitel beschäftigen. Ein erster Schritt, sich mit den eigenen Schwächen auseinanderzusetzen, ist die alte Tugend der Demut.

**Demut ist der Mut, sich seiner schwachen Seiten bewusst
zu werden**

Der bekannte Benediktinermönch Pater Dr. Anselm Grün hat sich damit
befasst, was der heilige Benedikt in seinen Regeln von einem Cellerar
fordert. Der Cellerar ist der wirtschaftliche Verwalter eines Klosters.
Heute würde man sagen, er ist der Manager des Klosters, im Gegensatz
zum Abt, dem geistlichen Leiter. Anselm Grün beschreibt die Geistes-
haltung der Demut: »Demut heißt, die eigene Zerbrechlichkeit und Un-
beständigkeit (fragilitas) anzunehmen, anzuerkennen, dass man ein
Mensch ist, der ständig fallen, dessen Lebensgebäude leicht zusam-
menbrechen kann.« Wer sich folglich die eigene Menschlichkeit und damit die Fehlbarkeit vor Augen halte, stelle sich nicht über andere und
gehe menschlich mit ihnen um. Der Manager »wird nicht arrogant
durch das Unternehmen laufen und über die Mitarbeiter hochnäsig (…)
hinwegsehen, sondern sich in sie einfühlen und ihnen dort begegnen, wo
sie stehen.«[4]

Ähnlich sieht es der österreichische Schriftsteller Hermann Bahr, der
sagt: »Demut ist schließlich nichts als Einsicht.« Jeder Mensch hat Fehler
und Unzulänglichkeiten. Der Mut, sich mit den eigenen Schwächen und
Grenzen auseinanderzusetzen und diese zu akzeptieren, führt dazu, dass
Sie im doppelten Sinne mehr Selbstbewusstsein entwickeln: Sie werden
selbstsicherer im Auftreten und lernen sich selbst besser kennen beziehungsweise erzeugen beim Gegenüber den Eindruck von mehr »Selbstbewusstsein« im landläufigen Sinn. Wenn Sie Ihre erkannten Schwächen
und daraus resultierenden Grenzen nicht verleugnen, sondern sie akzeptieren und integrieren, stärkt das Ihre Persönlichkeit. Sie müssen weniger
Energie darauf verwenden, eine Fassade aufrechtzuerhalten, und weniger
Angst vor der Entdeckung haben. Manager neigen dazu, ihre Ängste und
Unzulänglichkeiten zu verdrängen. Das hängt auch damit zusammen,
dass unser Bild des perfekten Managers das eines charismatischen, immer
gut gelaunten und energiegeladenen Alleskönners ist. In dieses Bild passen Ängste und Schwäche nicht hinein. Aber nur wenn Sie sich mit diesen
auseinandersetzen, sind Sie in sich gefestigt und entwickeln das authentische Auftreten, das sich die meisten Führungskräfte wünschen. Wer sich
mit seinen Schwächen ausgesöhnt hat, kann auch mit den Schwächen anderer und mit Kritik entspannter umgehen. Sie werden toleranter und ge-

winnen deutlich wahrnehmbar an Souveränität. Es lohnt sich also, sich seinen Schwächen zu stellen.

Von den wirklichen Schwächen

Wenn Manager über Schwächen reden, meinen sie meistens Schwächen im Sinne eines Mangels an Können oder an Beherrschung einer Sache:

- »Meine Work-Life-Balance ist schlecht. Ich müsste mich besser organisieren.«
- »Ich muss mein Business-Englisch aufpolieren.«
- »Meine Sitzungen dauern oft so lange. Wie kann ich diese effizienter abhalten?«

Wirklich interessant sind aber nicht diese offensichtlichen äußeren Mängel an Können, sondern Schwächen, die in der Person begründet sind. Wer aber fragt sich schon ernsthaft: »Welche charakterlichen Unzulänglichkeiten habe ich?« oder: »Was sind meine nachteiligen menschlichen Eigenschaften oder Eigenheiten?«

Hier liegen aber die eigentlichen Schätze, die es zu heben gilt. Immer dann, wenn Sie sich kritisch mit Ihrer Person auseinandersetzen, kommt Ihnen dies nicht nur beruflich, sondern auch privat zugute. Die Auswirkungen sind enorm! Es ist aber nicht einfach. Das Problem mit den menschlichen Unzulänglichkeiten ist, dass wir sie meistens nicht bewusst wahrnehmen. Sie liegen im Unbewussten versteckt. Das Leben gestaltet sich aber so, dass uns unsere Schwächen regelmäßig vor Augen geführt werden. Wenn Sie genauer hinsehen, können Sie einiges aus eigener Kraft entdecken, insbesondere wenn Sie auf Ihre Emotionen achten. Der Mensch hat sechs primäre Emotionen, die zur genetischen Grundausstattung jedes Menschen gehören. Die damit verbundenen Gesichtsausdrücke sind weltweit gleich. Diese Emotionen sind Freude, Trauer, Angst, Ärger, Überraschung und Ekel. Besonders interessant für Ihre Selbsterkenntnis sind Ärger und Angst. Der Ärger spielt dabei eine noch bedeutendere Rolle, da wir ihn eher zulassen als das Gefühl der Angst, das Manager gerne verdrängen oder teilweise in Ärger umlenken.

Wenn Sie sich über andere Menschen ärgern, sagt das eine Menge über Sie als Person aus. Insbesondere dann, wenn Sie unverhältnismäßig schnell oder stark wütend werden, hat das meist mehr mit Ihnen zu tun als mit dem Auslöser. Oft liegt es an Ihren Bewertungsmaßstäben, Ihren verborgenen Glaubenssätzen oder einer Verdrängung, dass Sie wütend werden. Nutzen Sie solche Momente als Lernchance. Fragen Sie sich, warum Sie sich so maßlos ärgern und was das mit Ihnen zu tun hat. Ich nenne Ihnen im Folgenden einige Mechanismen, die in der Persönlichkeit verankert sind und die dafür sorgen, dass Sie sich oft schneller ärgern oder ängstigen, als nötig wäre. Das Wissen über die Zusammenhänge macht es Ihnen leichter, sich selbst zu beobachten. Sicherlich gibt es in der Psychologie viele weitere Mechanismen, mit denen sich Verhalten erklären lässt. Die hier vorgestellten lassen sich bei Managern aber besonders oft beobachten beziehungsweise haben besonders deutliche Konsequenzen für das eigene Führungsverhalten. Fragen Sie sich, ob Sie einem dieser Mechanismen unterliegen, wenn Sie merken, dass Sie sich über eine andere Person ärgern oder etwas Sie ängstigt. Die Wirkung der Mechanismen lässt sich nicht auf die Schnelle verändern, aber schon die Bewusstmachung kann eine deutlich bessere Wahrnehmung ermöglichen und neue Handlungsoptionen eröffnen.

Die Wahrnehmung von Gefühlen bei sich und anderen

Manager haben häufig ein leichtes bis extremes Defizit in der Wahrnehmung der eigenen Gefühle und im Umgang mit ihnen. Allein das Wort »Gefühle« im beruflichen Kontext zu benutzen führt bei nicht wenigen Führungskräften zu Gänsehaut. »Gefühle gehören ins Privatleben, nicht in den Job«, denken immer noch viele Vorgesetzte. Wer über Gefühle spricht, kommt schnell in den Verdacht, ein »Weichei« zu sein. Wären Sie gerne ein Manager, der seine Gefühle intensiv wahrnimmt und in Worte fasst? Nein? Das sollten Sie aber sein wollen, denn das ist die Grundvoraussetzung für eine hohe emotionale Intelligenz (EQ)!

Laut Daniel Goleman, dem Mann, der den EQ populär gemacht hat, handelt es sich bei emotionaler Intelligenz um »die Fähigkeit, unsere eigenen Gefühle und die anderer zu erkennen, uns selbst zu motivieren und gut mit Emotionen in uns selbst und in unseren Beziehungen umzugehen.«[5] Die Grundvoraussetzung dafür, mit den Emotionen und Gefühlen anderer Menschen gut umgehen zu können, ist zuerst einmal, die eigenen Emotionen wahrzunehmen.

Grafik 2

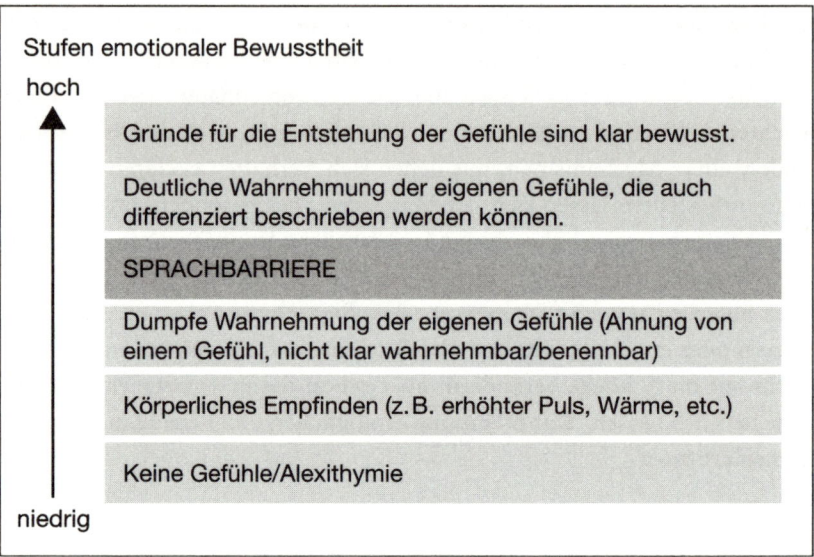

Stufen emotionaler Bewusstheit

hoch

Gründe für die Entstehung der Gefühle sind klar bewusst.

Deutliche Wahrnehmung der eigenen Gefühle, die auch differenziert beschrieben werden können.

SPRACHBARRIERE

Dumpfe Wahrnehmung der eigenen Gefühle (Ahnung von einem Gefühl, nicht klar wahrnehmbar/benennbar)

Körperliches Empfinden (z.B. erhöhter Puls, Wärme, etc.)

Keine Gefühle/Alexithymie

niedrig

Modell nach Anja von Kanitz: *Emotionale Intelligenz*, München 2007.

Manche Menschen nehmen die eigenen Gefühle intensiv wahr, können sie beschreiben und wissen, was sie ausgelöst hat. Andere merken zwar, dass sich im Körper etwas verändert, aber können das daraus resultierende Gefühl nicht oder nur sehr vage benennen. Viele Manager sind, was ihre Gefühlswelt betrifft, in der Grafik Nr. 2 im unteren Bereich angesiedelt: Sie liegen unterhalb der Sprachbarriere. Sie können ihre Gefühle nicht differenziert wahrnehmen und verbalisieren. Wenn sie überhaupt einmal von Gefühlen sprechen, dann nur von den sechs primären beziehungsweise Basisemotionen: Freude, Trauer, Ärger, Angst, Überraschung oder Ekel. Bei anderen Emotionen fällt es ihnen schwer, diese differenziert wahrzunehmen und in Worte zu fassen. Viele Menschen verwenden zum Beispiel für unangenehme Gefühle pauschal den Begriff »traurig«, obwohl sie sich tatsächlich vielleicht einsam, enttäuscht, frustriert, schuldig, unzufrieden oder verbittert fühlen. Aber das differenziert zu fühlen und sprachlich zu benennen sind sie nicht fähig.

Wenn Sie Ihre Fähigkeit, die eigenen Emotionen als Gefühle wahrzunehmen, als gering einstufen, können Sie diese Wahrnehmung massiv verbessern, wenn Sie es wirklich wollen. Viele Führungskräfte wollen das aber nicht, weil sie den Nutzen nicht sehen. Es stellt sich also die Frage: Was bringt es Ihnen, wenn Sie bewusster fühlen? Welchen Vorteil hat das für Sie?

Die Antwort lautet: Sie werden eine bessere Führungskraft! Wer seine eigenen Gefühle nicht wahrnimmt, sie nicht versteht und nicht mit ihnen umgehen kann, kann dies erst recht nicht mit den Gefühlen anderer. Die Fähigkeit, sich in andere einfühlen zu können, macht den Unterschied, ob Sie menschlich oder technokratisch führen. Einfühlungsvermögen hilft Ihnen dabei, situativ besser zu führen, wie das folgende Beispiel illustriert:

Ein Manager führt ein Kritikgespräch mit einer Mitarbeiterin. Diese beginnt in dem Gespräch zu weinen. Der Manager gerät dadurch unter starken Stress und empfindet Angst und Hilflosigkeit, weil er nicht weiß, wie er mit der Situation umgehen soll. Hier zwei der möglichen Szenarien:

1. Der Manager empfindet zwar Gefühle von Angst und Hilflosigkeit, hat aber gelernt, mit seinen Gefühlen umzugehen. Er nimmt seine Hilflosigkeit für einen Moment bewusst wahr und akzeptiert sie. Er ist jedoch in der Lage, sich in seine Mitarbeiterin einzufühlen. Er spürt, dass ihr Weinen nicht aufgesetzt ist, sondern ein Zeichen von tiefer Trauer. Seine Gedanken sind bei der Mitarbeiterin. Er stellt sich auf sie ein. Er reicht ihr ein Taschentuch und wartet, bis sie sich wieder gefasst hat, dann spricht er sie an: »Was macht Sie so traurig?«
2. Der Manager verdrängt Gefühle wie Angst und Hilflosigkeit normalerweise. In dieser Situation sind sie aber übermächtig. Der Manager will sich aber nicht hilflos fühlen. Er denkt sich: »Wie kann sie mir das antun, warum kontrolliert sie sich nicht?« Seine Gedanken sind nur bei sich. In seine Mitarbeiterin kann und will er sich nicht einfühlen. Er bleibt bei sich und spürt die Trauer der Mitarbeiterin nicht. Seine nicht akzeptierten Gefühle lenkt er in Wut um und sagt zu seiner Mitarbeiterin: »Na na na, so schlimm wird's schon nicht sein. Jetzt reißen Sie sich mal ein bisschen zusammen.«

Wie wird die Mitarbeiterin in den beiden beschriebenen Szenarien reagieren? Nehmen wir an, die Mitarbeiterin hat einen schweren Krankheitsfall in der

Familie, der sie sehr belastet. Sie ist verzweifelt. Jetzt kommt an diesem Tag noch die Kritik des Managers hinzu. Das ist zu viel für sie und sie bricht in Tränen aus. Wenn die Führungskraft wie im ersten Szenario sensibel reagiert, wird sie vielleicht erzählen, was sie belastet. Der Manager kann jetzt anders mit der Situation umgehen. Er sieht, dass seine Kritik nur der Auslöser ist und nicht der Grund für ihr Weinen. Er bietet seiner Mitarbeiterin eine vorübergehende Entlastung durch einen Kollegen an und gibt ihr zusätzlich zwei Tage Urlaub, um einige notwendige organisatorische Dinge zu erledigen. Die Mitarbeiterin wird den Raum erleichtert und dankbar verlassen. Der Vorgesetzte hat mit seinem Verhalten Vertrauen aufgebaut, nicht nur bei ihr, sondern auch im gesamten Team, denn die Mitarbeiterin wird ihren Kollegen berichten, wie verständnisvoll er war. Wenn er jedoch wie im zweiten Szenario distanziert und abwertend reagiert, wird sich die Mitarbeiterin sehr wahrscheinlich entschuldigen und peinlich berührt den Raum verlassen. Sie bleibt mit ihrem Problem allein. Die Führungskraft kann sich nicht einfühlen und hat eine Chance verpasst.

In dem eben genannten zweiten Szenario des Beispiels hat der Manager sein Gefühl der Angst in Wut umgelenkt. Neben der Umlenkung gibt es auch noch die Möglichkeit, die eigenen Gefühle zu verdrängen, sich also zu weigern, diese überhaupt wahrzunehmen beziehungsweise zu akzeptieren.

Die Verdrängung der eigenen Gefühle hat jedoch drei gravierende Nachteile:

- Es kostet viel Energie, Gefühle immer wieder »wegzudrücken«. Wenn Sie unbewusst viel Energie für die Verdrängung von Gefühlen verbrauchen, wird Ihre Fähigkeit zur Empathie gegenüber Ihren Mitarbeitern stark eingeschränkt.
- Verdrängte Gefühle lösen sich nicht einfach in Luft auf, sondern arbeiten im Körper weiter und können sich mit der Zeit in Form von Krankheiten bemerkbar machen. Wer beispielsweise das Gefühl der Erschöpfung dauerhaft verdrängt, hat irgendwann einen Burnout. Bei jemandem, der immer wieder Ärger runterschluckt, steigt die Gefahr, ein Magengeschwür zu bekommen. Wer Ängste leugnet, leidet möglicherweise unter Schlafstörungen. Alle drei Symptome sind bei Managern bezeichnenderweise weitverbreitet.

- Wer dauerhaft Gefühle von Erschöpfung, Ärger oder Angst verdrängt, stumpft mit der Zeit ab. Das bezieht sich auf das gesamte Gefühlsleben und bedeutet, dass man auch bei positiven Ereignissen keine intensive Freude mehr verspürt.

Nicht umsonst hat uns die Natur zu fühlenden Wesen werden lassen. Gefühle helfen uns, unser Leben besser zu leben. Sie zeigen uns Dinge auf, die noch nicht in unser Bewusstsein vorgedrungen sind, und sie warnen uns oft, wenn eine Situation es erfordert. Forschungen haben ergeben, dass wir häufig besser entscheiden, wenn wir auf unser Bauchgefühl statt auf den Verstand hören. Die Lösung besteht aber nicht darin, den Verstand durch Gefühle zu ersetzen, sondern beide gleichzeitig zu nutzen. Viele Manager neigen dazu, einseitig auf der Verstandesebene zu entscheiden, und lassen damit die großartigen Möglichkeiten, die uns unser Gefühlsleben bietet, außer Acht. Kombinieren Sie beides. Dafür müssen viele Manager aber ihr Empfindungsvermögen trainieren. Die folgenden Übungen helfen dabei.

Übung

1: Die Fähigkeit, die eigenen Emotionen wahrzunehmen, lässt sich trainieren. Halten Sie einfach mal öfters inne und fragen Sie sich, wie es Ihnen gerade geht. Wie fühlen Sie sich? Was können Sie spüren? Wenn es Ihnen schwerfällt, ein Gefühl zu benennen, können Sie zumindest unterscheiden,

- ob Sie sich eher gut oder eher schlecht fühlen und
- ob Sie eher viel oder eher wenig Energie in sich verspüren.

Als Anregung hier eine Auswahl zuerst an positiven und im Anschluss an negativen Gefühlen.

Positive Gefühle: aufgeregt, ausgeglichen, befreit, behaglich, berauscht, berührt, beruhigt, beschwingt, dankbar, energetisiert, engagiert, entschlossen, entspannt, erfrischt, erfüllt, ergriffen, erleichtert, ermutigt, erwartungsvoll, fasziniert, frei, friedlich, fröhlich, geistreich, gemütlich, gesammelt, gut gelaunt, herzlich, inspiriert, kraftvoll, lebendig, leicht, liebevoll, lustig, motiviert, mutig, neugierig, optimistisch, ruhig, selbstsicher, selbstzufrieden, sorglos, stolz, strahlend, überrascht, unbekümmert, unerschütterlich, verliebt, warmherzig, weit, zart, zufrieden, zentriert.

Unangenehme Gefühle: abgeschnitten, ängstlich, ärgerlich, angespannt, apathisch, argwöhnisch, ausgelaugt, befangen, bedrückt, beschämt, beunruhigt, besorgt, bestürzt, deprimiert, dumpf, eifersüchtig, einsam, empört, entmutigt, enttäuscht, erschöpft, erschrocken, faul, frustriert, gehemmt, gelangweilt, gemein, gleichgültig, feindselig, hektisch, hilflos, kalt, lustlos, misstrauisch, müde, nervös, peinlich, traurig, schüchtern, schockiert, schuldig, streitlustig, unglücklich, ungeduldig, unzufrieden, verbittert, verletzt, verloren, verzweifelt, verwirrt, zornig.

2: Finden Sie Ihre eigenen verdrängten Persönlichkeitsanteile. Beobachten Sie, über welches Verhalten anderer Menschen Sie sich besonders stark ärgern. Insbesondere wenn Sie sich über das Verhalten eines anderen sehr schnell und besonders stark aufregen, kann es sein, dass diese Person Ihnen Ihren Persönlichkeitsanteil vorlebt, den Sie verdrängen. Der einseitig Rationale ärgert sich sehr leicht über den Emotionalen. Der einseitig Ordentliche ärgert sich besonders stark über den Unordentlichen, wenn er selbst übermäßig diszipliniert lebt und sich gelegentliche Disziplinlosigkeit nicht gönnt, nach dem Motto: »Was ich mir selbst nicht erlaube, darf der schon gar nicht.« Stellen Sie sich daher bei Ärger über andere die Frage: Warum ärgere ich mich so schnell und so stark? Was genau ist es, das mich so wütend macht? Ist es ein Verhalten, das ich mir selbst nicht zugestehe?

Von der Fähigkeit, zu beobachten statt zu bewerten

Der Mensch unterscheidet sich vom Tier unter anderem dadurch, dass er seine Gefühle durch Gedanken selbst beeinflussen kann. Wir Menschen haben die Fähigkeit, über etwas nachzudenken und es zu bewerten. Diese Bewertungen können wiederum Emotionen erzeugen. Manchmal fühlen wir uns schlecht, ohne zu merken, dass wir selbst dieses Gefühl verursacht haben.

Schon der griechische Philosoph Epiktet hat vor über 2 000 Jahren gesagt: »Nicht die Dinge an sich beunruhigen den Menschen, sondern die Meinungen über die Dinge.« Dazu ein Beispiel aus dem Führungsalltag:

Sie laufen über einen Gang. In der Mitte des Flurs stehen zwei Ihrer Mitarbeiter und unterhalten sich. Die beiden grüßen Sie freundlich. Sie grüßen zurück und laufen vorbei. Aus dem Augenwinkel sehen Sie, wie sich einer der beiden zum anderen beugt und ihm hinter vorgehaltener Hand etwas ins Ohr flüstert. Beide schauen Sie dabei an und beginnen zu lachen. Was denken Sie?

Grafik 3

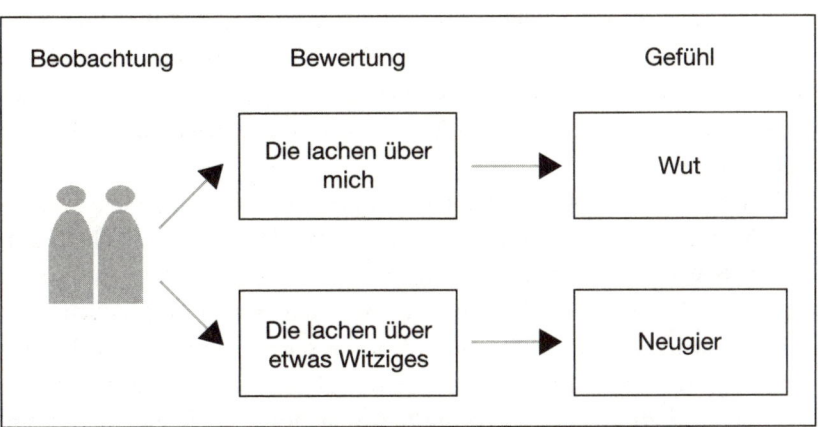

Das kleine Szenario, das ich Ihnen eben beschrieben habe, ist eine neutrale Beobachtung. Das, was Sie eben gedacht haben, ist aber sehr wahrscheinlich eine Bewertung. Die meisten Manager würden denken: »Die lachen über mich. Die machen sich über mich lustig.« Die Folge ist, dass sie sich ärgern. Es gibt aber auch Führungskräfte, die in so eine Situation nichts hineininterpretieren und es bei der Beobachtung belassen: »Der eine hat dem anderen wohl gerade etwas Witziges erzählt.« Der Unterschied zwischen den beiden Reaktionen zeigt sich in der weiteren Handlung. Wenn die Führungskraft die Beobachtung negativ auf sich bezieht, wird sie über den vermeintlichen Lästerer vielleicht denken: »Warte nur ab Freundchen, im nächsten Meeting zeige ich dir, dass man über mich nicht lacht.« Gesagt, getan! In der nächsten Sitzung demontiert er den Mitarbeiter vor den Augen des Teams. Der Mitarbeiter weiß nicht, wie ihm geschieht. Er verbindet die öffentliche Bloßstellung nicht mit dem Treffen auf dem Flur vor einigen Tagen. Tatsächlich erzählte der Mitarbeiter dem Kollegen nur eine witzige Begebenheit, die nichts mit dem Chef zu tun hatte. Als dieser vorbeiläuft, unterbricht der Mitarbeiter seine Geschichte kurz, um dann leise die Pointe zu erzählen. Dass beide beim Lachen den Chef anschauen, lag daran, dass er der Einzige auf dem Gang war. Irgendwohin muss man ja schauen.

Während der Manager, der die Beobachtung negativ auf sich bezieht, wahrscheinlich in Folge schlechte Laune hat, entwickelt die Führungskraft, die die Beobachtung neutral interpretiert, keine negativen Gefühle. Hier spielt sicherlich auch das Selbstbewusstsein eine Rolle. Eine Führungskraft, die erfolgreich ist, ein gutes Selbstbewusstsein hat und von ihrem Team respektiert wird, bewertet die Beobachtung eher neutral als eine mit einem schlechten Selbstbewusstsein und schlechtem Draht zum Team.

Wir Menschen bewerten Beobachtungen. Das lässt sich nicht vermeiden. Wichtig dabei ist aber, sich immer wieder bewusst zu machen, dass unsere Bewertung der Beobachtung nur eine mögliche Interpretation der Realität ist! Viele Menschen begehen aber den Fehler zu glauben, dass ihre Bewertungen mit der Realität identisch seien, und stellen ihr Urteilsvermögen nicht infrage. Ein Urteil ist schnell gefällt. Sich Gedanken darüber zu machen, dass eine bestimmte Beobachtung auch anders interpretiert werden kann, erfordert dagegen Denkarbeit. Viele Situationen klären sich übrigens schnell, wenn Sie die betroffene Person tatsächlich zeitnah darauf ansprechen, ihr dabei möglichst neutral und ohne Vorwürfe sagen, was Sie beobachtet haben und was es bei Ihnen ausgelöst hat. In vielen Fällen handelt es sich um ein leicht zu klärendes Missverständnis, wie das eben beschriebene.

Machen wir einen kleinen Test. Ist folgende Aussage eine Beobachtung oder eine Bewertung?

»Er war bei seiner Präsentation nervös.«

Legen Sie sich bitte fest, bevor Sie weiterlesen. Die Antwort finden Sie nach dieser Übung.

Übung

1: Testen Sie Ihre Denkweise. Setzen Sie sich mittags alleine in die Kantine Ihres Unternehmens oder an einen anderen belebten Ort. Beobachten Sie die anderen Menschen und achten Sie dabei auf Ihre Gedanken. Wie viele Bewertungen fallen Ihnen auf?

2: Überlegen Sie sich in einer schwierigen Situation, wie eine von Ihnen als souverän eingeschätzte Person aus Ihrem Umfeld diese wahrscheinlich bewerten und auf sie reagieren würde. Sie können auch eines der großen Vorbilder der Menschheit nehmen, wie zum Beispiel Gandhi, Martin Luther King oder Albert Schweitzer.

Auflösung: Bei dem vor dieser Übung genannten Satz handelt es sich um eine Bewertung. Eine Beobachtung beschreibt immer etwas, was jeder Mensch konkret sehen oder hören kann. Die Beobachtung zu oben genannter Bewertung lautet: »Er hat während der ganzen Präsentation mit dem Stift in seiner Hand gespielt und häufig das Standbein gewechselt (Beobachtung), und das hat auf mich den Eindruck gemacht, dass er nervös war (Bewertung der Beobachtung).«

Glaubenssätze und Prägungen

In unserer Kindheit haben uns unsere Eltern ihr Weltbild vermittelt. Bestimmte Grundannahmen wurden dabei immer wieder wiederholt und haben sich so in unserem Unbewussten als Glaubenssätze (Sätze, die wir glauben) festgesetzt. Wer von seinen Eltern oft gehört hat »Das Leben ist hart und ungerecht«, wird wahrscheinlich besonders die negativen Aspekte seines Lebens wahrnehmen und vielleicht sogar Erfahrungen suchen, die diesen Glaubenssatz bestätigen. Wer dagegen gelernt hat: »Das Leben meint es gut mit dir. Es will nur dein Bestes, auch wenn es nicht immer danach aussieht«, wird Dinge anders wahrnehmen. Sagen die Eltern: »Man kann den meisten Menschen trauen. Aber man darf nicht naiv sein. Verlasse dich am besten auf deine innere Stimme«, hat das eine andere Wirkung, als wenn sie immer wieder betonen: »Du kannst niemandem trauen. Sei immer auf der Hut!« Beispiele für negative Glaubenssätze sind:

- Ich bin es nicht wert, geliebt zu werden.
- Ich bin schuld.
- Ich bin nicht gut genug.
- Ich muss immer höflich, nett und hilfsbereit sein.
- Ich muss hart zu mir selbst sein.

Ein großes Problem mit den Glaubenssätzen ist, dass sie uns und unsere Wahrnehmung auch als Erwachsene noch steuern, obwohl wir wissen, dass ihr Inhalt zum Teil jeder Grundlage entbehrt. Nehmen wir einmal an, ein Elternpaar gibt seinem Kind wenig positive Rückmeldung, maßregelt es dagegen häufig: »Lass das, tu dies nicht, tu das nicht …« Positive Reaktionen zeigt es hauptsächlich dann, wenn die Leistungen des Kindes seinen Erwartungen entsprechen, zum Beispiel durch gute Schulnoten. Dann bildet sich durch diese Erfahrungen wahrscheinlich der unbewusste Glaubenssatz: »Ich bin nur wert, geliebt zu werden, wenn ich eine Leistung erbringe.« Es kann sein, dass dieses Kind als Erwachsener sich einseitig auf seine Arbeit ausrichtet, weil er unter dem Zwang steht, Leistung erbringen zu müssen, und so seine Familie vernachlässigt. Es kommt zu einem Konflikt. Der Verstand sagt ihm: »Du musst dir mehr Zeit für deine Familie nehmen. Sie sind das Wichtigste in deinem Leben.« Aber er wird gesteuert von dem Glaubenssatz: »Ich bin nur wert, geliebt zu werden, wenn ich Leistung erbringe.« Dieser Glaubenssatz kann dazu beitragen, dass es dieser Mensch trotz guter Vorsätze nicht schafft, weniger zu arbeiten. Er fühlt sich innerlich zerrissen, kann diesen Konflikt aber nicht lösen. Für den Arbeitsalltag kann dies zur Folge haben, dass ein Manager mit diesem Glaubenssatz Mitarbeiter mit »Liebesentzug« bestraft, wenn sie weniger Leistung erbringen, anstatt in den Dialog zu treten und sie in einer Krise wieder aufzubauen. Dies ist nur ein Beispiel von vielen. Auch wenn es stark vereinfacht dargestellt ist, erklärt es den grundlegenden Mechanismus der Glaubenssätze.

Es nützt Ihnen nur wenig, wenn Sie von Ihren bewussten Gedanken ausgehen. Schauen Sie sich stattdessen Ihr Leben an und wie Sie tagtäglich handeln. Daran erkennen Sie die tatsächlichen Glaubenssätze, denn diese manifestieren sich in Ihren Lebensumständen.

Viele Menschen tragen, ohne es zu wissen, solche Glaubenssätze in sich. Was glauben Sie, hat es für Folgen, wenn jemand sein Leben lang von solchen Glaubenssätzen im Unbewussten geprägt wird? Was bedeutet es für die Führung von Mitarbeitern, wenn die Führungskraft solche Glaubensmuster hat?

Wer zum Beispiel den Glaubenssatz »Ich bin schuld« verinnerlicht hat, ist als Vorgesetzter von seinen Mitarbeitern leicht über Schuldgefühle zu steuern. Wer von dem Glaubenssatz »Ich muss hart zu mir selbst sein« geprägt ist, wird dies auch im übertriebenen Maße bei seinen Mitarbeitern sein. Destruktive Glaubenssätze beeinflussen also nicht nur Ihr eigenes Leben, sondern auch Ihr Führungsverhalten nachhaltig negativ.

Übung

1: Diese Übung bietet erste Ansätze für die Bewusstmachung von Glaubenssätzen. Setzen Sie sich an einem ruhigen Ort in einen bequemen Stuhl und tun Sie etwas, was Sie wirklich entspannt. Wenn Sie merken, dass Sie innerlich ganz ruhig geworden sind, nehmen Sie sich die unten aufgelisteten Satzanfänge vor, sprechen sie aus und vollenden den Satz mit der Ergänzung, die in Ihnen aufsteigt. Geben Sie sich selbst Zeit für diese Übung.

Das Leben ist ... _____

Die Welt ist ... _____

Ich bin... _____

Die Menschen sind ... _____

Was ich an mir nicht mag, ist ... _____

Ich kann nicht ... _____

Ich bin zu ... _____

Jeder sollte ... _____

Es ist wichtig, dass ... _____

Ich glaube bestimmt, dass ... _____

Schon immer ... _____

2: Überlegen Sie in Situationen, in denen Sie sich über Ihr Verhalten wundern und sich selbst nicht verstehen, welcher Glaubenssatz dahinter stehen könnte, der Ihr Verhalten unbewusst steuert. Betrachten Sie auch Ihr Leben als Ganzes. Wie Sie leben und wie Ihr Umfeld aussieht, ist der deutlichste Hinweis auf Ihre Glaubenssätze.

Carpe Diem – Wie Sie Ihre Zufriedenheit und Ihr Glücksempfinden steigern

Wer bereut schon auf dem Sterbebett, nicht mehr Zeit im Büro verbracht zu haben.

Stephen R. Covey
(US-amerikanischer Topmanagement-Berater)

Carpe Diem ist eine lateinische Redewendung aus einer Ode des römischen Dichters Horaz und wird meistens übersetzt mit »Nutze den

Tag!«. Im Originaltext heißt es »Carpe diem, quam minimum credula postero«, was so viel heißt wie »Pflücke dir den Tag, und glaube so wenig wie möglich an den nächsten!« Damit meint Horaz, dass wir unser Leben intensiv leben sollen. Ob Sie den Tag intensiv erleben und auskosten, oder ob er in angestrengter Hast vergeht, ist Ihre Wahl, die Sie täglich treffen! Sie entscheiden das, nicht die Umstände, auch wenn es vordergründig so aussieht. Henry David Thoreau, der berühmte US-amerikanische Philosoph, schrieb vor über 150 Jahren: »Ich will das Mark des Lebens in mich aufsaugen.« Diese Fähigkeit, den Tag zu pflücken und das Mark des Lebens in sich aufzusaugen, haben viele Manager verloren. In diesem Kapitel wird es darum gehen zu sehen, was die Ursachen dafür sind und wie Sie Ihre wahrgenommene Lebensqualität wieder erhöhen können.

Die Jagd nach Wohlstand, Anerkennung und Glück

Unsere Gesellschaft und die allgegenwärtige Werbung suggerieren uns, dass wir alles haben können, wenn wir nur wollen: »Du kannst erfolgreich sein. Du kannst ein gesundes Leben führen. Du kannst eine erfüllende Partnerschaft haben. Du kannst glückliche und intelligente Kinder großziehen. Du kannst tolle Freunde haben. Du kannst vermögend sein. Du kannst ein nobles Auto fahren. Du kannst in einem feudalen Haus wohnen. Du kannst …, du kannst …, du kannst …«, und das alles gleichzeitig! Die Realität sieht anders aus. Alles gleichzeitig haben zu können ist eine Illusion, der wir nur zu gerne hinterherlaufen! Es bleibt aber eine Illusion. Oder kennen Sie jemanden, der eine aufsehenerregende Karriere gemacht hat, gleichzeitig eine erfüllende Beziehung lebt, viel Zeit mit seinen Kindern verbringt, Sport treibt, regelmäßig seine Freunde trifft, sich für Kultur interessiert, fremde Länder bereist, täglich meditiert, Sprachen lernt, sich noch ehrenamtlich engagiert und acht Stunden pro Nacht schläft? Nein? Komisch! Trotzdem laufen wir diesem Ideal hinterher. Wo also liegt die Lösung?

Die meisten Menschen glauben, dass Reichtum eine Lösung sei, zumindest könnte man das annehmen, wenn man sieht, wie sie handeln. Jedoch ist bewiesen, dass materieller Wohlstand nur sehr begrenzten Einfluss auf das Glücksempfinden eines Menschen hat.

Der Wirtschafts-Nobelpreisträger Daniel Kahneman und der Ökonom Alan Krueger haben den Zusammenhang zwischen Einkommen und Glücklichsein erforscht. Ihre Untersuchung ergab, dass die Vorstellung, mehr Wohlstand würde automatisch mehr Wohlgefühl erzeugen, zwar weitverbreitet, aber »größtenteils illusorisch« ist. Nur bei Menschen, die sehr wenig Geld haben, bringt ein Mehr an Einkommen auch ein deutliches Mehr an Glücksempfinden. Das liegt daran, dass sie sich in der Folge Dinge leisten können, die das Leben für sie stark vereinfachen oder bereichern, wie zum Beispiel ein Auto oder ein Urlaub. Wenn aber die Grundbedürfnisse gedeckt sind, verursacht vermehrter Wohlstand den Untersuchungen zufolge kein höheres Glücksgefühl. Die meisten Leser dieses Buches dürften bereits eine Gehaltsstufe erreicht haben, bei der ihr Glücksniveau durch Mehrverdienst nicht mehr steigt. Das heißt Sie können Ihr empfundenes Glück nicht mehr durch materielle Verbesserungen anheben, sondern nur noch durch Ihre eigene innere Entwicklung.

In den USA stuften 100 Multi-Millionäre (nach Forbes-Liste jeweils mit einem Vermögen von mindestens 125 Millionen Dollar) ihr Wohlbefinden nicht bemerkenswert besser ein als 100 zufällig aus dem Telefonbuch ausgewählte Durchschnitts-Amerikaner. »Happy« fühlten sich 67 Prozent der Superreichen und 62 Prozent der Durchschnitts-Amerikaner. Auch bei Lotto-Millionären pegelt sich das Glücksniveau spätestens nach einem halben Jahr wieder auf das Normalniveau herab, nachdem es anfangs raketenartig in die Höhe schoss. Es gibt drei Hauptgründe, weshalb unser Glücksniveau ab einem bestimmten Einkommen durch mehr Wohlstand nicht mehr steigt:

1. Das Gesetz vom abnehmenden Grenznutzen Viele kennen es auch unter dem Namen »Sättigungsgesetz«. Die Volkswirte nennen es das »erste Gossensche Gesetz«, und es lautet: »Die Größe eines und desselben Genusses nimmt, wenn wir mit der Bereitung des Genusses ununterbrochen fortfahren, fortwährend ab, bis zuletzt Sättigung eintritt.« Denken Sie an das erste Eis an einem heißen Sommertag, verglichen mit dem zweiten oder dritten. Ein Auto zu besitzen bringt einen großen Nutzen, der Zweitwagen immerhin noch einen deutlichen Zusatznutzen und der Drittwagen hat vergleichsweise nur noch einen geringen Effekt.

2. Vergleiche mit anderen Wir beurteilen uns immer im Vergleich mit anderen als »arm oder reich«. Mit wachsendem Reichtum dringen wir in andere »Kreise« mit neuen Bekannten vor, und unter ihnen befinden sich leider wieder Leute, die reicher sind als wir. Und schon fühlen wir uns plötzlich wieder arm. Das Problem ist auch, dass je mehr wir verdienen und uns damit auch mehr Wüsche erfüllen können, diese desto größer werden. Sie erreichen nie einen Endpunkt. Wer ein schnelles Auto fährt, wünscht sich ein noch schnelleres. Wer eine 20-Meter-Yacht besitzt, wünscht sich eine 40-Meter-Yacht. Das Wünschen hört nicht auf. Hinzu kommt, dass wir nicht nur glücklich sein wollen, sondern am liebsten noch ein bisschen glücklicher als die, die wir kennen und mit denen wir uns vergleichen. Das Problem dabei ist, dass wir die anderen meist für glücklicher halten, als sie es tatsächlich sind. Dies liegt daran, dass sich die meisten Menschen nach außen sehr positiv verkaufen. Da haben wir die Schulfreundin mit der außergewöhnlichen Karriere und dem ach so liebevollen Ehemann, oder den netten Kollege mit der gut aussehenden Frau, den entzückenden Kindern, dem riesigen Haus und der Mitgliedschaft im Yacht-Club. So zufrieden, wie die sein müssen, wäre man doch auch mal gerne. Vielleicht wissen Sie schon, dass Wohlstand und Glücksempfinden ab einem gewissen Einkommen nicht mehr korrelieren, aber bei anderen glaubt man trotzdem, es gäbe diesen Zusammenhang.

3. Verpflichtungen und Sorgen Was Sie besitzen, besitzt Sie. Wer ein paar Millionen hat, legt diese an und bekommt bei jeder größeren Börsenschwankung Herzrasen. Wer sieben Häuser sein Eigen nennt, muss auch mit den Problemen von sieben Häusern zurechtkommen. Selbst wenn Sie einen Verwalter haben, werden Sie sich mit hoher Wahrscheinlichkeit regelmäßig über dreiste Mieter oder überhöhte Reparaturrechnungen ärgern. Jeder Gegenstand, den Sie haben, macht Ansprüche geltend, und wenn er nur abgestaubt und vor Diebstahl geschützt werden muß. Je mehr Gegenstände Sie haben, desto mehr Arbeit machen Ihnen diese.

Sie werden in der Zukunft durch materiellen Zugewinn nicht glücklicher werden, als Sie es heute sind! Da wir aber alle dennoch nach Glück und Zufrieden streben, stellt sich die Frage, wie sich dieser Zustand auf andere Art und Weise erreichen lässt.

Der Weg zur Zufriedenheit

Viele Menschen versuchen, den Zustand des Glücklichseins und der Zufriedenheit durch eine Anhäufung möglichst vieler Glücksmomente zu schaffen. Diese kurzfristigen Augenblicke des Glücks haben wir zum Beispiel, wenn uns etwas Schwieriges gelingt, wir etwas bekommen, was wir uns gewünscht haben, oder wir etwas Angenehmes erleben. Der Nachteil des kurzfristigen intensiven Glücksempfindens ist, dass es sich nicht dauerhaft aufrechterhalten lässt. Ein besonders schöner Augenblick geht vorbei, an eine neue Anschaffung gewöhnt man sich schnell und ein errungener Sieg gerät in Vergessenheit. Also braucht es neue Glücksmomente. Der einfachste Weg, immer neue Glücksmomente zu schaffen, besteht darin, sich materielle Wünsche zu erfüllen. Konsum kann aber kein anhaltendes Gefühl von Zufriedenheit und Sinnhaftigkeit erzeugen.

Wer auf der dauerhaften Jagd nach Glücksmomenten ist, wird wahrscheinlich nie wirkliche Zufriedenheit empfinden, denn Zufriedenheit bedeutet: »… sich mit dem Gegebenen, den gegebenen Umständen, Verhältnissen in Einklang befinden und daher innerlich ausgeglichen und keine Veränderung der Umstände wünschend …« (Duden). Wann sind Sie mit den gegebenen Umständen zufrieden? Die meisten sind es niemals in ihrem Leben. Denn wie Sie bereits wissen, steigen die Wünsche des Menschen proportional zum Einkommen und dem sozialen Aufstieg. Der Zustand der Zufriedenheit mit den gegebenen Umständen trifft also bei den meisten niemals ein. Da ist immer der Gedanke, es fehle noch etwas:

Ich wäre glücklich, wenn ich …
- … einen neuen Job hätte.
- … wieder einen Partner hätte.
- … ein Haus hätte.
- … finanziell unabhängig wäre.

Machen Sie Ihr Glück nicht von äußeren Gegebenheiten abhängig, sondern von Ihrer inneren Einstellung! Sie haben die Chance, jetzt und hier glücklich und zufrieden zu sein, so unglaublich das klingen mag. Auf was wollen Sie warten? Schauen Sie sich um. Verglichen mit dem Rest der Welt und dem Durchschnitt der Deutschen dürften Sie als mittlerer Manager bereits im Luxus leben. Sehr wahrscheinlich haben Sie nicht zu wenig, sondern bereits zu viele Dinge, die Sie Ihr Eigen nennen. Das bedeutet nicht, dass Sie ab heute darauf verzichten sollen, sich finanziell oder in anderer Art weiterzuentwickeln. Es bedeutet lediglich, Ihr Glücksempfinden im Sinne einer kontinuierlichen Zufriedenheit nicht davon abhängig zu machen, was im Außen passiert. Hören Sie einfach auf, Vergleiche zu ziehen. Gönnen Sie anderen, was diese haben, und freuen Sie sich frei und losgelöst davon darüber, was Sie selbst bereits erreicht haben. Ihr Wert als Mensch und Ihre Fähigkeit, glücklich zu sein, sind nicht abhängig von Ihrem äußeren Besitz! Befreien Sie sich vom »haben müssen«. Thomas Hohensee bezeichnet dieses »Ich muss das haben« als Gier und empfiehlt in seinem sehr lesenswerten Buch *Der Buddha hatte Zeit*, das eigene Glücksempfinden von der Gier zu trennen. Während sich Wünsche leicht und angenehm anfühlen, mache die Gier »atemlos, verkrampft und engstirnig«. Man kann sich schließlich an vielem erfreuen, ohne es zu besitzen. [6]

Übung

1. Schreiben Sie auf, für welche Dinge im Leben Sie dankbar sind (materielle Dinge, Fähigkeiten, Menschen, Ereignisse etc.). Notieren Sie anschließend, wann in Ihrem Leben Sie sich über einen längeren Zeitraum wirklich glücklich gefühlt haben. Was war der Grund?

2. Überlegen Sie sich jeden Abend vor dem Einschlafen drei Minuten lang, für was Sie an diesem Tag dankbar sind. Welche Momente und Erlebnisse kommen Ihnen in Erinnerung? Diese Übung bereitet viel Freude, fördert nachweisbar die eigene Zufriedenheit und ist eine gute Einstimmung auf den Schlaf. (Wenn Sie an Gott glauben, können Sie das auch in Form eines Gebetes tun.)

Vom Umgang mit der Zeit

Hat auch Ihr Tag zu wenig Stunden? Egal wie viel Sie arbeiten, Ihre To-Do-Liste wird nicht kürzer? Arbeit ist immer genug da. Der Tag müsste 30 Stunden haben, denken viele. Das Erstaunliche ist, dass sich auch diese

30 Stunden schnell füllen und dann wieder nicht mehr ausreichen würden. Schon nach kurzer Zeit würden Sie sich 35 Stunden wünschen. Also belassen wir es lieber bei den 24 Stunden.

Sie können es sich wie in einer Spielbank vorstellen. Sie bekommen zu Beginn des Spiels 24 Jetons, für jede Stunde einen, die Sie frei einsetzen können. Die meisten Menschen tun es, etwas vereinfacht, wie folgt:

8 Jetons = Schlafen
8 Jetons = Arbeiten
2 Jetons = Essen (Frühstück, Mittag, Abend)
1 Jeton = Berufsverkehr
1 Jeton = Praktisches (Einkaufen, private E-Mails, etc.)

20 Jetons

Es bleiben Ihnen also vier Jetons zur freien Verfügung. Was lernen wir daraus?

Als normaler Angestellter arbeiten Sie circa 40 Stunden in der Woche. Als Manager in gehobener Position sind es oft 60 Stunden oder mehr. Aufhören zu arbeiten können und wollen die wenigsten, weil sie Geld verdienen müssen und die Arbeit ihnen meistens auch Spaß macht. Also bleiben die Arbeitszeit und die Fahrtzeit zur Arbeit bestehen. Die Schlafenszeit können Sie zwar verkürzen, neuere Untersuchungen haben aber ergeben, dass viele Manager auf Dauer ein Schlafdefizit aufbauen, das deutliche negative Konsequenzen für die Gesundheit und Leistungsfähigkeit hat. Auch bei der Zubereitung von Mahlzeiten können Sie nicht wirklich viel Zeit einsparen, ohne Ihre Lebensqualität und Gesundheit durch Fast Food zu beinträchtigen. Die Frage ist daher nicht, wie Sie Ihre ersten 20 Jetons anders investieren, sondern wie Sie die ohnehin investierte Zeit mit mehr Lebensqualität füllen und durch eine veränderte Wahrnehmung eine größere Zufriedenheit erreichen können. Lassen Sie uns aber zunächst einen Blick auf die vier verbleibenden Jetons werfen.

Wie investieren Sie Ihre vier freien Jetons? Etwa so, wie es die meisten Deutschen tun? Im Durchschnitt schauten die Deutschen im Jahr 2006 fast vier Stunden am Tag fern. Damit verbringt der typische Deutsche ein Sechstel seiner Lebenszeit vor dem Fernseher! Genießen auch Sie es, sich abends vor dem Fernseher zu »entspannen«? Viele glauben, Fernsehen sei ein guter Ausgleich zu ihrem anstrengenden Arbeitsleben. Tatsächlich ist aber das Gegenteil der Fall. Fühlen Sie sich nach einem langen Fernsehabend so richtig gut erholt? Beobachten Sie das doch mal von außen, wenn Ihre Nachbarn fernsehen. Der Raum ist in ein blaues Licht getaucht, das ununterbrochen flackert. Das ist nicht wirklich eine Entspannung für Körper und Geist! Fernsehen bedeutet, wenn es jeden Abend betrieben wird, ein reizüberflutetes, aber dennoch reizloses Secondhand-Leben. Statt selbst Dinge zu erleben, zu fühlen und zu verarbeiten, schauen wir anderen dabei zu. Ich kenne einige Menschen, die ohne Fernseher leben und das als deutliche Bereicherung ihrer Lebensqualität empfinden. Viele Manager wissen gar nicht mehr, wie sie die Zeit abends anders nutzen können. Sie haben verlernt, ihre freie Zeit mit für sie angenehmen Aktivitäten auszufüllen, die einen echten Ausgleich zur Arbeit schaffen.

Übung

Wenn Sie viel fernsehen, empfiehlt es sich, den Fernseher für eine gewisse Zeit in den Keller zu stellen. Nach einer circa dreiwöchigen Durststrecke entwickeln sich neue Gewohnheiten und Interessen, die meistens wesentlich besser geeignet sind, einen Ausgleich zur Arbeit zu schaffen.

Bedenken Sie übrigens, dass tägliches Fernsehen eine starke Gewohnheit ist. Gewohnheiten zu verändern ist nicht einfach. Mark Twain sagte darüber: »Eine Angewohnheit kann man nicht aus dem Fenster werfen, man muss sie die Treppe hinunterprügeln. Stufe für Stufe.« Also wundern Sie sich nicht, wenn die liebe Gewohnheit Sie drängt, den Fernseher wieder einzuschalten. Lassen Sie ihn ausgeschaltet und überlegen Sie lieber, was Sie nun Sinnvolles in der neu gewonnenen Zeit tun wollen.

Die glückslimitierenden Faktoren

Im Großen und Ganzen lassen sich fünf Bereiche ausmachen, die zu einer Limitierung des eigenen Glücksempfindens führen können, wenn sie nicht erfüllt sind. Diese limitierenden Faktoren greifen wie Kettenglieder ineinander. Das schwächste Glied bestimmt dabei die Zugfestigkeit der Kette beziehungsweise das Maß Ihres Glücksempfindens und damit Ihrer Zufriedenheit mit Ihrem Leben. Die einzelnen Kettenglieder sind die folgenden:

Gesundheit Wie vital und lebendig fühlt sich Ihr Körper an? Gesundheit wird immer als selbstverständlich hingenommen, bis sie nicht mehr vorhanden ist. Die Gesundheit ist der limitierende Faktor schlechthin. Diese Einsicht klingt zwar banal, die meisten Manager handeln aber immer noch so, wie es schon Voltaire im 18. Jahrhundert beschrieben hat: »In der ersten Hälfte unseres Lebens opfern wir unsere Gesundheit, um Geld zu erwerben, in der zweiten Hälfte opfern wir unser Geld, um die Gesundheit wiederzuerlangen. Und während dieser Zeit gehen Gesundheit und Leben von dannen.« Viele verstehen unter Gesundheit die Abwesenheit von Krankheit. Gemeint ist aber ein Körper, der sich durch genügend Schlaf, ausgewogene Ernährung und ausreichende Bewegung energetisch positiv anfühlt. An allen drei Punkten mangelt es vielen Managern.

Selbstbestimmte Zeit Wie viel selbstbestimmte Zeit verbringen Sie mit den Menschen, die Sie mögen, oder auch mal allein? Manager sind stark fremdgesteuert und belasten sich und die Familie häufig dadurch, dass sie auch in der privaten Zeit stets für die Firma erreichbar sein wollen. In ihrer arbeitsfreien Zeit versuchen Manager ihren vielen Anforderungen als Ehepartner, Vater, Freund, Mitglied eines Clubs etc. gerecht zu werden. Was dabei meistens zu kurz kommt, sind Stunden der Stille und Reflexion. Diese freie Zeit, in der wir uns mit uns selbst beschäftigen und Dinge tun, die uns Freude machen, ist vielen Managern fast völlig verloren gegangen.

Vertiefter menschlicher Kontakt Wie gut werden Ihre Bedürfnisse nach Liebe, Akzeptanz, Nähe, Geborgenheit, Unterstützung, Verständnis und Wärme durch den Kontakt zu Ihnen eng vertrauten Menschen befriedigt? Auch in diesem Bereich haben viele Manager ein Defizit. Zwar bekommen mittlere Manager viel Anerkennung von ihrem Umfeld, aber das ist nicht dasselbe wie die eben genannten zutiefst menschlichen Bedürfnisse, die vor allem im engen Austausch mit geliebten Menschen befriedigt werden. Viele Manager haben keine Zeit, ihre alten Freundschaften zu pflegen. Sie haben stattdessen einen großen Bekanntenkreis, mit dem hauptsächlich freundliche, eher oberflächliche Konversation betrieben wird. Das ist zwar unterhaltsam, ersetzt aber nicht den tiefergehenden zwischenmenschlichen Austausch. Bei vielen Managern ist nicht nur die Beziehung zu den Freunden abgeflacht, sondern aufgrund der starken Arbeitsbelastung auch die Beziehung zum Partner. Es fehlen die Zeit und der Raum für verbindende Aktivitäten und intensive Gespräche. Man lebt nicht mehr miteinander, sondern nebeneinander her.

Sinnvolle Tätigkeit Wie viel Freude macht Ihnen Ihre Arbeit? Die Tätigkeit, der wir den ganzen Tag nachgehen, hat einen starken Einfluss auf unser Wohlbefinden. Wenn wir Einfluss haben, Dinge bewegen können, wenn wir Sinn in unserer Arbeit sehen, macht uns das zufrieden. Hier haben die meisten Manager eine positive Bilanz, denn ihre Arbeit empfinden sie meist als interessant und spannend. Auch die damit verbundene Anerkennung durch das soziale Umfeld ist meistens sehr hoch. Wahrscheinlich ist dies das stärkste Kettenglied bei vielen Managern, obwohl auch in diesem Bereich immer mehr Manager ein Defizit an Menschlichkeit und ethischem Denken empfinden.

Das Gefühl von finanzieller Sicherheit Fühlen Sie sich gut abgesichert? Wer zu wenig verdient und sich jeden Tag um Geld oder sogar um Schulden Sorgen machen muss, wird in seinem Zufriedenheitsempfinden stark beeinträchtigt. Manager verdienen meistens sehr gut. Trotzdem ist auch ihre wirtschaftliche Sicherheit manchmal labil. Viele Manager haben sich einen teuren Lebensstil angewöhnt, den es weiter zu finanzieren gilt, um nicht aus der sozialen Bezugsgruppe herauszufallen. Auch beschäftigt einige und insbesondere ältere Manager die Frage der Arbeitsplatzsicherheit. Wird man dem kontinuierlich steigenden Druck im Job und den wiederkehrenden Rationalisierungswellen weiterhin gewachsen sein? Leitenden Angestellten kann wesentlich schneller gekündigt werden als Angestellten ohne leitende Funktion. Wer dann nicht kurzfristig eine adäquate Stelle findet, gerät schnell in eine finanzielle Schieflage, und Ersparnisse sind dann womöglich in wenigen Monaten aufgebraucht. Selbst wenn dieses Szenario bei den meisten Managern niemals eintritt, limitiert die oft vorhandene, reale Angst davor die empfundene Zufriedenheit! Je schlechter Sie finanziell abgesichert sind und je weniger Sie sich sicher fühlen, Ihrer Aufgabe weiterhin gewachsen zu sein, desto niedriger ist Ihre subjektiv empfundene finanzielle Sicherheit.

Im Zusammenhang mit diesen das Glücksempfinden limitierenden Faktoren lässt sich verstehen, warum Aristoteles Onassis, der griechische Reeder und Milliardär, einmal gesagt hat: »Ein reicher Mann ist oft ein armer Mann mit sehr viel Geld.«

Übung

Schätzen Sie sich selbst ein. Wie sehen Sie sich bezogen auf die einzelnen Faktoren? Schreiben Sie spontan auf, wie Sie es momentan empfinden.

1 ___ 2 ___ 3 ___ 4 ___ 5 ___ 6 ___ 7 ___ 8 ___ 9 ___ 10
Angeschlagen   **Gesundheit**   Topfit

1 ___ 2 ___ 3 ___ 4 ___ 5 ___ 6 ___ 7 ___ 8 ___ 9 ___ 10
Sehr wenig   **Selbstbestimmte Zeit**   Sehr viel

1 ___ 2 ___ 3 ___ 4 ___ 5 ___ 6 ___ 7 ___ 8 ___ 9 ___ 10
Sehr wenig   **Vertiefte menschliche Kontakte**   Sehr viel

1 ___ 2 ___ 3 ___ 4 ___ 5 ___ 6 ___ 7 ___ 8 ___ 9 ___ 10
Sehr wenig   **Sinnvolle Tätigkeit**   Sehr viel

1 ___ 2 ___ 3 ___ 4 ___ 5 ___ 6 ___ 7 ___ 8 ___ 9 ___ 10
Sehr niedrig   **Finanzielle Sicherheit**   Sehr hoch

Der niedrigste Wert zeigt Ihnen Ihren subjektiv empfundenen limitierenden Faktor auf.

Früher oder später wird derjenige der fünf Faktoren, bei dem Sie den niedrigsten Wert haben, sich immer mehr in den Vordergrund drängen und Ihr Glücksempfinden limitieren. Investieren Sie deshalb Ihre vier freien Stunden-Jetons in den Bereich, in dem Sie den niedrigsten Wert haben. Das sind bei den meisten Managern die Gesundheit, die selbstbestimmte Zeit und die intensiven Kontakte. Wenn übrigens drei oder mehr Faktoren von Ihnen sehr niedrig bewertet wurden, sollten Sie sich überlegen, ob Sie auf Dauer bereit sind, den Preis für diesen Zustand zu zahlen.

Hilfreich ist auch, sich frühere Hobbys ins Gedächtnis zu rufen. Hierzu ein Beispiel:

Ein gestresster Manager bewegte sich seit Jahren nicht mehr ausreichend und fühlte sich schlaff und nervös. Er nahm sich immer wieder vor, ins Fitnessstudio zu gehen und regelmäßig zu joggen, schaffte das aber nie. Auf die Frage, was ihm früher schon Spaß gemacht habe, antwortete er: »Fahrrad fahren.« Als ihm das bewusst wurde, pumpte er sein altes Rad auf und gewöhnte sich an, nach der Arbeit regelmäßig für 20 Minuten Fahrrad zu fahren.

Wenn Sie sowieso wenig Zeit haben, sollten Sie pragmatische Lösungen bevorzugen. Machen Sie es nicht zu kompliziert und nehmen Sie sich nicht zu viel auf einmal vor. Das wäre der sichere Weg zu scheitern.

Es gibt natürlich außer dem Sport noch viele andere Faktoren, die uns fehlen können, wie zum Beispiel eine Tätigkeit, die uns mit Sinn erfüllt, wie im folgenden Fall eines Managers:

Bei einem meiner Seminare als Führungstrainer lernte ich einen Manager kennen, der ursprünglich einmal Theologie studiert hatte. Eine Zeitlang arbeitete er für die Kirche, unter anderem als Seelsorger. Da es in der Kirche aber auf absehbare Zeit keine freien Stellen gab, machte er sein Hobby zum Beruf und ging in die Wirtschaft in den IT-Bereich. Dort hat er eine ansehnliche Karriere gemacht. Von Zeit zu Zeit vermisste er aber, etwas Substanzielles für andere tun zu können. Ihm fehlten die tief berührenden Augenblicke, die er in seiner Zeit als Seelsorger erlebt hatte. Er entschied sich deshalb, einmal im Jahr für einen Menschen seelsorgerische Sterbebegleitung zu leisten. Dann besucht er für einige Wochen nach der Arbeit und am Wochenende den Sterbenden. Er sagt, man könne nicht viel tun, außer da zu sein. Manchmal halte er einfach nur die Hand. Aber das sei schon eine Menge. Auch die Angehörigen werden von ihm betreut. Er unterstützt sie unter anderem dabei, ihre Gefühle dem Sterbenden gegenüber auszudrücken, was vielen schwerfällt. Auf meine Frage, was sein Antrieb dazu sei, antwortete er: »Ich tue das letztendlich für mich. Wenn man einen Menschen sterben sieht, erscheinen einem viele Alltagsprobleme banal. Es hilft mir, die Dinge richtig einzuordnen, und es zeigt mir immer wieder, was wirklich wichtig ist im Leben.«

Übung

Ihr Arzt eröffnet Ihnen, dass Sie an einer schweren, unheilbaren Krankheit leiden und in ein paar Monaten sterben werden. Ziehen Sie eine Bilanz.

• Wie war Ihr bisheriges Leben?
• Was würden Sie ab heute anders machen, wenn Sie eine zweite Chance bekämen und weiterleben dürften?

Rituale zur Entschleunigung

Wenn Sie Ihre Jetons in Zeit, die Sie allein sein möchten, oder in vertiefte Kontakte investieren wollen, ist es wichtig zu wissen, wie Sie es schaffen können, der Beschleunigungsfalle zu entgehen. Der bekannte Benediktinerpater Anselm Grün unterscheidet die schnelle Zeit von der langsamen Zeit. Im Beruf leben wir meist die schnelle Zeit. Hier ist es wichtig, effizient zu sein, das heißt die Dinge schnell abzuarbeiten. Das Telefon klingelt, ein Kollege steht mit einer Frage in der Tür und in zehn Minuten haben Sie ein Meeting. Diese schnelle Zeit hat ihre eigene Qualität. Sie bringt Dynamik mit sich, setzt Energie frei und sorgt nicht selten für Erfolgserlebnisse und das Gefühl, etwas geleistet zu haben. Als Ausgleich dazu brauchen wir aber die langsame Zeit. Diese können wir auf einem Spaziergang erleben, mit einem guten Buch in der Hand, beim

Musikhören, im vertrauten Gespräch mit uns lieben Menschen oder im Alleinsein. Die langsame Zeit bringt Frieden und Ausgeglichenheit mit sich, baut Energie auf und sorgt für tieferen Kontakt zu sich selbst und zu anderen. Haben wir von beiden Zeiten genug zur Verfügung, spricht Anselm Grün von Zeitwohlstand. Dann wird die Zeit nicht nur verbraucht, sondern erfahren und erlebt. Über die schnelle Zeit müssen Sie sich als Manager keine Sorgen machen. Von ihr haben Sie ausreichend zur Verfügung. Die langsame Zeit ist meist der Engpass. Viele beruflich erfolgreiche Menschen sind so an die schnelle Zeit gewöhnt, dass sie verlernt haben, langsame Zeit in ihr Leben zu integrieren. Sie haben eine zu hohe innere Schlagzahl und suchen sich dann auch für ihre Freizeit noch »schnelle Hobbys« (wie Fitnessstudio, Extremsportarten, Ausgehen, Shoppen).

Für langsame Beschäftigungen wie Musik zu hören, ein Buch zu lesen oder sich auf andere Menschen und sich selbst einzulassen fehlt vielen die innere Ruhe. Der abrupte Übergang von der schnellen Zeit zur langsamen will einfach nicht gelingen. Sie kennen es sicherlich, abends mit einem Kreisel im Kopf nach Hause zu kommen, der sich noch mit hoher Geschwindigkeit dreht. Es fällt Ihnen dann schwer, abzuschalten und sich auf die langsame Zeit einzustellen. Wenn der Partner ebenfalls einen schweren Tag hatte, läuft auch bei ihm der Kreisel im Kopf auf Hochtouren. Sie fragen sich, wie Sie entschleunigen können? Hier helfen feste Rituale. Ein mir bekannter Manager steigt zum Beispiel auf der Heimfahrt immer eine U-Bahn-Station früher aus und läuft die letzten beiden Kilometer zu seinem Haus zu Fuß. Er nutzt die Zeit, um den beruflichen Teil des Tages geistig abzuschließen und sich auf den privaten einzustimmen. Ein anderer setzt sich, wenn er nach Hause kommt, zuerst gemeinsam mit seiner Frau an den Tisch. Dort sitzen sie für 15 Minuten und tauschen sich über den Tag aus. Dabei trinken und essen sie eine Kleinigkeit (etwas Brot oder Nüsse beruhigen den Magen bis zum Abendessen). Sie spielen dabei nicht das »Wer hatte den schlimmeren Tag«- Spiel, sondern erzählen sich, was sie an diesem Tag bewegt hat. Jeweils einer erzählt, der andere hört zu. Nach diesem 15-minütigen Ritual merken beide, wie sich der Kreisel im Kopf bereits deutlich langsamer dreht, und beginnen so wesentlich entspannter den gemeinsamen Abend. Ein anderer Manager geht einmal in der Woche an einem Werktagabend in die Kirche. »Das hilft mir zurückzuschalten und hält meist ein paar Tage an«, sagt er. Wieder ein anderer meditiert abends mit seiner Frau für zehn Minuten, wenn die Kinder im Bett sind. Dabei sind sie ganz im Hier und Jetzt und konzentrieren sich auf ihren Atem. Die Wirkung ist verblüffend. Nach nur zehn Minuten steht der Kreisel still und der Druck lässt nach. Schaffen Sie sich Ihre eigene »Dekompressionskammer«, die Sie vom hohen Druck- auf ein normales Druckniveau bringt.

Übung

Welches Ritual würde Ihnen helfen, zu entschleunigen und sich besser auf langsame Zeit einzustellen? Fragen Sie auch Ihren Partner, was ihr oder ihm helfen würde. Führen Sie ein solches Ritual in Ihrem Leben ein.

Von den perfekten Momenten

Ein Schüler fragte einmal seinen Meister, warum dieser immer so ruhig und gelassen sei. Der Meister antwortete: »Wenn ich sitze, dann sitze ich. Wenn ich stehe, dann stehe ich. Wenn ich gehe, dann gehe ich. Wenn ich esse, dann esse ich ...«

Der Schüler fiel dem Meister ins Wort und sagte: »Aber das tue ich auch! Was machst du darüber hinaus?«

Der Meister blieb ganz ruhig und wiederholte wie zuvor: »Wenn ich sitze, dann sitze ich. Wenn ich stehe, dann stehe ich. Wenn ich gehe, dann gehe ich ...«

Wieder sagte der Schüler: »Aber das tue ich doch auch!«

»Nein«, sagte da der Meister. »Wenn du sitzt, dann stehst du schon. Wenn du stehst, dann gehst du schon. Wenn du gehst, dann bist du schon am Ziel.«

Diese bekannte Zen-Geschichte beschreibt anschaulich die Ursachen für unsere tägliche Hektik und unser Getriebensein. Während wir etwas tun, sind wir geistig oft schon bei einer anderen Sache. Während des Essens lesen wir, beim Laufen durch die Natur telefonieren wir und manche schreiben sogar E-Mails, während sie an einem Meeting teilnehmen. Dinge parallel zu tun und sich selbst ununterbrochen zu hetzen führt dazu, dass wir nicht mehr im Hier und Jetzt sind, wodurch uns das Leben mit seinen vielen schönen Augenblicken entgeht. Es sind die kleinen perfekten Momente, die das Leben lebenswert machen. Sie erleben jeden Tag welche davon! Ein perfekter Moment ist so geschaffen, dass er nicht mehr verbessert werden kann. Sie sitzen morgens beim Frühstück, die Sonne scheint Ihnen ins Gesicht und Sie genießen den Geschmack des köstlichen Kaffees. Dieser Moment ist perfekt! – Sie gehen an einem schönen Herbsttag im Wald spazieren. Die Luft ist frisch und voller Energie. Das bunte Laub wirbelt von den Bäumen und Sie genießen den Wind auf Ihrer Haut. Dieser Moment ist perfekt! – Ihr Partner sitzt Ihnen in einem schönen Restaurant gegenüber. Sie lächeln sich an und fühlen sich miteinander verbunden. Die freundliche Bedienung bringt Ihnen Ihr Lieblingsgetränk. Sie stoßen mit dem Partner an und trinken. Dieser Moment ist perfekt! Selbst wenn Sie einen siebenstelligen Betrag auf dem Konto hätten und vor der Tür 15 Sportwagen stünden, könnte dieser Moment nicht schöner sein.

Eugene O'Kelly, ehemaliger CEO des internationalen Wirtschaftsprüfungs- und Beratungsunternehmens KPMG in den USA, gehörte zu den mächtigsten Männern der USA und war terminlich auf zwei Jahre im Voraus verplant und. Auf dem Höhepunkt seines Erfolgs wurde ihm mitgeteilt, dass er mit absoluter Sicherheit bald sterben müsse, da er drei golfballgroße Krebstumore in seinem Gehirn hatte. Er beschrieb, dass eine der Erfahrungen seiner letzten Monate die war, dass er an jedem verbleibenden Tag, nur durch die Umstellung seiner Wahrnehmung, viele dieser perfekten Momente erlebte. Von diesen hatte er vorher nach eigener Aussage nicht mehr als zwei pro Jahr gehabt.

Neben den perfekten Momenten gibt es auch viele schöne Momente. Nehmen wir das Frühstücksszenario von eben: Sie sitzen am Frühstückstisch, schauen über die Dächer der Stadt, trinken einen köstlichen Kaffee, aber die Sonne scheint Ihnen nicht ins Gesicht. Jetzt zu denken »Wie schade, dass die Sonne nicht scheint« wäre falsch. Erfreuen Sie sich an dem, was da ist. Sowohl bei der bewussten Wahrnehmung der guten als auch der perfekten Momente entstehen Augenblicke intensiven Glücks, einfach so, ohne dass Sie viel dafür tun müssen. Seien Sie im Hier und Jetzt!

Von den schweren Zeiten

Aber was ist mit den unangenehmen Momenten? Wie können Sie mit diesen umgehen?

Glauben Sie, dass die Dinge, die Ihnen widerfahren, zufällig passieren? Ich bin fest davon überzeugt, dass es nicht so ist. Die unangenehmen Dinge, die wir erleben, sind Lernaufgaben, die das Leben uns stellt. Teilweise produzieren wir diese Lernaufgaben selbst, da unsere Umwelt uns unser Verhalten und unsere Denkmuster widerspiegelt. Sicherlich kennen Sie das Sprichwort: »So wie man in den Wald hineinruft, so schallt es heraus.« Wenn mehrere Menschen in Ihrem Umfeld Ihnen gegenüber ähnliche Verhaltensmuster zeigen, die Sie stören, dann sollten Sie sich Gedanken darüber machen, was Ihr Anteil daran sein könnte. Es gibt aber auch Situationen, in die wir völlig unverschuldet geraten. Hier gilt es, sich nicht selbst zum Opfer zu erklären, sondern sie als eine Lernchance zu sehen und sich zu fragen: »Wie kann ich am besten mit dieser Situation umgehen? Was kann ich daraus lernen?« Im Nachhinein, mit einigen Jahren Abstand, können wir diese Fragen meist besser beantworten. Wir sehen dann die Entwicklung, die wir aufgrund des damaligen Problems durchlaufen haben. Häufig wollen wir mit etwas zeitlichem Abstand solche zunächst als negativ bewerteten Situationen nicht mehr missen. Die Kunst ist es, das gleich zu erkennen und nicht erst mit Jahren des Abstands. Nur in schwierigen Situationen und Lebensphasen entwickeln wir uns und unseren Charakter weiter. Wenn alles gut läuft, haben wir keinen Grund, etwas an uns zu verändern.

Der römische Philosoph Seneca schrieb: »Fest und stark ist nur der

Baum, der unablässig Windstößen ausgesetzt war, denn im Kampf festigen und verstärken sich seine Wurzeln.« So ist es auch mit dem Charakter. Als Führungskraft können Sie sich bis zu einem gewissen Grad sogar über Krisen im Unternehmen freuen, denn nur im Sturm zeigt sich der gute Steuermann. In Krisen zeigen sich Führungs- und Charakterschwächen, genauso wie Stärken.

Nehmen Sie sich nicht so ernst

Papst Johannes XXIII., dessen bürgerlicher Name Angelo Giuseppe Roncalli war (nach ihm wurde auch der bekannte Zirkus benannt und der Platz vor dem Kölner Dom), wurde 1958 zum Papst gewählt und blieb bis zum Jahr 1963 im Amt. Aufgrund seines fortgeschrittenen Alters von 77 Jahren und seiner konservativen Frömmigkeit glaubten die Kardinäle, er werde ruhig und kurz regieren. In der Presse wurde er als »Übergangspapst« und »Kompromisslösung« bezeichnet. Schon nach kurzer Zeit zeigte er jedoch seine wahre Stärke und schuf historische Veränderungen. Er initiierte verschiedene Friedensinitiativen mit weltpolitischer Tragweite und berief unerwartet das Zweite Vatikanische Konzil ein. Er stärkte damit als erster Papst nach der Reformation wieder die Verbindung zur evangelischen und orthodoxen Kirche. 1962 vermittelte er in der Kuba-Krise maßgeblich zwischen J. F. Kennedy und Nikita Chruschtschow, zu einer Zeit also, in der die Welt so kurz vor einem Atomkrieg stand wie noch nie zuvor. Im Volk war Papst Johannes XXIII. für seine humorvolle und bodenständige Art sehr beliebt. Er schaffte bei seinen Privataudienzen den bis dahin üblichen Fußkuss und die vorgeschriebenen drei Verbeugungen ab. Auf die Frage, wie viele Menschen im Vatikan arbeiten, soll er einmal geantwortet haben: »Ungefähr die Hälfte.« Das italienische Volk gab ihm den Titel »il Papa buono« (»der gute Papst«) und verehrt ihn noch heute zutiefst.

Was können Sie von diesem Papst lernen, der in nur fünf Jahren so viel bewirkt hat? Es ist überliefert, dass Angelo Giuseppe Roncalli sich nach seiner Wahl zum Kirchenoberhaupt fast erdrückt fühlte von der Verantwortung, die dieses Amt mit sich brachte. Er konnte kaum noch schlafen vor Anspannung. Da erschien ihm in einem Traum ein Engel und sprach zu ihm die heilenden Worte:

»Giovanni, nimm dich nicht so wichtig ...«

Seit diesem Traum konnte er wieder in Frieden schlafen und seine Arbeit mit Energie und Gelassenheit angehen. Dieser Satz »Giovanni, nimm dich nicht so wichtig ...« ging in die Geschichte ein. Johannes XXIII. soll ihn sich immer wieder selbst gesagt haben, wenn er spürte, dass Ärger und Missstimmung in ihm aufkeimten. Auch Managern kann dieser Satz in Verbindung mit dem eigenen Vornamen gute Dienste tun. Diese Einstellung ist die Grundlage für Gelassenheit und Humor. Sich selbst nicht so wichtig zu nehmen ist die Fähigkeit, die eigenen Unzulänglichkeiten zu sehen, über sich selbst lachen zu können und sich nicht über andere zu erheben. Wer sich selbst zu wichtig nimmt, verliert jeden Humor, wirkt ernst und verbissen. Viele Manager sind zum Beispiel für die Firma immerzu erreichbar (auch abends oder im Urlaub), was oft ein Zeichen dafür ist, dass sie sich selbst zu ernst nehmen. Sie glauben, das Unternehmen breche ohne sie zusammen.

Haben Sie Humor? Begegnen Sie den Unzulänglichkeiten der Welt und der Menschen, den Missgeschicken des Alltags mit heiterer Gelassenheit? Wenn nicht, wenn Sie sich dauernd aufregen müssen, sind Sie vielleicht humorlos und nehmen sich selbst zu ernst. Das, was sich so ernst und wichtig anfühlt, ist zumeist unser eigenes übersteigertes Ego. Werden Sie gelassener beziehungsweise bleiben Sie es, wenn Sie es schon sind.

Übung

Wenn Sie sich wieder mal über etwas ärgern, betrachten Sie die Situation aus der Vogelperspektive. Fragen Sie sich, welchen Rat Sie Ihrem besten Freund oder Ihrem Kind in derselben Situation geben würden.

Lassen Sie sich Zeit

Übertreiben Sie nicht. Lassen Sie es langsam angehen bei der Umsetzung der hier genannten Ideen. Schließlich wäre es paradox, wenn Sie hektisch beginnen würden, Hektik und Zeitnot in Ihrem Leben zu bekämpfen. Vergessen Sie nicht, dass es Zeit braucht, Überzeugungen und Verhaltensmuster dauerhaft zu ändern. Geben Sie sich zwei bis drei Jahre Zeit, um den gewünschten Zustand zu erreichen. Kurzfristig können nur die wenigsten ihr ganzes Leben umkrempeln. Aber langfristig lässt sich viel erreichen. Denken Sie immer daran: Die meisten Menschen überschätzen, was sie kurzfristig, und unterschätzen, was sie langfristig leisten können.

Management Summary

Wie Sie als Führungskraft integer handeln
- Durch integres Verhalten gewinnen Sie als Führungskraft an Glaubwürdigkeit bei Ihren Mitarbeitern. Integer sein bedeutet, dass Sie sagen, wofür Sie stehen, und zu dem stehen, was Sie sagen. Machen Sie sich bewusst, welches die zentralen Werte sind, an denen Sie Ihr Verhalten ausrichten wollen, denn dann entscheiden Sie auch in schwierigen Situationen schneller und besser.
- Verkennen Sie nicht, wie gut Ihre Mitarbeiter Ihren Charakter einschätzen können. Denn Ihre Integrität zeigt sich in Ihren alltäglichen Handlungen und weniger darin, was Sie sagen.

Wie Sie Ihre Stärken erkennen und nutzen
- Nur wenn Sie sich Ihre Stärken bewusst machen, können Sie außergewöhnliche Leistungen erbringen und Ihre Karriere beschleunigen.
- Stärke = Talent + Wissen + Können
- Zum Führen gibt es nicht ein einzelnes zentrales Talent, sondern viele verschiedene, die sich einsetzen lassen. Überlegen Sie, welche Ihrer Talente Sie bei Ihrer Führungsarbeit einsetzen können.
- Suchen Sie sich ein Unternehmen mit einer Kultur, die zu Ihnen passt und in der Sie Ihre Stärken am besten einbringen können.

Wie Sie Ihr Entwicklungspotenzial erkennen und damit umgehen
- Wenn Sie sich mit Ihren eigenen Schwächen auseinandersetzen, entwickeln Sie ein authentisches Auftreten, gehen mit Kritik souveräner um und können Schwächen anderer besser akzeptieren.

- Je stärker Sie Ihre eigenen Emotionen wahrnehmen und je besser Sie mit diesen umgehen können, desto eher können Sie auch die Gefühle Ihrer Mitarbeiter nachvollziehen und angemessen reagieren. Außerdem treffen Sie die besten Entscheidungen, wenn Sie dabei Ihre Gefühle und Ihren Verstand kombiniert einsetzen.
- Machen Sie sich Ihre versteckten Glaubensätze und Bewertungsmechanismen bewusst, denn sie haben einen großen Einfluss auf Ihr Führungsverhalten. Sie erkennen sie am besten in Ihren täglichen Handlungen.

Wie Sie Ihre Zufriedenheit und Ihr Glücksempfinden steigern

- Es ist bewiesen, dass ab einem bestimmten Einkommen das Glücksempfinden nicht mehr weiter zunimmt. Machen Sie Ihr Glück nicht von äußeren Gegebenheiten abhängig, sondern von Ihrer inneren Einstellung. Trainieren Sie Ihre Achtsamkeit für die vielen schönen oder perfekten Momente des Alltags und betrachten Sie die Dinge mit Humor. Hier liegt Ihr größtes Glückspotenzial.
- Achten Sie darauf, welche der fünf, das Glücksempfinden limitierenden Faktoren bei Ihnen unterentwickelt sind, und investieren Sie in diese: Gesundheit, selbstbestimmte Zeit, soziale Kontakte, sinnvolle Tätigkeiten und das Gefühl von finanzieller Sicherheit.
- Um nicht auszubrennen und um neue Energie schöpfen zu können, ist es für Sie als Manager wichtig, sich Rituale zu schaffen, um von der schnellen auf eine langsame Zeittaktung umschalten zu können.

2. Teil

Führen Sie das untere Management

In diesem Teil des Buches geht es darum, wie Sie die Menschen führen, die Ihnen unterstellt sind. Diese Art von Führung nimmt wahrscheinlich den größten Teil Ihrer Führungsarbeit in Anspruch, weshalb die folgenden vier Kapitel auch etwas umfangreicher angelegt sind. Als mittlerer Manager sind Sie in der besonderen Situation, dass Sie als Führungskraft (Bereichsleiter) selbst Führungskräfte führen (Abteilungsleiter), die dann unter Umständen ebenfalls wieder Führungskräfte unter sich haben (Teamleiter). Damit tragen Sie eine besondere Verantwortung. Denn die Art und Weise, wie Sie führen, wird sich mit der Zeit nach unten fortsetzen, da die Ihnen unterstellten Führungskräfte sich zu einem gewissen Grad Ihrem Führungsstil anpassen werden. Sie haben also eine wichtige Vorbildfunktion. Generell müssen Sie bei der Führung von Führungskräften Dinge beachten, die bei der Führung von Mitarbeitern ohne Weisungsbefugnis weniger zum Tragen kommen.

Als Führungstrainer höre ich von mittleren Managern häufig folgende Fragen:

- »Ich ersticke in operativen Aufgaben. Wie kann ich es schaffen, den Überblick zu behalten?«
- »Wie bekomme ich meine Mitarbeiter dazu, sich auf die wichtigsten Aufgaben zu konzentrieren und Prioritäten zu setzen?«
- »Wie kann ich meine Mitarbeiter motivieren, eine gute Leistung zu erbringen?«
- »Wie schaffe ich es, in meinem Bereich eine neue Denkweise einzuführen?«

Diese und weitere Fragen werden in diesem Teil des Buches beantwortet. Im nun folgenden ersten Kapitel geht es um die Kunst, sich nicht vom Tagesgeschäft auffressen zu lassen, sondern den Überblick zu behalten. Als mittlerer Manager ist es Ihre Aufgabe, den Bereich und Ihre Mitarbeiter weiterzuentwickeln. Dafür ist es sinnvoll, Stärken und Schwächen Ihres Bereichs und der Ihnen unterstellten Führungskräfte zu analysieren und daraus Ziele abzuleiten.

Scheinkompetenzen »Feuerlöschen und Trouble-shooting« – So behalten Sie den Überblick und geben die Richtung vor

Herzog ward der genannt, der vor dem Heere her zog.
Unbekannt

Als Führungskraft müssten Sie sich vierteilen können. Dann könnten Sie den ersten Teil Ihrer Person für die in Ihrem Team arbeitenden Führungskräfte und Mitarbeiter abstellen. Dieser Teil würde auch die täglich auftretenden Probleme in Ihrem Bereich lösen, durch die Abteilungen wandern und dabei für jeden ein offenes Ohr und aufmunternde Worte parat haben. Der zweite Teil Ihrer Person wäre für Ihren Chef und die Umsetzung seiner Ideen zuständig. Der dritte Teil würde die Kommunikation mit den Managerkollegen auf Ihrer Ebene übernehmen, bereichsübergreifende Projekte steuern und Schnittstellenprobleme klären. Der vierte und letzte Teil Ihrer Person würde die gegenwärtige Situation und die zukünftige Entwicklung reflektieren und damit das machen, was von Führungskräften immer gefordert wird, was sie aber im Alltag oft nicht schaffen umzusetzen.

Die wesentlichen Aufgaben des vierten Teils bestehen darin, die folgenden drei Themen zu reflektieren und daraus Ziele abzuleiten:

1. Stärken und Schwächen der eigene Arbeitsmethodik
2. Stärken und Schwächen der Mitarbeiter
3. Stärken und Schwächen des Bereichs

Die Tatsache, dass das Vierteilen mit äußerst unangenehmen Nebenwirkungen einhergeht, führt dazu, dass Sie allen genannten Anforderungen mit nur einer Person gerecht werden müssen. Zu den vier Teilen kommt zusätzlich der viel Zeit einfordernde Bereich der aktiven Kundenbetreuung. Was daher meistens zu kurz kommt, sind die Aufgaben, die Ihr vierter Teil übernommen hätte. Das Problem mit den drei genannten Reflexions- und Zielentwicklungsaufgaben ist, dass sie nicht mit einer Person verknüpft sind, die ihre Erledigung einfordert. Mitarbeiter, Chefs und Kunden lenken Ihre Aufmerksamkeit allein mit ihrer physischen Anwesenheit auf ihre jeweiligen Bedürfnisse und Erwartungen. Wenn Sie beispielsweise eine Kundenanfrage nicht bearbeiten, wird der Kunde sich verärgert melden und so Druck erzeugen. Die Aufgaben des vierten Teils werden dagegen durch keine Person vertreten. Wenn Sie wenig oder gar nicht über die Stärken und Schwächen Ihrer Mitarbeiter oder des Bereichs nachdenken, hat das kurzfristig zunächst keine Konsequenzen. Langfristig bekommen Sie dafür aber die Quittung, denn Sie verlieren die Freude an Ihrer Arbeit und fühlen sich zunehmend fremdgesteuert. Aus diesem Grund ist es lohnend, sich mit den Aufgaben des vierten Teils zu beschäftigen. Aber die einzige und damit maßgebliche Person, die die Erledigung dieser Aufgaben einfordern kann, sind Sie selbst! Sie müssen also bei sich selbst auf der Matte stehen und durch Ihre »Anwesenheit« Aufmerksamkeit für diese Aufgabe einfordern.

Tatsächlich ist der typische Manager 75 Prozent seiner Zeit von den Anspruchsgruppen Mitarbeiter, Chefs und Kunden fremdbestimmt. Das ist auch nicht zu ändern. Die alles entscheidende Frage ist, wie Sie das letzte Viertel Ihrer selbstbestimmen Zeit verbringen. Fordern Sie bei sich selbst Zeit für die zentralen Führungsaufgaben des vierten Teils ein. Fragen Sie sich, wie Sie das schaffen sollen, da Sie in der Regel im Tagesgeschäft schier untergehen? Die meisten Manager haben mittlerweile so viele administrative Aufgaben zu bewältigen, dass die verbleibende Zeit nur noch dafür genutzt wird. Hier unterscheiden sich die herausragenden Manager vom ehrenwerten Durchschnitt. Die besten Manager schaffen es, sich die Zeit für diese Themen zu nehmen. Der Vorteil der investierten Zeit liegt auf der Hand: Sie führen ihre Mitarbeiter, indem sie wissen und kommunizieren, wie sich der Einzelne und das gesamte Team entwickeln sollen.

Viele Führungskräfte geben heute keine grundsätzliche Richtung mehr vor, sondern lassen sich und den Bereich nur noch vom Tagesgeschäft lenken. Von Führung kann da keine Rede mehr sein.

Dazu eine kleine Metapher: Ursprünglich waren »Herzöge« germanische Heerführer, die von den freien Männern eines Stammes während einer Heeresversammlung für die Dauer eines Kriegszuges gewählt wurden. Der Herzog war also der Mann, der vor dem Heer *her zog*. Viele der modernen Führungskräfte sind aber, um dieses Bild zu nutzen, kein »Herzog« für die ihnen anvertrauten Menschen mehr, sondern ein »Mitzog«. Sie laufen nicht vor der Gruppe, um die Richtung vorzugeben. Stattdessen bewegen sie sich in der Gruppe und reagieren nur auf das, was von außen kommt. »Mitzöge« steuern nicht, sondern werden von außen durch die drei Anspruchsgruppen (Mitarbeiter, Chef, Kunden) und das Tagesgeschäft gesteuert. Als was sehen Sie sich? Als Herzog oder als Mitzog?

Troubleshooting

Die Managementlegende Peter Drucker hat einmal gesagt: »*Resultate erzielt man, indem man Chancen nutzt, nicht, indem man Probleme löst.*« Viele Manager lösen von morgens bis abends Probleme. Im Amerikanischen nennt man das Troubleshooting – Probleme lösen oder wörtlich übersetzt Probleme »jagen« oder »erschießen«. Sie arbeiten damit vergangenheitsorientiert, denn Probleme resultieren meist aus der Vergangenheit. Was aber bedeutet »Resultate erzielen, indem man Chancen nutzt«, für einen mittleren Manager in der Praxis? Der mittlere Manager ist für die Übersetzung der strategischen Ziele in operative Ziele und Prozesse zuständig. Dabei kann er Chancen nutzen, indem er eigene Ideen einbringt, Spielräume kreativ nutzt und den ihm unterstellten Bereich bewusst weiterentwickelt. Viele Führungskräfte tun dies aber nicht, weil sie sich zwischen der vielen Routinearbeit, immer neuen von oben kommenden Aufgaben und zu vielen Überstunden festgefahren haben. Die Lösung ist, die Aufgaben des vierten Teils zu erledigen. Nur wenn Sie sich selbst Ziele überlegen und die eigenen Mitarbeiter zielorientiert führen, sind Sie ein Herzog.

Wieso ist Troubleshooting bei Managern eigentlich so beliebt und so weitverbreitet? Neben der alltäglichen Überlastung tragen vor allem folgende drei Gründe dazu bei:

1. *Troubleshooting ist einfach.* Sie müssen nicht lange überlegen, planen oder um die Ecke denken. Das Problem steht meistens direkt vor Ihnen. Jetzt gilt es zu handeln. Was getan werden muss, ist normalerweise offensichtlich.

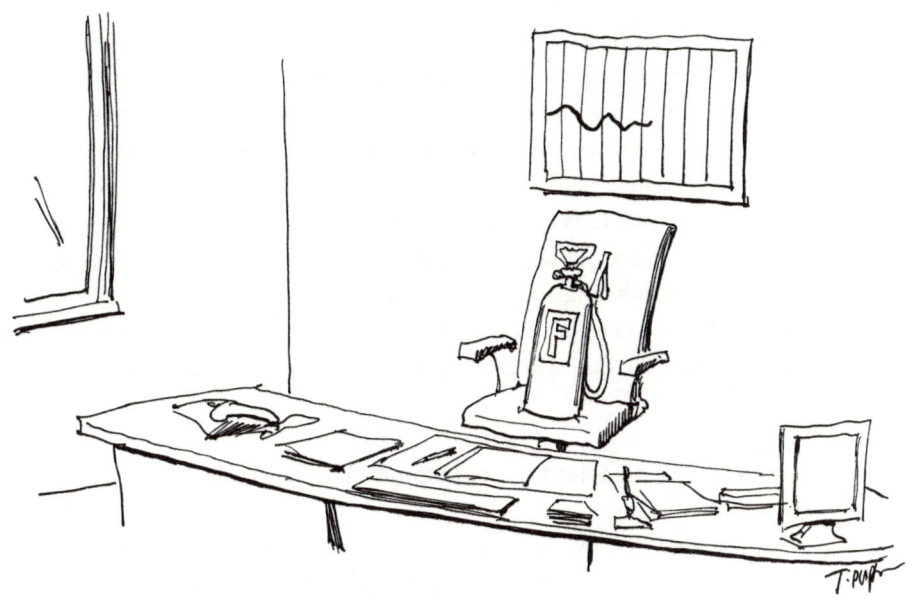

2. *Troubleshooting wird beachtet.* Manager, die Troubleshooting betreiben, sind meist in Eile. Sie wirken dynamisch und wichtig. Man kann das amerikanische Wort »Troubleshooting« auch mit dem deutschen Wort »Feuerlöschen« vergleichen. Feuer zu löschen heißt Action. Wer dreht sich nicht um, wenn ein Löschzug mit Blaulicht und Martinshorn vorbeifährt? Intelligenten Brandschutz zu betreiben ist dagegen eine recht ruhige und unauffällige Angelegenheit, die viel Kompetenz erfordert.

3. *Troubleshooting wird belohnt.* In vielen Unternehmen ist Krisenbewältigung eine wichtige Voraussetzung für die nächste Karrierestufe. Wer Krisen meistert, zeigt sein Potenzial, auch mit schwierigeren Aufgaben zurechtzukommen. Den Ruf zu haben, der Mann zu sein, der die Kastanien aus dem Feuer und die Kuh vom Eis holt, ist nicht der Schlechteste. Dass genau dieser Vorgesetzte aber manchmal mit dafür verantwortlich ist, dass die Kuh überhaupt auf dem Eis steht, wird dabei leider oft übersehen.

Wer hauptsächlich Troubleshooting betreibt, geht im Tagesgeschäft unter. Es ist Ihre Aufgabe als Führungskraft, den Überblick zu behalten und Ihren Mitarbeitern dabei zu helfen, zu erkennen, was die wichtigsten Themen sind. Dafür braucht es gelegentlich die Vogelperspektive. Nehmen Sie sich die Zeit und fliegen Sie im Geiste nach oben. Von dort betrachten Sie sich selbst und Ihre Arbeit, Ihre Mitarbeiter mit Ihren Stärken und Schwächen und Ihren Bereich als Ganzes mit seinen Stärken und Schwächen. Von oben sehen Sie den Wald, von unten nur Bäume. Sich mit den Aufgaben des vierten Teils zu beschäftigen bedeutet, die Vogelperspektive einzunehmen. Je öfter Sie sich damit auseinandersetzen, desto besser ist Ihr Weitblick als Führungskraft, desto weniger Troubleshooting müssen Sie langfristig betreiben und desto erfolgreicher führen Sie Ihren Bereich.

Betrachten wir die drei Aufgaben des vierten Teils im Einzelnen:

1. Stärken und Schwächen der eigenen Arbeitsmethodik

Die erste Aufgabe besteht darin, sich in regelmäßigen Abständen Gedanken über die Stärken und Schwächen der eigenen Arbeitsmethodik zu machen. Wenn es Probleme gibt, die wiederholt auftreten, sollten Sie sich überlegen, inwiefern Sie selbst zu diesen Problemen beitragen. Wenn Sie eine der folgenden fünf Fragen mit »Ja« beantworten, können Sie Ihre Arbeitsmethodik sehr wahrscheinlich noch erheblich verbessern:

- Haben Sie keine Zeit, über wichtige Themen zu reflektieren?
- Gibt es zu viele Probleme für die Sie persönlich Lösungen finden müssen?
- Sind Sie in zu viele Projekte und Aufgaben gleichzeitig involviert?
- Werden Sie zu oft bei Ihrer Arbeit unterbrochen?
- Ufern Meetings zeitlich aus?

Diese für mittlere Manager typischen Probleme hängen oft stärker mit der Arbeitsmethodik als mit den tatsächlichen Umständen zusammen, die letztendlich überall ähnlich sind. Wenn Sie an Ihrer Arbeitsmethodik arbeiten, sollten Sie die eben genannten fünf Probleme angehen:

Problem Nr. 1: Haben Sie keine Zeit, über wichtige Themen zu reflektieren? Morgenstund hat Gold im Mund Ein Vergleich von 20 Gründerpersönlichkeiten der deutschen Wirtschaft, unter anderem der Herren Porsche, Krupp, Bosch, Thyssen und Neckermann, ergab eine signifikante Gemeinsamkeit: Alle waren Frühaufsteher und regelmäßig sehr früh im Büro. Warum war das für den Erfolg dieser Pioniere wichtig und warum ist es auch wichtig für Ihren Erfolg? Weil die kritische Reflexion des Tagesgeschäfts und strategische Überlegungen Ruhe brauchen, sowohl im Äußeren als auch im Inneren. Es funktioniert leider nicht, aus dem dritten hektischen Meeting zu kommen, sich an den Schreibtisch setzen und mal eben für 60 Minuten über sich selbst und die Arbeit nachzudenken.

Morgens um 6 Uhr dagegen ist niemand im Büro. Es gibt kein Telefon, das läutet, und niemanden, der spontan in Ihrem Büro erscheint. Zwischen 6 und 8 Uhr sind Sie normalerweise völlig ungestört. Nutzen Sie diese Zeit! Wenn Sie um 8 Uhr noch für eine Stunde Ihr »Bitte nicht stören – wichtige Arbeit/Telefonat/Meeting«-Schild an die Tür hängen und das Telefon abschalten, haben Sie insgesamt drei Stunden Zeit gewonnen. Keine Angst, Sie müssen nicht jeden Morgen um 6 Uhr im Büro sein. Je nach Position reicht es schon, wenn Sie diese Zeit ein- bis zweimal pro Woche investieren. Verglichen damit, dass viele Führungskräfte gar keine Zeit für den vierten Teil aufwenden, ist das schon ein enormer Fortschritt. Einige Leser werden vielleicht denken: »Gute Idee, nur mache ich das lieber abends.« Meine eigene Erfahrung als aktiver »Nachtmensch« zeigt, dass das nicht funktioniert. Abends sind wir zu erschöpft, um noch wirklich kreativ zu sein, und unterliegen noch der schnellen inneren Taktung des Tagesgeschäfts. Außerdem bleiben auch die Kollegen und Mitarbeiter oft lange im Büro. Sie werden also wahrscheinlich doch in Ihren Überlegungen unterbrochen. Nur morgens sind Sie alleine und die Atmosphäre ist ruhig.

Problem Nr. 2: Gibt es zu viele Probleme, für die Sie persönlich Lösungen finden müssen? Implementieren Sie eine Lösungskultur Als ich nach dem Studium meinen ersten Job bekam, wurde ich zu meiner Freude gleich nach meiner Einstellung zum Projektkoordinator für ein großes und wichtiges Projekt ernannt. Es dauerte nicht lange und ich hatte das erste größere Problem. Also ging ich damit in das Büro meines damaligen Chefs und erzählte es ihm. Mein Vorgesetzter hörte mir aufmerksam zu. Als ich mit meiner Ausführung fertig war, schwieg ich in der frohen Erwartung der Problemlösungsvorschläge meines Chefs. Stattdessen fragte mich dieser aber, welche Lösungsvorschläge ich mir überlegt hätte. Ich antwortete, dass ich keine Ahnung habe, wie man das Problem lösen könne, deswegen sei ich schließlich zu ihm gekommen. Daraufhin schwieg er einen Moment und musterte mich, was mir unangenehm war. Anschließend erklärte er mir in ruhigem Ton, dass es so nicht funktionieren würde. Er machte mir klar, dies sei mein Projekt und er erwarte von mir Lösungsvorschläge und nicht umgekehrt. Ich erwiderte ihm, dass ich wirklich keine Lösung wüsste, und fühlte mich gleich wieder besser, denn jetzt musste er mir helfen. Statt das zu tun, verwies er mich aus seinem Büro mit dem Hinweis, ich könne wiederkommen, wenn ich Lösungen gefunden hätte. Ich vergesse nie das Gefühl, das ich hatte, als ich das Büro verließ: Ich fühlte mich wie ein Schüler, der seine Hausaufgaben nicht gemacht hatte und erwischt worden war! Eine Stunde später betrat ich wieder sein Büro, diesmal mit drei Lösungsvorschlägen, und stellte sie ihm vor. Er fragte mich, welcher mir selbst als der beste erscheine, und bat mich dann, diesen umzusetzen. An diesem Tag hatte ich gelernt, dass ich das Zimmer meines Chefs niemals mit einem Problem betreten durfte, ohne gleichzeitig Lösungsvorschläge mitzubringen.

Wie handhaben Sie das? Haben Sie Ihre Mitarbeiter dazu erzogen, lösungsorientiert zu denken? Manche Führungskräfte spielen bei Problemen zuerst einmal das »Wie-konnte-das-passieren«- und danach das »Wer-ist-Schuld?«-Spiel. Sie vergeuden kostbare Zeit mit der Diskussion zweier in vielen Fällen nicht zielführender Fragen. Anschließend referieren sie ausgiebig über mögliche Lösungswege und freuen sich, ihr Expertenwissen mal wieder angebracht zu haben. Was sie damit aber schaffen, sind unmündige Mitarbeiter, die zum Chef laufen, sobald sie ein Problem haben. Verlangen Sie am besten immer drei Lösungen. Erziehen Sie Ihre Mitarbeiter dazu, Lösungen zu finden, anstatt zur Problemdiskussion.

Problem Nr. 3: Sind Sie in zu viele Projekte und Aufgaben gleichzeitig involviert? Delegieren Sie richtig Manch einer erfahrenen Führungskraft fällt es schwer, bestimmte Aufgaben zu delegieren. Dies ist meist darauf zurückzuführen, dass ein grundlegendes Prinzip noch nicht verinnerlicht wurde. Dieses lautet:

Es gibt keinen proportionalen Zusammenhang zwischen Verantwortung und Zeitaufwand!

Jedem Mensch steht dieselbe Menge an Zeit zur Verfügung, nämlich 24 Stunden am Tag, aber nicht jeder Mensch trägt die gleiche Verantwortung; einige haben wesentlich mehr als andere. Wenn also Menschen bei gleichem Zeiteinsatz extrem unterschiedlich viel Verantwortung tragen, gibt es keine Verbindung zwischen Verantwortung und Zeit. Gäbe es sie, wäre ein Amt wie das des Bundeskanzlers undenkbar. Der Kanzler bräuchte bei seiner Menge an Verantwortung mindestens 100 Arbeitsstunden am Tag. Er hat aber auch nur 24 Stunden wie jeder andere Mensch auch. Die Lösung des Rätsels heißt delegieren. Wenn Sie eine Stunde arbeiten, dann schaffen Sie den Ertrag von einer Stunde Arbeit. Wenn Sie aber eine Stunde delegieren, können Sie das Ergebnis einer vielfachen Anzahl von Stunden Arbeit erzeugen. Wenn Sie selbst arbeiten, sind Sie schnell an Ihrer Grenze angelangt. Wer nicht lernt, professionell zu delegieren, bleibt in seiner Karriere stecken, und zwar spätestens dann, wenn er sein zeitliches Limit erreicht. Was zeichnet professionelles Delegieren aus?

• Sie sagen der Person, was genau das Ziel ist und warum es wichtig ist, es zu erreichen.
• Sie geben ihr alle notwendigen Informationen.
• Sie übertragen ihr die volle Verantwortung mitsamt der Entscheidungsmacht und wenn erforderlich auch in Form eines Budgets.
• Sie überlassen es der Person, auf welche Art und Weise sie die Aufgabe umsetzt.

Das Gegenteil von Delegieren ist eine Arbeitsanweisung zu erteilen, bei der im Detail vorgegeben wird, was zu tun ist, und die ausführende Person nur wenig bis gar keine Entscheidungsgewalt bekommt, also für alle Zwischenschritte die Erlaubnis des Chefs einholen muss. Ist ein Mitarbeiter jung und unerfahren, mag diese Vorgehensweise ihre Berechtigung haben. Erfahrenen Mitarbeitern dagegen können Sie Aufgaben mit der vollen Verantwortung übertragen. Insgesamt lässt sich beobachten, dass viele Führungskräfte gemessen an den gegebenen Möglichkeiten zu wenig Verantwortung delegieren. Häufig können Sie noch besser und effektiver Verantwortung delegieren. Hier steckt meist noch ungenutztes Zeitpotenzial für Sie und ein ungeheures Motivationspotenzial für die Mitarbeiter, denn die meisten von ihnen wollen Verantwortung übernehmen.

Drei typische Gründe, zu wenig zu delegieren, sind:

- der Glaube, man selbst könne es am besten (oft einhergehend mit Perfektionismus);
- Angst vor Fehlern oder nicht adäquater Leistung der Mitarbeiter (vor allem bei kritischen Kunden- bzw. Topmanagementprojekten);
- die Aufgabe macht der Führungskraft selbst Spaß.

Mitarbeiter sind übrigens mit der Übertragung von Routinearbeit völlig einverstanden, wenn sie im Ausgleich dazu auch spannende, verantwortungsvolle Aufgaben von Ihnen delegiert bekommen, die Sie vielleicht sogar gerne selbst übernommen hätten. Werden dagegen nur Routineaufgaben delegiert, erzeugt das verständlicherweise Widerstand.

Problem Nr. 4: Werden Sie zu oft bei Ihrer Arbeit unterbrochen?
Managen Sie Störungen Viele Führungskräfte werden häufig gestört und leiden unter der dauernden Unterbrechung ihrer Arbeit. Auch hier gibt es Verbesserungspotenzial. Stellvertretend für den Umgang mit Störungen seien hier zwei Beispiele genannt: Das erste Beispiel betrifft die typische E-Mail-Flut, die viele Führungskräfte tagtäglich überschwemmt. Einige Manager berichten mir, dass sie am Tag 150 E-Mails erhalten. Die Lösung ist einfach, erfordert aber eine gewisse Resolutheit.

Eine mir bekannte Führungskraft wechselte die Position innerhalb eines Unternehmens, in dem es üblich ist, den eigenen Vorgesetzten oder den des Empfängers beziehungsweise auch beide in Kopie zu setzen, um so Druck zu erzeugen (die cc-Krankheit). Diese Führungskraft machte sich zwei Wochen lang die Arbeit, jede an sie geschickte E-Mail zu lesen und, wenn sie nichts wirklich Bedeutsames enthielt, mit folgendem Satz zu beantworten:

Sehr geehrter Herr/Frau ..., weshalb bitte haben Sie diese E-Mail an mich gesendet? Mit freundlichen Grüßen ... .

Nach zwei Wochen bekam sie nur noch einen Bruchteil der sonst üblichen Menge an E-Mails. Die für sie relevanten E-Mails erreichen sie aber nach wie vor. Ihre erste Handlung, wenn Sie einen neuen Computer bekommen, sollte übrigens immer sein, die aufpoppenden Fenster des E-Mail-Programms abzuschalten, die über neue E-Mails informieren. Wenn Sie Ihre E-Mails alle zwei Stunden gebündelt abrufen, reicht das völlig aus, und in der Zwischenzeit können Sie konzentriert arbeiten.

Das zweite Beispiel betrifft spontane Störungen im Büro. In manchen Bereichen wird das Prinzip der offenen Tür gelebt. Jeder kann jederzeit mit seinen Anliegen in das Büro des Chefs kommen. Das ist bezogen auf Ihr Zeitmanagement reiner Selbstmord. Sie brauchen als Führungskraft ungestörte Arbeitszeiten, in denen Sie wichtige Dinge konzentriert abarbeiten können. Vereinbaren Sie daher mit Ihrem Umfeld ein Symbol dafür, dass Sie nicht ansprechbar sind, und kommunizieren Sie dieses (zum Beispiel ein »Bitte nicht stören – wichtige Arbeit«-Schild vor der Tür). Leiten Sie in dieser Zeit auch Ihr Telefon um und schalten Sie Ihr Handy aus. Das klingt banal, wird aber in der Praxis meistens nicht angewendet.

Spontane Besuche von Mitarbeitern, Kollegen und Führungskräften können Sie mit folgenden vier Fragen besser einschätzen.[7]

- Sie wollen mich sprechen? In welcher Angelegenheit?
- Was ist das Ziel?
- Wie lange brauchen wir dafür?
- Muss ich mich vorbereiten?

Mithilfe dieser Fragen können Sie entscheiden, ob Sie die nötige Zeit jetzt gleich investieren oder dem anderen einen Termin nennen wollen, an dem es Ihnen besser passt. Wichtig dabei ist, dass der Mitarbeiter auf die Frage nach der Dauer seines Anliegens nicht pauschal mit »fünf Minuten« antwortet und dann nach 15 Minuten das Problem noch nicht einmal umrissen, geschweige denn mit Ihnen diskutiert hat. Unterbrechen Sie ihn nach fünf Minuten und sagen Sie ihm, er habe fünf Minuten beantragt, die seien jetzt um. Hören Sie ihm danach weiter zu, machen Sie ihm aber am Ende freundlich klar, wie viel Zeit er tatsächlich beansprucht hat und dass Sie beim nächsten Mal eine realistische Zeiteinschätzung auf Ihre Frage erwarten. Wenn Sie Ihre Mitmenschen dazu erziehen, Ihnen zu sagen, wie viel Ihrer Zeit sie tatsächlich beanspruchen möchten, können Sie besser planen und arbeiten.

Dies waren nur zwei Beispiele für häufige Störungen. Überlegen Sie sich, von welcher Art Störung Sie immer wieder betroffen sind. Was können Sie tun oder lassen, um die Situation zu verbessern?

Problem Nr. 5: Ufern Meetings zeitlich aus? Leiten Sie Meetings effizient Das Zeitersparnispotenzial durch professionelles Meeting-Management ist bei vielen Führungskräften noch immer sehr groß. Je höher in der Hierarchie Sie steigen, desto höher wird der Anteil an Meetings in Ihrer Arbeitszeit. Alle Verbesserungen, die Sie in diesem Bereich einführen, haben eine unmittelbar positive Auswirkung auf Ihr Zeitmanagement und das Ihrer Mitarbeiter.

Typische Störfaktoren bei Meetings sind die folgenden:

1. Teilnehmer kommen wiederholt zu spät.
2. Teilnehmer sind trotz vorheriger Bitte nicht vorbereitet.
3. Teilnehmer hören nicht zu beziehungsweise beschäftigen sich im Meeting mit anderen Dingen.
4. Teilnehmer diskutieren gerne und lange, übernehmen aber keine Verantwortung für die Themen (»Man müsste mal ...).
5. Einzelne Teilnehmer setzen die von ihnen in den letzten Meetings übernommenen Aufgaben nicht um.
6. Keiner weiß, was besprochen werden soll.
7. Es wird über unwichtige Themen zu lange diskutiert, sodass für wichtige Themen keine Zeit mehr bleibt.
8. Es wird zwischen den Themen hin- und hergesprungen.
9. Die Reihenfolge der Themen ist nicht auf die Teilnehmer abgestimmt, sodass einzelne Teilnehmer dem gesamten Meeting beiwohnen, obwohl nur wenige Punkte für sie relevant sind.
10. Es sind Teilnehmer eingeladen, für die keines der besprochenen Themen relevant ist.
11. Die Diskussion verliert sich im Detail.
12. Einzelne Themeninhaber überziehen die für sie eingeplante Zeit.
13. Manche Teilnehmer reden zu viel, andere gar nicht.
14. Zwei Teilnehmer besprechen Termine oder organisatorische Details für das weitere Vorgehen zu einem Thema vor der Gruppe statt nach dem Meeting.
15. Ergebnisse und To-do's werden nicht zusammengefasst.

All diese Störfaktoren können Sie beseitigen. Für effiziente Meetings braucht es drei Komponenten, die nur Sie als Führungskraft einführen können:

Eine Meeting-Kultur
Diese muss vom Vorgesetzten vorgelebt und von allen Teilnehmern eingefordert werden. In vielen Abteilungen beginnen Meetings beispielsweise

immer fünf bis zehn Minuten nach der vereinbarten Zeit. Das liegt meist daran, dass die Führungskraft selbst zu spät kommt. Kommt der Vorgesetzte stets pünktlich und lässt das Meeting zur vereinbarten Zeit beginnen, signalisiert er, dass ihm das wichtig ist. Wenn ein Teilnehmer zu spät kommt, übersieht der Vorgesetzte das nicht, sondern bittet ihn, beim nächsten Mal pünktlich zu sein. Reagiert die Führungskraft dagegen nicht, werden sich auch andere Mitarbeiter erlauben, zu spät zu kommen. Die Meeting-Kultur kann nur vom Vorgesetzten verankert werden, weil nur er über Weisungsbefugnis und Sanktionsmacht verfügt. Ein Mangel an vorgelebter und eingeforderter Kultur führt zu den oben genannten Störfaktoren Nr. 1 bis 5.

Agenda
Diese wird mit dem Team abgestimmt, indem Besprechungswünsche rechtzeitig abgefragt werden. Idealerweise wird die Agenda schon einen Tag vor dem Meeting per E-Mail verschickt. Sie enthält die Themen des Meetings, wer die Themeninhaber sind, die veranschlagte Zeit pro Thema und den Hinweis, ob beziehungsweise wie man sich vorbereiten muss.

Wurde die Agenda nicht vor dem Meeting verschickt, kann auch zu Beginn des Meetings eine erstellt werden. Schreiben Sie alle Themen auf und schätzen Sie mit den Themeninhabern und der Gruppe kurz den jeweiligen Zeitbedarf ein. Da die zur Verfügung stehende Zeit meist nicht ausreicht, sollten Sie die Themen priorisieren und nach dem erforderlichen Teilnehmerkreis in eine sinnvolle Reihe bringen. So nutzen Sie die zur Verfügung stehende Zeit optimal aus. Ohne eine Agenda treten die oben genannten Störfaktoren Nr. 6 bis 10 auf.

Moderator
Er achtet auf die Einhaltung der Agenda und der Zeiten. Der Moderator weist darauf hin, wenn die Gruppe sich im Detail verliert oder vom Thema abkommt. Redelöwen bremst er und Redefische bindet er ein. Am Schluss fasst er das Meeting zusammen. Der Moderator kann von Meeting zu Meeting wechseln. Die Führungskraft sollte sich während eines moderierten Meetings auch an die allgemeinen Moderationsregeln halten. Dazu gehört zum Beispiel, die eigenen Redebeiträge auf ein bis zwei Minuten zu beschränken und andere ausreden zu lassen. Manche Führungskräfte bestimmen zwar einen Moderator, fallen diesem aber immer wieder ins

Wort oder übernehmen phasenweise selbst die Moderation. Ohne einen Moderator treten meistens die Probleme Nr. 11 bis 15 auf.

Die meisten Führungskräfte haben in einem oder mehreren der genannten fünf zentralen Probleme noch Verbesserungspotenzial. Zwar sind diese Themen Inhalt vieler Führungsseminare und fast jede Führungskraft weiß, wie es in der Theorie funktionieren könnte, aber in der Umsetzung hapert es oft noch. Setzen Sie sich daher konkrete Ziele, in welchem der fünf Punkte Sie sich verbessern wollen. Unterschätzen Sie in diesem Zusammenhang nicht Ihre Vorbildfunktion. Fordern Sie von Ihren Mitarbeitern Weiterentwicklung und Wachstum, sind Sie wesentlich glaubhafter, wenn Sie selbst an Ihrer eigenen Entwicklung arbeiten. Es ist daher gut, wenn Ihre Leute Ihre Entwicklungsbemühungen mitbekommen. Sie müssen nicht gleich perfekt sein.

2. Stärken und Schwächen der Mitarbeiter

Ein äußerst wichtiger Bestandteil Ihrer Führungsaufgabe besteht darin, sich die Stärken und Schwächen Ihrer unterstellten Mitarbeiter bewusst zu machen. Wie Sie sich Ihrer eigenen Stärken und Schwächen bewusst werden können, haben wir bereits umfassend im ersten Teil des Buches behandelt, und dabei festgestellt, dass außergewöhnliche Leistungen nur dann erzielt werden, wenn Sie Ihre persönlichen Begabungen und Stärken in Ihrem Job zum Einsatz bringen können. Dasselbe gilt für Ihre Mitarbeiter. Nur wenn Sie diese stärkenorientiert führen, können Sie auf Dauer sehr gute Ergebnisse erzielen und gleichzeitig ein hohes Maß an Motivation und Arbeitsmoral hervorrufen. Wer seinen Stärken entsprechend arbeiten kann, empfindet Freude bei der Arbeit und ist erfolgreich. Ein solcher Mensch ist intrinsisch, das heißt aus eigenem Antrieb, motiviert. Er muss nicht mehr von außen motiviert werden. Der Schlüssel zu mehr Leistung ohne mehr Arbeitszeit liegt im stärkenorientierten Führen. Viele Führungskräfte nutzen das Potenzial ihrer Mitarbeiter, das fast immer vorhanden ist, nur zu einem begrenzten Teil. In diesem Abschnitt geht es um die Stärken Ihrer Mitarbeiter, denn auf diesen Schwerpunkt sollten Sie sich konzentrieren. In der Praxis verhält es sich leider meist umgekehrt. Die meisten Führungskräfte führen schwächenorientiert. Warum aber wird schwächenorientiert geführt? Die Antwort lautet: Weil es einfach ist. Jeder Vorgesetzte stellt früher oder später ohne große Mühe fest, wo ein Mitarbeiter Schwächen hat. Wenn der Mitarbeiter zum Beispiel über ein schlechtes Zeitmanagement verfügt, dann vergisst er Dinge, wird nicht rechtzeitig fertig oder kommt zu spät zu Terminen. Das fällt auf. Wenn jemand eine Sprache nicht gut genug spricht, wird es offensichtlich, sobald ein Kunde aus dem jeweiligen Land anruft und der Vorgesetzte in der Nähe steht. Völlig anders verhält es sich dagegen mit den Stärken. Diese erschließen sich nicht von alleine. Um die Stärken einer Person herauszufinden, muss man sich aktiv mit dem Menschen befassen.

Eine der besten Methoden, die Begabungen Ihrer Mitarbeiter herauszufinden, ist, der Person gezielt Aufgaben zuzuweisen und genau zu verfolgen, wie sie diese meistert. Wenn Sie also vermuten, dass jemand ein bestimmtes Talent hat, können Sie der Person eine Aufgabe geben, in der dieses Talent, wenn es vorhanden ist, besonders offensichtlich wird. In der Praxis wird dieses bewusste Zuteilen von Aufgaben kaum angewendet. Nicht viele Führungskräfte überlegen sich gezielt, wem sie welche Aufgabe übertragen wollen. Im Unternehmensalltag werden stattdessen eher Löcher gestopft. Wenn eine neue Aufgabe anfällt, bekommt derjenige sie auf den Schreibtisch, der gerade nicht hoffnungslos überarbeitet ist. Besser wäre es, wichtige Aufgaben denjenigen Menschen zu übertragen, die dort ihre Begabung haben oder bei denen Sie eine solche vermuten. Die Konsequenz des gezielten Verteilens von Aufgaben wäre, einem Mitarbeiter auch einmal eine Aufgabe nicht zu übertragen, da in Kürze eine für ihn geeignete Arbeit ansteht, für die er Zeit braucht.

Wenn ein Mitarbeiter eine Aufgabe mit Bravour und Leichtigkeit löst, deutet das stark auf ein vorhandenes Talent hin. Wenn dagegen eine Aufgabe nur unter Schwierigkeiten und mit durchschnittlichen Ergebnissen gelöst wird, ist das noch kein endgültiger Beweis für die Abwesenheit von Talent. Sie erinnern sich an die Definition aus Kapitel »Wie Sie Ihre Stärken erkennen und nutzen«:

Stärke = Begabung + Wissen + Können

Jeder Mensch hat Begabungen, auch wenn viele sich der eigenen Talente nicht bewusst sind. Begabung alleine aber reicht nicht aus, es braucht auch Wissen und Können, um erfolgreich zu sein. Wenn ein Mitarbeiter eine Aufgabe nicht erfolgreich abgeschlossen hat, muss das nicht unbedingt an einer mangelnden Begabung liegen, sondern kann unter Umständen auf fehlendes Wissen und Können zurückzuführen sein. Wenn jemand ein guter Verkäufer werden will, braucht er idealerweise Begabungen wie zum Beispiel »schnelle Anbindung«, »Überzeugungskraft« und »Ausdauer«. Er braucht aber auch Wissen über das zu verkaufende Produkt, die Konkurrenzprodukte, den Markt und die Kundenbedürfnisse. Und er benötigt das Können, Kunden zu einem sofortigen Abschluss zu bewegen. Ohne Begabung kann man sich Unmengen an Wissen und Können aneignen und wird trotzdem nur mittelmäßig, mit sehr viel Fleiß bestenfalls gut. Aber auch mit Begabung kann man versagen, wenn entweder Wissen und/oder Können noch fehlen. Sprechen Sie jemanden deshalb nicht zu schnell eine Begabung für eine Tätigkeit ab, sondern stellen Sie sich die Frage, ob tatsächlich keine Begabung vorhanden ist oder ob es nur an Wissen und Können fehlt? Wenn eine Person eine Begabung für etwas mitbringt, sollte ihr die Sache aber vom Grunde her leicht fallen, und sie sollten keine inneren Widerstände spüren.

Eine weitere wichtige Gelegenheit, Stärken Ihrer Mitarbeiter zu identifizieren, ist das Mitarbeitergespräch. Um mit diesem Instrument weiterzukommen, muss der Mitarbeiter sich gezielt vorbereiten, da die wenigsten Menschen spontan in der Lage sind, ihre Talente und Stärken auf den Punkt zu bringen. Sie könnten einem Mitarbeiter für die Vorbereitung auf das Gespräch das Kapitel über die eigenen Stärken ab Seite 30 aus diesem Buch zu lesen geben und ihm vorschlagen, die dort genannten Übungen durchzuführen. Den meisten Menschen macht es durchaus Spaß, sich mit den eigenen Stärken zu beschäftigen, besonders dann, wenn der eigene Vorgesetzte sich tatsächlich dafür interessiert. Erwarten Sie aber nicht zu viel von solch einem Gespräch. Häufig tun sich Menschen nicht leicht damit, ihre eigenen Begabungen zu entdecken und diese zu benennen. Wenn es der Person schwerfällt, können Sie Ihrem Mitarbeiter durch ein positives Feedback auf die Sprünge helfen. Sie werden im ersten Gespräch sehr wahrscheinlich nicht alle Stärken und Talente der Person auf den Punkt herausarbeiten. Sehen Sie das Thema Stärkenmanagement als einen fortdauernden Prozess und nicht als ein einmaliges Gespräch oder eine Einzelanalyse.

Stärkenmanagement bedeutet nicht nur, die vorhandenen Mitarbeiter ihren Stärken entsprechend einzusetzen, sondern sie auch schon ihren Stärken entsprechend einzustellen. Wenn Sie wichtige Stellen neu besetzen wollen, sollten Sie sich überlegen, welche Fähigkeit der neue Mitarbeiter vor allem mitbringen muss. Auf diese Stärke können Sie dann im Auswahlprozess achten. Das folgende Beispiel bestätigt dies:

Ein großes deutsches Museum suchte einen neuen Direktor. Das Auswahlkomitee entschied sich für einen umstrittenen Kandidaten, der in seiner Vita bisher keine künstlerisch anspruchsvollen Ausstellungen vorweisen konnte. Das Komitee hatte sich jedoch bereits im Vorfeld auf eine Hauptstärke geeinigt, die der Kandidat unbedingt mitbringen sollte, und diese hatte er: Der neue Direktor verfügte über ein hervorragendes Netzwerk an Kontakten zur Wirtschaft und hatte bereits in Zeiten knapper öffentlicher Kassen erfolgreiches Fundraising betrieben. Dieser Museumsdirektor schaffte es nach nur einem Jahr, international anerkannte Ausstellungen durch Großsponsoren zu ermöglichen, die bis dahin finanziell unmöglich gewesen wären. Dadurch überzeugte er auch den größten Teil seiner anfänglichen Kritiker.

Überlegen Sie sich also, welche Begabung jemand für eine Stelle vor allem braucht, und wählen Sie bevorzugt danach aus.

Im Gegenzug sollten Sie, wenn ein Bewerber die erforderliche zentrale Begabung besitzt, auch dessen Schwächen akzeptieren beziehungsweise durch die Organisation ausgleichen. Nehmen wir an, jemand hätte die Begabung, auch in schwierigen Situationen hartnäckig und standhaft zu bleiben. Mit dieser Begabung könnte die Person als Einkäufer die Position des Unternehmens in einer schwierigen Verhandlung ausdauernd vertreten. Dieselbe Person würde aber vielleicht bei internen Verteilungskonflikten von ihren Kollegen als zu fordernd und kompromisslos wahrgenommen werden. Das perfekte Profil ohne Schwächen gibt es nicht. Genau das suchen aber die meisten Unternehmen. Sie suchen Mitarbeiter, die dem jeweiligen Stellenprofil möglichst exakt entsprechen. Sie sollen ein breites Anforderungsprofil abdecken, also alles ein bisschen können, und keine Schwächen haben. Damit erzeugt man aber Mittelmaß, denn wer alles kann, kann meist alles nur ein bisschen. Ein Grund: Die Wahl solcher Kandidaten minimiert das Risiko für die auswählenden Personaler und den zukünftigen Vorgesetzten. Denn wenn der Bewerber sich als Fehlbesetzung erweist, kann man immer sagen: »Wer hätte das gedacht, wo sein Profil doch so gut zur Stelle passte.« Bei Kandidaten mit expliziten Stärken, aber auch deutlichen Schwächen im Profil muss man sich bei einer Fehlbesetzung den Vorwurf anhören, die Schwächen seien doch offensichtlich gewesen. Um wirklich stärkenorientiert einzustellen, braucht es also Mut und manchmal auch Durchsetzungsvermögen des zukünftigen Vorgesetzten gegenüber den Befürwortern der »Alleskönner«.

Wenn neue Mitarbeiter explizite Stärken, aber auch deutliche Schwächen haben, ist das an sich unproblematisch, denn eine Funktion von Unternehmen ist es, Stärken zu bündeln und Schwächen auszugleichen. Einen Nachteil gibt es aber, wenn Sie Menschen mit einem deutlich ausgeprägten Stärken- und Schwächenprofil einstellen: Sie lassen sich manchmal schwerer führen als die durchschnittlichen Alleskönner, weil sie eben extremere Ausprägungen einzelner Eigenschaften haben. Der Anspruch an Sie als Führungskraft steigt damit, aber das Mehr an Leistung ist es in den meisten Fällen wert.

Noch ein Wort zu den Schwächen: Um die Schwächen Ihrer Mitarbeiter brauchen Sie sich nur bedingt zu kümmern. Das Gallup-Institut definiert Schwäche so: »Eine Schwäche ist alles, was sich einer ausgezeichneten Leistung in den Weg stellt.« Das bedeutet für Sie als Führungskraft, dass ein Mangel einer Eigenschaft eines Mitarbeiters erst dann relevant wird, wenn tatsächlich eine deutliche Begrenzung der Leistungsfähigkeiten des Mitarbeiters daraus resultiert. Wenn jemand beispielsweise nicht gut im Präsentieren ist, dann wird dieser Mangel erst zu einer Schwäche, wenn er eine neue Aufgabe übernimmt, die regelmäßiges Präsentieren erfordert. Erst dann ist es eine Schwäche, die einer ausgezeichneten Leistung im Weg steht. Bis dahin lediglich etwas, was die Person nicht kann.

3. Stärken und Schwächen des Bereichs

Um die Stärken und Schwächen eines Bereichs zu definieren, gibt es verschiedene Möglichkeiten. Die gängigste ist die Erstellung einer SWOT-Analyse. Der Begriff SWOT steht für:

S = Strengths (Stärken)
W = Weaknesses (Schwächen)
O = Opportunities (Chancen)
T = Threats (Risiken)

Eine SWOT-Analyse können Sie für sich alleine erstellen. Bessere Ergebnisse und vor allem wesentlich mehr Umsetzungsbereitschaft erzielen Sie jedoch, wenn Sie sie zusammen mit den Ihnen unterstellten Führungskräften ausarbeiten. Dafür bietet sich ein zweitägiger Workshop außerhalb des Unternehmens an, oder zumindest ein eintägiger Workshop im Unternehmen. Führungskräfte, die solch eine Veranstaltung einmal im Jahr durchführen, wissen, dass diese Klausur extrem lohnenswert ist, denn sie bietet viele Vorteile:

- *Erhöhte Objektivität:* Alle Teilnehmer können ihr Wissen über den Bereich und dessen Stärken und Schwächen einbringen. Das sorgt für ein wesentlich objektiveres Bild als eine Einzeleinschätzung von Ihrer Seite. Führungskräfte, die schon eine Zeit dabei sind, wissen meistens sehr genau, was in ihrem Bereich gut läuft und was nicht.
- *Höhere Motivation:* Ihre Führungskräfte fühlen sich eingebunden und ernst genommen. Das erhöht ihre Motivation.
- *Klare Ziele:* Eine gemeinsame Analyse sensibilisiert Sie und Ihre Führungskräfte für mögliche Schwächen und Stärken des Bereichs und sorgt für klare Entwicklungsziele.
- *Umsetzungsbereitschaft:* Dadurch, dass alle beteiligt sind, wird es zu einer gemeinsamen Sache und Sie müssen kaum mehr Überzeugungsarbeit leisten.
- *Bessere Zusammenarbeit:* Während einer Klausurtagung (ideal sind hier zwei Tage) haben Ihre Führungskräfte Zeit zum informellen Informationsaustausch und Kennenlernen. Das verbessert die Stimmung und die Zusammenarbeit in Ihrem Bereich.
- *Ungestörtes Arbeiten:* Fernab vom stressigen Büroalltag lässt sich ein hohes Maß an Effektivität erzielen und es entstehen Lösungen, die in der gleichen Zeit im Büro undenkbar gewesen wären.

Der Vorteil einer SWOT-Analyse besteht unter anderem darin, dass die interne mit einer externen Perspektive verbunden wird. Bei den Stärken und Schwächen beschäftigen Sie sich zunächst mit Ihrem Bereich oder Ihrer Abteilung. Wo sehen Sie die Stärken und Kernkompetenzen Ihres Bereichs? Bei der klassischen SWOT-Analyse für ein ganzes Unternehmen werden hier nur solche Eigenschaften aufgezählt, in denen das Unternehmen besser gestellt ist als die Wettbewerber, denn nur dann ist die Stärke ein echter Marktvorteil. Bezogen auf Ihren Bereich können Sie sich auch mit den gleichen Bereichen anderer Unternehmen vergleichen. Sie können auch einfach alle Stärken aufschreiben, die Ihnen einfallen. Anschließend notieren Sie die größten Schwächen Ihres Bereichs. Wo tauchen immer wieder Probleme auf? Was müsste dringend verbessert werden?

Während der Blick bei den Stärken und Schwächen nach innen geht, orientieren Sie sich bei den Chancen und Risiken nach außen. Bei der SWOT-Analyse für ein ganzes Unternehmen würde man beispielsweise fragen, welche Chancen und Risiken der Markt, das gesamte Umfeld des Unternehmens und neue technologische Entwicklungen mit sich bringen. Für Ihren Bereich oder Ihre Abteilung besteht der Blick nach außen darin, sich das gesamte restliche Unternehmen anzusehen, also alles, was außerhalb Ihres Bereichs ist. Wo liegen hier Chancen und Risiken für Ihren Bereich? Wie sehen kurzfristig Ihre größten Herausforderungen und Chancen aus? Welche sind es langfristig? Zusätzlich können Sie in Ihre Überlegungen noch Zulieferer und externe Kunden Ihres Bereichs miteinbeziehen, wenn solche vorhanden sind.

Das folgende Schaubild zeigt die interne und die externe Sichtweise der Analyse:

Grafik 4

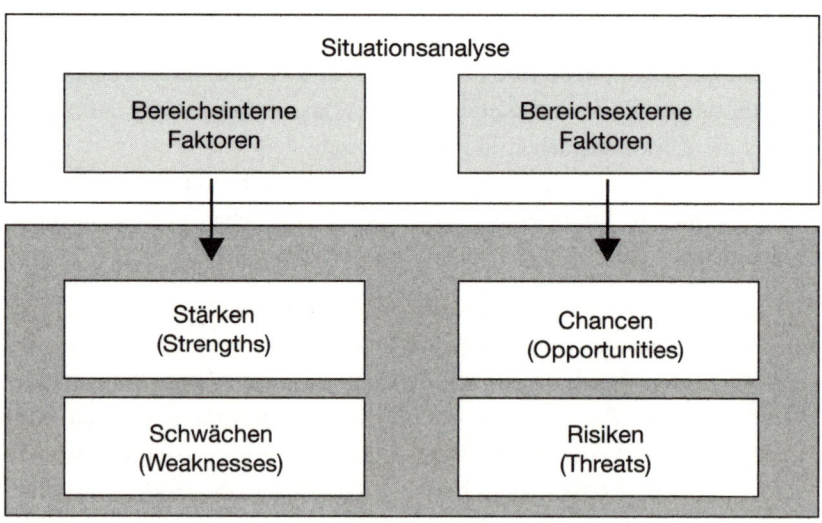

Die SWOT-Analyse für die Personalabteilung eines größeren Unternehmens könnte zum Beispiel etwas vereinfacht so aussehen:

Tabelle 6

Stärken	Chancen
• Viele ältere erfahrene Mitarbeiter arbeiten in der Abteilung • Hohe Leistungskultur • Sehr kompetente und engagierte Beratung bei Fragen • Klare Arbeitsabläufe und gut vorbereitete Vorlagen • Hohe Zuverlässigkeit bei der Einhaltung von Zusagen • Hohe Kompetenz für Beschaffung und Förderung von High-Potentials	• Personalauswahl und -arbeit kann weiter gestärkt werden, indem sie als strategisch wichtige Komponente angesehen wird • Zwei bezogen auf Personalarbeit schwierige Bereichsleiter wechseln (Nachfolger sind offener) • Neuer Marketingleiter bietet Konzept an, um das Image der Abteilung zu »verjüngen«
Schwächen	Risiken
• Mehrere Wissensträger hören in den nächsten Monaten auf • Zu lange und langsame Entscheidungswege • Schlechte Erreichbarkeit in der Mittagszeit und abends • Eher reaktive als proaktive Beratung (auf Nachfrage)	• Schlecht geplante und schlecht kommunizierte Einführung von Leistungsbeurteilung durch externe Beratung beschädigt das Image der Abteilung • Verzögerungen bei Anfragen von Führungskräften haben eine starke Außenwirkung und erzeugen den Ruf, die Abteilung sei langsam

Die SWOT-Analyse beschreibt lediglich einen Ist-Zustand. Sie gibt für diesen keine Lösungen vor. In der Analyse selbst sind deshalb auch keine Handlungsanweisungen enthalten, aber sie bildet die Grundlage für den nächsten Schritt. Gemeinsam mit Ihren Führungskräften können Sie im Anschluss folgende Überlegungen anstellen:

• Welchen Soll-Zustand wollen wir erreichen?
• Was genau müssen wir tun, um dorthin zu kommen?
• In welcher Reihenfolge wollen wir das Ganze umsetzen (Prioritäten setzen)?

In einem solchen Workshop können auch folgende Fragen diskutiert werden:

- Welche Ressourcen können wir noch effektiver nutzen?
- Was sollten wir in Zukunft nicht mehr tun (systematische Müllabfuhr)?
- Wie können wir die Zusammenarbeit innerhalb des Teams weiter verbessern?

Auf diese Weise erstellen Sie den Maßnahmenplan für den Bereich. Versuchen Sie dabei, die Verantwortung für die Erledigung einzelner Aufgaben an die anwesenden Personen zu übertragen (das heißt nicht, dass diese die Arbeit ausführen müssen), denn immer, wenn jemand für eine Aufgabe persönlich verantwortlich ist, steigt die Wahrscheinlichkeit, dass sie auch umgesetzt wird. Bei manchen Aufgaben werden zwangsläufig Sie der Verantwortliche sein, weil nur Sie die Macht haben, sie durchzusetzen. Achten Sie aber darauf, dass dies nur bei denjenigen Aufgaben der Fall ist, bei denen das wirklich notwendig ist.

Wenn Sie nicht wissen, wie Sie solch einen Workshop durchführen sollen, oder keine Zeit für die Organisation haben, beauftragen Sie einfach ein gutes Trainingsunternehmen. Dieses sucht für Sie einen passenden Ort aus und stellt einen erfahrenen Moderator zur Verfügung. Der Moderator macht Ihnen Vorschläge für den Ablauf und übernimmt bei der Veranstaltung die Verantwortung für den Prozess und die Organisation. Sie können sich dann entspannt zurücklehnen und sich ganz auf den Inhalt und Ihre Führungskräfte konzentrieren.

Das Verzettelungssyndrom – So setzen Sie Prioritäten

Wer etwas Großes will, der muss sich zu beschränken wissen; wer dagegen alles will, der will in der Tat nichts.
Georg Friedrich Hegel

Im letzten Kapitel ging es um Ihre Arbeitsmethoden sowie die Stärken und Schwächen Ihrer Mitarbeiter und des Bereichs, für den Sie arbeiten.

Sie haben sich einen Überblick über den Ist-Zustand gemacht und sich überlegt, welche Stärken bezogen auf die drei Bereiche Sie ausbauen und welche Schwächen Sie reduzieren wollen. In diesem Kapitel beschäftigen wir uns damit, wie Sie diese Überlegungen effektiv umsetzen können. Hierbei geht es insbesondere darum, dass Sie Ihre Mitarbeiter dazu anleiten, ihre Energie auf das Wesentliche fokussieren.

Konzentration auf weniges

Ein wichtiger Schritt zu mehr Leistung besteht darin, sich auf die Umsetzung weniger Punkte zu konzentrieren. Viele Führungskräfte nehmen sich zu viel auf einmal vor. Die Konsequenz ist eine Zersplitterung der Kräfte. Bündeln Sie daher die vorhandene Energie für die wesentlichen Ziele. Eine Konzentration auf weniges passiert im Alltag aber niemals von alleine, sondern muss von Ihnen initiiert werden.

Der St. Gallener Professor Fredmund Malik beschreibt in seinem lesenswerten Buch *Führen, Leisten, Leben* eine Übung, die er häufig macht, wenn er das Führen mit Zielen in einer Organisation einzuführen hat. Sie veranschaulicht das tatsächliche Praxisverhalten beim Prioritätensetzen vieler Führungskräfte. Er bittet die Teilnehmer aufzuschreiben, was sie im nächsten Jahr alles erledigen wollen, und gibt ihnen dafür ohne weiteren Kommentar circa eine Stunde Zeit. Das Ergebnis sei, wie er schreibt, immer dasselbe: acht von zehn kämen nach einer Stunde mit mehreren dicht beschriebenen Seiten zurück. Zwei von zehn kämen mit einer halben Seite zurück, auf der zwei oder drei Dinge stünden. Malik ist überzeugt davon, dass sie die wirklichen Professionals sind und das, was sie notiert haben, die wirklich wichtigen Aufgaben sind, die sie auch tatsächlich realisieren wollen. Natürlich findet sich auch auf den dicht beschriebenen Zetteln Wichtiges, aber es ist versteckt zwischen lauter Nebensächlichkeiten. In der Hektik des Tagesgeschäfts verliert man dann leicht die Prioritäten aus den Augen: »Am Ende haben beide Gruppen hart gearbeitet. An dem fehlt es ja nicht. Aber die erste Gruppe hat nur *gearbeitet* und die zweite Gruppe hat *Ergebnisse*. Erfolg und Wirksamkeit des Führens mit Zielen hängen vom Grundsatz der Konzentration auf Weniges ab.«[8]

Übung

Schreiben Sie die zentralen Ziele auf, die Sie in diesem Jahr mit Ihren Mitarbeitern erreichen wollen:

1. _____

2. _____

3. _____

Jack Welch war ein Mann, der es wie kaum ein anderer verstand, sich auf das Wesentliche zu konzentrieren. 1981 wurde Welch CEO von General Electric (GE). Er führte das Unternehmen 20 Jahre lang und baute es zum weltweit größten Unternehmen aus. Als er das Ruder übernahm, hatte GE einen Börsenwert von 14 Milliarden Dollar. Im Jahr 2004, drei Jahre nach seinem Abschied, war das Unternehmen 410 Milliarden Dollar wert. Es gehört heute zu den größten (bis 2005 größter Konzern der Welt), angesehensten (im *Fortune Magazine* 2005 und 2006 Platz 1 auf der »Global Most Admired Companies«-Liste) und profitabelsten (über 20 Milliarden Dollar Gewinn in 2006) Unternehmen der Welt. Welch hat sich in den 20 Jahren seiner GE-Karriere stets auf wenige Schwerpunkte konzentriert. Viele halten ihn unter anderem deshalb für einen der herausragensten, wenn nicht den besten Manager aller Zeiten.

GE war beim Antritt von Welch ein Konglomerat aus 42 strategischen Geschäftseinheiten, die von Toastern über Flugzeugturbinen bis zu Kraftwerken fast alles produzierten. Welch störten die aufgebaute Personalüberkapazität, die enorme Bürokratie und die Selbstzufriedenheit der meisten GE-Manager. Er verkündete, jeder der GE-Unternehmensbereiche solle sich ganz darauf konzentrieren, in seiner Industrie die Nr. 1 oder 2 zu werden. Wer das nicht innerhalb des vorgegebenen Zeitraums schaffte, dessen Bereich wurde restrukturiert, verkauft oder geschlossen. Damit fühlten sich viele vor den Kopf gestoßen, denn GE war ein gutgehendes Unternehmen. Sein Ausspruch *»Fix, Close or Sell«* wurde sehr schnell ernst genommen. Als Welch CEO wurde, hatte der Konzern 411 000 Mitarbeiter, fünf Jahre später waren es nur noch 299 000. Das brachte ihm den Spitznamen Neutronen-Jack ein, abgeleitet von der Neutronenbombe, die alles Leben auslöscht, Gebäude und Maschinen aber unversehrt lässt. Welch war damals bei den Mitarbeitern unbeliebt, aber er schaffte es, das Unternehmen zu verschlanken und effizienter zu machen.

In den 90er Jahren stellte Welch fest, dass viele seiner Topmanager mittlerweile sehr kreativ darin waren, ihre Märkte so eng zu definieren, dass ihr Unternehmensbereich allein per Definition zur Nr. 1 oder 2 wurde. Um gegenzusteuern, forderte Welch alle Geschäftsbereichsleiter auf, ihre Märkte so breit zu definieren, dass der Marktanteil unter 10 Prozent lag. Anschließend sollten sie ein Konzept entwickeln, wie sie Marktanteile des neu definierten Marktes gewinnen wollten, und sich ganz auf diese Strategie konzentrieren. Diese Maßnahme führte zu weiterem Wachstum. Ebenfalls in den 90er Jahren führte Welch unternehmensweit die Qualitätsmanagement-Methodik Six-Sigma ein, deren Hauptziele Prozessverbesserung, Streuungsverringerung und die Erzielung von Kostenersparnissen ist. Er verhalf dieser ursprünglich von Motorola entwickelten Methodik mit seinen herausragenden Erfolgen zu weltweiter Verbreitung.

Mit den eben genannten Aktionen und den dazugehörenden Kennzahlen lenkte er die Aufmerksamkeit der Manager und Mitarbeiter des Konzerns immer wieder auf eine Hauptaufgabe, die dann konsequent umgesetzt wurde. Welch änderte so im Lauf der Jahre den Schwerpunkt von einem produzierenden zu einem Dienstleistungsunternehmen und von einem amerikanischen zu einem weltweiten Konzern. Jack Welch ist heute ein Mythos und der Inbegriff des erfolgreichen Managers. Das Wirtschaftsmagazin *Fortune*, das älteste Wirtschaftsmagazin der USA, wählte ihn 1999 zum »Manager of the Century«.

Was für Welch funktioniert hat, das gilt auch für Sie. Außergewöhnliches leisten Sie nur, wenn Sie Ihre Kräfte und die Ihrer Mitarbeiter auf weniges konzentrieren.

Von der Kunst, Ziele zu setzen

Ziele zu setzen ist die beste Methode, die eigenen Mitarbeiter über das Jahr hinweg auf das Wesentliche hinzulenken. Wer weiß, woran sein Erfolg gemessen wird, fokussiert seine Energie auf die Erreichung des gesetzten Ziels.

Topmanager sind manchmal entsetzt, wenn bei Strategie-Workshops offensichtlich wird, wie klein die Gruppe der Manager ist, die sagen können, was die Ziele für das nächste Jahr sind. Der Grund dafür ist oft mangelhafte Kommunikation. Viele Manager glauben, es würde ausreichen, Ziele mündlich zu kommunizieren. Es macht aber einen enormen Unterschied, ob Sie Ziele mündlich weitergeben oder schriftlich festhalten. Durch die schriftliche Form werden Ziele wesentlich verbindlicher und es treten weniger Missverständnisse auf. Formulieren Sie deshalb für sich und Ihre Manager schriftliche Ziele. Beschränken Sie sich auf wenige Ziele, also nicht mehr als drei, von denen eines die persönliche Weiterentwicklung des Mitarbeiters zum Thema haben sollte (Entwicklungsziel), während die anderen beiden die Bereichsziele betreffen sollten.

In der Praxis lässt sich feststellen, dass das in der Führungsliteratur immer wieder geforderte und als essenziell bezeichnete Führen durch Ziele (auch MbO genannt = Management by Objectives) wenig Umsetzung findet. Möglicherweise ist dies darauf zurückzuführen, dass

- in vielen Unternehmen das Instrument des Mitarbeiterjahresgesprächs noch nicht institutionalisiert wurde,
- das Mitarbeitergespräch zwar eingeführt wurde, eine Zielvereinbarung aber kein vorgegebener Bestandteil ist,
- eine Zielvereinbarung zwar ein vorgegebener Bestandteil des Mitarbeiterjahresgesprächs ist, diese aber von den Führungskräften nicht ernst genommen und nur wie eine Pflichtübung mit banalen Zielen ausgefüllt wird.

Unabhängig davon, ob Ihr Unternehmen Zielvereinbarungsgespräche vorschreibt oder nicht, können Sie ein solches mit Ihren wichtigsten Mitarbeitern führen. In einigen Unternehmen unterbindet der Betriebsrat offizielle Zielvereinbarungsgespräche, denn das Instrument der Zielvereinbarung unterliegt in Deutschland der betrieblichen Mitbestimmung. Niemand kann Ihnen aber verbieten, ein »Informationsgespräch« mit Ihren Mitarbeitern zu führen. In diesem erzählen Sie ihnen, welche Entwicklung aus Ihrer Sicht im nächsten Jahr für den Bereich wichtig ist, und diskutieren mit der jeweiligen Person, wie ihr Beitrag dazu aussehen kann. Das Ergebnis des »Informationsgesprächs« wird dann niedergeschrieben und dem Mitarbeiter zur Verfügung gestellt. Die meisten Mitarbeiter begrüßen so ein Gespräch, denn sie wünschen sich Orientierung und wollen sich messen lassen, sofern die Anforderungen herausfordernd und realistisch sind.

Ziele beschreiben einen Zustand, keinen Prozess

Wenn Sie Ihren Mitarbeitern Ziele vorgeben wollen, um ihre Aufmerksamkeit auf weniges zu konzentrieren, sollten Sie einige wichtige Regeln beachten, denn Ziele werden oft falsch formuliert:

Ziele sollten einen Zustand beschreiben, denn in den meisten Fällen streben wir einen Zustand an und nicht einen Prozess. Tatsächlich werden sie fälschlicherweise oft in Form eines Prozesses formuliert. Dazu ein Beispiel: Auf die Frage, was ihr Ziel ist, antworten Menschen, die ein Haus bauen wollen, öfters mit folgendem Satz: »Mein Ziel ist es, ein Haus zu bauen.« Ist das aber tatsächlich das Ziel? Die Antwort lautet sehr wahrscheinlich »Nein«. Wer baut schon gerne ein Haus? Für die meisten Menschen bedeutet der eigentliche Hausbau nur Stress und Ärger. Das tatsächliche Ziel für den durchschnittlichen Häuslebauer lautet stattdessen: »Am 31.12. wohne ich mit meiner Familie im eigenen, neu gebauten Haus« (Zustand). Der Weg dorthin besteht natürlich darin, das Haus erst mal zu bauen (Prozess). Wenn wir also ein Ziel formulieren, dann normalerweise als einen Zustand, in dem wir sein werden, wenn das Ziel erreicht und die Arbeit getan ist.

Eines sollte dabei nicht verwechselt werden: In unserer Freizeit tun wir Dinge, weil sie uns Spaß machen. Hier kann tatsächlich der Prozess das Ziel sein. Ein Oldtimer-Fan kann zum Beispiel ein altes Auto mit seinen eigenen Händen und ohne zeitliche Begrenzung restaurieren. Sein Ziel ist dann tatsächlich identisch mit dem Prozess: »Mein Ziel ist es, den Wagen zu restaurieren.« Im Beruf geht es aber meist nicht um den Prozess, sondern um die Erreichung eines Zustandes. Wenn unser Oldtimer-Fan ein professioneller Autorestaurateur wäre, der dafür eine Bezahlung erhielte, würde er schließlich auch nicht nur nach Lust, sondern nach Termin arbeiten, weil er ein mit dem Kunden vereinbartes konkretes Ziel erreichen müsste. Dieses könnte zum Beispiel lauten: »Am 30. August ist das Auto restauriert, sodass es Zustand 1 entspricht und straßentauglich ist.«

Ziele müssen SMART sein

Denken Sie daran, dass Zielvorgaben dazu dienen, dass sich Ihre Mitarbeiter für ein ganzes Jahr auf wenige Dinge konzentrieren. Deshalb ist es

wichtig, dass diese Ziele gut und verständlich formuliert sind. Es lohnt sich, etwas Arbeit zu investieren, denn nur so vermeiden Sie Missverständnisse und sparen Zeit. Die Kriterien für klare Zielformulierungen sind in der bekannten SMART-Formel definiert:

S = Spezifisch (Der Zielinhalt ist für alle Beteiligten eindeutig)
M = Messbar (Der Zielerreichungsgrad ist messbar)
A = Anspruchsvoll (Die Person wird gefordert, aber nicht überfordernd)
R = Realistisch (Das Ziel ist erreichbar und kann durch die eigenen Handlungen beeinflusst werden)
T = Terminiert (Das Ziel muss innerhalb einer vereinbarten Zeit erreicht sein)

Viele Manager haben diese SMART-Formel schon irgendwann einmal kennen gelernt. Leider schaffen es aber erstaunlich wenige, tatsächlich SMARTe Ziele zu formulieren, denn der Teufel steckt wie so oft im Detail. Deshalb lassen Sie uns die einzelnen Kriterien einmal genauer betrachten und sehen, wo die Probleme in der Praxis liegen.

S wie SPEZIFISCH Das Ziel muss so klar formuliert sein, dass eindeutig klar ist, was zu erreichen ist. Hierbei ist darauf zu achten, dass keine unspezifischen Wörter wie »schnell«, »umfassend«, »groß«, »günstig« etc. enthalten sind. Dass manche Ziele unspezifisch sind, sieht man nicht immer auf den ersten Blick. Betrachten wir zum Beispiel das Ziel, das einem mittleren Produktionsmanager gesetzt wurde. Es lautete: »Bis zum 31.12. sind Qualitätszirkel in der Produktion eingerichtet.« Das klingt zunächst sehr spezifisch. Bei genauerem Hinsehen stellt sich aber eine Frage: Wann gilt ein Qualitätszirkel als eingerichtet? Qualitätszirkel sind Kleingruppen, die regelmäßige Arbeitskreistreffen durchführen, mit dem Ziel, Qualitätsverbesserungen zu diskutieren und zu initiieren. Wann ist demnach ein solcher Qualitätszirkel eingerichtet?

• Wenn es eine Namensliste der Teilnehmer gibt, die sich in Zukunft treffen werden?
• Wenn die Teilnehmer sich einmal getroffen haben?
• Wenn die Kleingruppen bereits etwas zur Qualitätsverbesserung beschlossen haben?
• Wenn eine beschlossene Qualitätsmaßnahme umgesetzt wurde?

Sie sehen, der Begriff »eingerichtet« ist noch nicht spezifisch genug. Der mittlere Manager wird seinem Chef am Ende des Jahres sagen: »Ich habe doch eine Liste mit den zukünftigen Mitgliedern der Qualitätszirkel erstellt. Damit sind sie doch eingerichtet.« Sein Chef wird ihm antworten: »Was nützt mir eine Liste? Ich wollte erste Verbesserungsvorschläge sehen. Das verstehe ich unter Einführung von Qualitätszirkeln und nicht irgendwelche Listen.« Ein Ziel ist also erst dann spezifisch, wenn alle Beteiligten verstehen, wann der Zielzustand erreicht ist, ohne dass es Missverständnisse geben kann.

M wie MESSBAR Eine Hauptschwierigkeit beim Setzen von Zielen besteht oft darin, eine geeignete Messgröße für die Zielerreichung zu bestimmen. Hier lohnt es sich, Zeit zu investieren, um klar zu definieren, woran der Erfolg gemessen werden soll. Lesen Sie dazu bitte den folgenden Übungsfall:

Übung

Sie bekommen über mehrere Kanäle mit, dass die Mitarbeiter eines Ihnen unterstellten Managers unzufrieden sind. Das liegt daran, dass der Manager Entscheidungen meistens alleine trifft und seine Mitarbeiter auch bei ausreichender Zeit nicht mit einbindet. Außerdem überträgt er zu wenig Verantwortung für Aufgaben, stattdessen gibt er selbst erfahrenen Mitarbeitern noch detaillierte Arbeitsanweisungen, die er regelmäßig nachkontrolliert. Das demotiviert vor allem die Mitarbeiter, die schon länger dabei sind. Sie haben sein Verhalten und Ihre Beobachtungen dazu im Mitarbeitergespräch angesprochen. Der Manager sieht ein, dass seine Art zu führen demotivierend ist, und ist bereit, an sich zu arbeiten. Sie wollen nun Ziele formulieren, die der Manager angehen soll. Die Zielrichtungen sind »Mehr Beteiligung der Mitarbeiter an Entscheidungen« und »Mehr Delegation mit Übertragung von Verantwortung«.

- Überlegen Sie sich eine geeignete Messgröße für diese Zielrichtungen.
- Wie lautet eine fertige Zielformulierung?

Ist Ihnen eine sinnvolle Messgröße eingefallen? Viele Manager finden in Situationen wie in dem oben stehenden Übungsfall keine geeignete Messgröße für bestimmte Ziele und nehmen sie deshalb nicht in die Zielformulierung auf. Die Führungskraft bleibt vage im Sinne von »Schauen Sie mal, dass Sie da was machen«. Dies ist jedoch meistens ein Fehler, weil ohne eine konkrete Vereinbarung das Ziel im Alltag schnell aus dem Blickfeld gerät und der Manager in sein gewohntes Verhalten zurückfällt. In dem oben genannten Übungsfall könnte man beispielsweise die Mitarbeiter kurzfristig befragen, wie sie die Situation bezüglich »Einbindung in Entscheidungen« und »Delegation mit Verantwortungsübertragung« aktuell beurteilen, und in einem Jahr erneut eine Befragung durchführen. Das Ziel wäre dann eine Steigerung der betreffenden Werte bei den Mitarbeitern um X Prozent. Solche Befragungen der unterstellten Mitarbeiter würden zwar eine wunderbare Messgröße ergeben, werden aber in der

Praxis nur selten durchgeführt, weil sie sehr aufwändig sind und der Manager sein Gesicht gegenüber seinen Mitarbeitern verlieren könnte.

Ein Vorgesetzter aus dem mittleren Management hat in dem oben beschriebenen Fall den ihm unterstellten Manager aufgefordert festzuhalten, wann und wie er seine Mitarbeiter an wichtigen Entscheidungen teilhaben lässt und größere Aufgaben delegiert. Als Ziel wurde vereinbart: »Am 31.09. liegen zehn vom Vorgesetzten bestätigte Dokumentationen über die Einbindung der Mitarbeiter in wichtige Entscheidungen und das Delegieren von Aufgaben vor.« Der Aufwand der Dokumentation hielt sich für den unterstellten Manager in Grenzen, denn er sollte nur die wichtigen Entscheidungen beziehungsweise die Delegation größerer Aufgaben aufzeichnen. In Gesprächen, die zu Beginn des Prozesses alle 14 Tage stattfanden, berichtete der Manager seinem Chef, wie es ihm mit der Mitarbeiterbeteiligung und dem Delegieren von Verantwortung ergangen war. Die beiden diskutierten Erfolge und weiteres Verbesserungspotenzial. Nach zwei Monaten wurden die Gespräche auf einen einmonatigen Turnus reduziert. Wichtig für den Erfolg der Maßnahme war, dass der unterstellte Manager sich durch die Vorgesetztengespräche nicht gegängelt fühlte, sondern sie als Lernprozess wahrnahm. Das wurde vom Vorgesetzten dadurch unterstützt, dass dieser eine freundliche Atmosphäre schuf und positives Feedback gab. Durch die Zielvorgabe, die Dokumentation der Erfolge und die regelmäßigen Treffen wurde die Aufmerksamkeit des Managers über einen längeren Zeitraum auf dieses Thema konzentriert. Aufgrund der Dauer des Prozesses über ein halbes Jahr hinaus waren die Veränderungen im Führungsverhalten des Managers nachhaltig und er konnte erleben, wie sich sein neues Verhalten langfristig positiv auswirkte.

A wie ANSPRUCHSVOLL Es muss für die betreffende Person eine Herausforderung sein, das Ziel zu erreichen. Das Ziel sollte nicht an sich, sondern immer bezogen auf die Person und ihrer Funktion anspruchsvoll sein. Gleichzeitig sollte die Person nicht überfordert werden. Einem Anfänger beim Hochsprung das Ziel von 1,60 Meter vorzugeben ist wahrscheinlich schon anspruchsvoll. Ein erfahrener Hochspringer kann darüber nur müde lächeln. Sie müssen also überlegen, wie viel Erfahrung jemand hat und was Sie ihm oder ihr zutrauen können. Gleichen Sie Ihre Einschätzung im Gespräch mit der Selbsteinschätzung des Mitarbeiters ab.

R wie REALISTISCH Die Erreichung eines Zieles muss im Rahmen des Möglichen liegen. Außerdem muss der Zielerreichungsgrad durch die eigenen Handlungen beeinflussbar sein. Deswegen können Sie sich beispielsweise nicht als Ziel setzen, den Lotto-Jackpot zu knacken. Selbst wenn Sie Ihr gesamtes Vermögen in Lottoscheine investieren, ist die Wahrscheinlichkeit der Zielerreichung immer noch extrem gering. Das Ziel hängt mehr vom Zufall ab als von Ihrer Leistung und ist damit nicht realistisch.

T wie TERMINIERT Es muss klar vorgegeben sein, zu welchem Zeitpunkt das Ziel erreicht sein muss. Auch dieser Punkt ist in der Praxis nicht immer so eindeutig, da gelegentlich Prozesse initiiert werden, bei denen unklar ist, wann sie enden werden. Das ist zum Beispiel bei Forschungs- und Entwicklungsprojekten häufiger der Fall, da man hier den Endzeitpunkt davon abhängig macht, was im Prozess gefunden wird. In den meisten Fällen ist es aber möglich und sinnvoll, einen Endtermin zu setzen.

Sie wissen nun, wie man Ziele SMART formuliert und dass Sie einen Zustand statt eines Prozesses beschreiben sollen. Es ist nicht immer einfach, Ziele messbar zu formulieren. Ohne etwas Mühe und Nachdenken geht es meist nicht. Die investierte Zeit zahlt sich aber aus, denn mithilfe von Zielen lenken Sie den Fokus Ihrer Mitarbeiter für ein Jahr auf das Wesentliche.

Was Sie noch über das Setzen von Zielen wissen sollten

Vereinbaren versus vorgeben Wenn möglich sollten Ziele gemeinsam mit dem Mitarbeiter erarbeitet werden. Es steigert die Motivation des Mitarbeiters, wenn er die Ziele selbst mitausgewählt oder sogar vorgeschlagen hat. Es gibt natürlich auch Mitarbeiter, die sich zu wenig zutrauen, solche, die sich selbst stark überschätzen, und jene, die ihre Leistung prinzipiell nicht messen lassen wollen. In diesen Fällen können Sie versuchen, in der Diskussion einen Konsens zu erzielen. Ist dies nicht möglich, ist es dennoch sinnvoll, dass Sie als Vorgesetzter ein SMARTes Ziel festlegen. Auch vorgegebene Ziele haben ihre Wirkung und führen zu einer Konzentration auf das Wesentliche.

Persönliche Verantwortung für die Zielerreichung statt für Prozesse Viele Mitarbeiter und leider auch Führungskräfte übernehmen keine Verantwortung für die Zielerreichung, sondern nur für den Prozess. Wichtig ist aber nicht, was gemacht wurde, sondern wie das Ergebnis aussieht. Das ist eine Frage der Denkhaltung. Ein mir bekannter Projektmanager verfügt über einen sehr guten Ruf, weil er konsequent Verantwortung für die Erreichung mit ihm vereinbarter Ziele übernimmt. Er steht stets mit seinem guten Namen dafür ein, dass der vereinbarte Zielzustand mit einem definierten Budget zu einem von ihm genannten Zeitpunkt hergestellt ist. Daran lässt er sich messen. Die entscheidende Frage lautet in seiner Definition also »Ist der Zustand erreicht?« und nicht »Wurde etwas unternommen?«.

Wenn Sie ein Haus in Auftrag geben, verlassen Sie sich darauf, dass Sie zu einem vertraglich festgelegten Zeitpunkt einziehen können. Sie erwarten eine 100-prozentige Zielerreichung oder eine sofortige Rückmeldung, wenn es Probleme gibt. Was Sie sicherlich nicht akzeptieren werden, ist ein nicht fertiggestelltes Haus und einen Bauleiter, der lauter Ausreden hat, warum er nichts dafürkann. Natürlich gibt es immer mal wieder Gründe, die eine Zielerreichung in der vereinbarten Form unmöglich machen. In diesem Fall kann und soll der Mitarbeiter das natürlich ansprechen. Sie können dann darauf reagieren und das Ziel anpassen oder ein neues vereinbaren. Es darf aber nicht passieren, dass der Mitarbeiter am Ende des Jahres eine Zielverfehlung meldet und das mit einer Liste an Dingen entschuldigen will, die er in Richtung des Ziels unternommen hat. Dies fällt unter die Rubrik »er hat sich stets bemüht«. Geben Sie Ihren Leuten die Entscheidungsfreiheit, auf welchem Weg Sie ein Ziel erreichen, aber machen Sie Ihnen gleichzeitig klar, dass Sie für das Ergebnis verantwortlich sind. Verbinden Sie ein wichtiges Ziel immer mit einer Person, niemals mit einer Gruppe. Sobald eine einzelne Person die Verantwortung für ein Ziel übernimmt, steigt die Wahrscheinlichkeit der Umsetzung enorm.

Nicht jeder braucht Ziele Bei den Unternehmen, die Zielvereinbarungsgespräche offiziell eingeführt haben, ist es Pflicht für jeden Mitarbeiter, Ziele zu formulieren. Das ist aber nicht immer sinnvoll. Es gibt Funktionen, deren Hauptanteil aus Routinearbeit besteht. Sich dann Ziele zu überlegen ist schwierig und müßig. In solchen Fällen werden, der Vorgaben wegen, oft unspezifische Pseudoziele festgehalten. Diese Zeit können Sie sich sparen.

Übung

Werden Ihnen selbst klare Ziele gesetzt? Wissen Sie, woran Sie gemessen werden? Füllen Sie den unten stehenden Fragebogen aus. Wenn Sie alle Fragen problemlos und schnell beantworten können, haben zumindest Sie Klarheit über Ihre eigenen Ziele. Verteilen Sie diesen Fragebogen doch auch einmal an die Ihnen unterstellten Führungskräfte. Sind diese ebenfalls in der Lage, den Bogen spontan auszufüllen?

Was sind die Ziele meines Vorgesetzten?
1. _____
2. _____
3. _____

Wie lauten meine eigenen Ziele?
1. _____
2. _____
3. _____

An welchen Leistungsstandards wird meine Arbeit gemessen?
1. _____
2. _____
3. _____

Was werde ich tun, um meine Ziele zu erreichen?
1. _____
2. _____
3. _____

Welche Probleme und Hindernisse, können auftauchen?
1. _____
2. _____
3. _____

Wie können mich mein Vorgesetzter und das Unternehmen noch unterstützen?

1. _____

2. _____

3. _____

Das Gesetz der Unausgewogenheit

Als mittlerer Manager führen Sie vor allem das Ihnen direkt unterstellte Management. Als Vorgesetzter von Führungskräften führen Sie also Multiplikatoren. Alles, was Sie Ihren Managern vermitteln, hat wiederum einen Einfluss auf die ihnen unterstellten Mitarbeiter. Eine zentrale Aufgabe beim Führen von Führungskräften besteht deshalb darin, ihnen zu vermitteln und vorzuleben, wie sie sich auf das Wesentliche konzentrieren. Dafür sollten Sie das Gesetz der Unausgewogenheit verinnerlicht haben. Dieses Gesetz beschreibt ein zentrales Prinzip für Ihre Selbstführung und für die Führung der Ihnen unterstellten Manager. Sicherlich haben Sie schon von dem Gesetz der Unausgewogenheit gehört, man nennt es auch das 80/20- oder Pareto-Prinzip. Entdeckt wurde das Gesetz der Unausgewogenheit vor über 100 Jahren von dem italienischen Ökonomen Vilfredo Pareto, der sich mit der Verteilung von Reichtum in England beschäftigte. Dabei kam heraus, dass 20 Prozent der Bevölkerung 80 Prozent des Vermögens besaßen. Die Grundidee seiner Untersuchungen und die seiner zahlreichen Nachfolger ist, dass in den meisten Bereichen des Lebens ein Ungleichgewicht zwischen Ursache und Wirkung, Aufwand und Ertrag sowie Anstrengung und Ergebnis herrscht.

Für das Gesetz der Unausgewogenheit gibt es viele Beispiele[9]:

- 20 Prozent der Kunden sorgen für 80 Prozent des Umsatzes.
- 20 Prozent der Produkte machen 80 Prozent des Gewinns aus.
- 20 Prozent der Maschinen erzeugen 80 Prozent des Ausschusses.
- 20 Prozent unserer Arbeit verursachen 80 Prozent unseres Stresses.
- 20 Prozent eines Aktienportfolios sorgen für 80 Prozent des Gewinns.
- 20 Prozent der Fahrer sind verantwortlich für 80 Prozent der Unfälle.

- 20 Prozent der Kranken verursachen 80 Prozent der Gesundheitskosten.
- 20 Prozent der Kriminellen begehen 80 Prozent der Verbrechen.
- 20 Prozent einer Teppichfläche zeigen 80 Prozent der Abnutzung.
- 20 Prozent Ihrer Anstrengungen erzeugen 80 Prozent Ihres Erfolgs.

Die Verteilung muss nicht immer 80/20 entsprechen, obwohl das oft der Fall ist. So machen bei eBay tatsächlich 20 Prozent der Anbieter 80 Prozent des Umsatzes aus. Die Verteilung kann aber auch so aussehen, dass 30 Prozent Ihrer Kunden 80 Prozent des Umsatzes ausmachen oder 20 Prozent der Produkte 90 Prozent des Gewinns generieren. Die eigentliche Erkenntnis aus den Beispielen ist die Unausgewogenheit an sich. Sie ist im Arbeits- und Privatleben überall anzutreffen, doch wird man sich ihrer selten bewusst.

Grafik 5

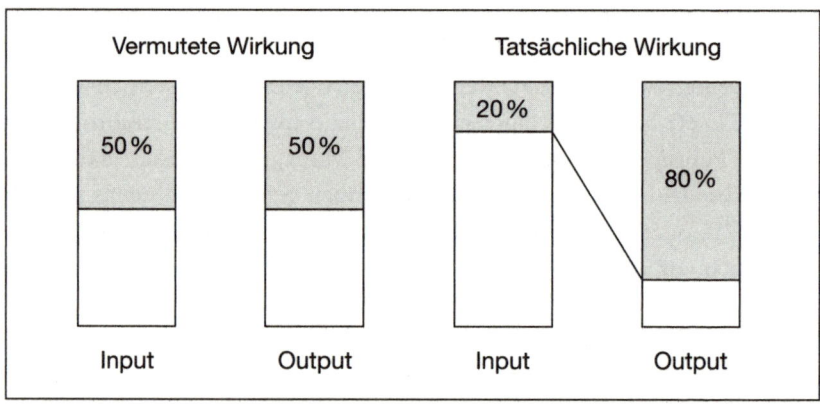

Bei Ihrer Arbeit als Führungskraft gilt das Gesetz der Unausgewogenheit im besonderen Maße! Bei einem Mann, der ein Stück Rasen umgraben will, bedeuten 50 Prozent der Arbeitszeit auch 50 Prozent des Ergebnisses; bei sehr einfachen Aufgaben gilt tatsächlich eine Gleichverteilung. Bei Ihnen als Vorgesetzten aber werden durch die drei Anspruchsgruppen Mitarbeiter, Chef und Kunden bereits 75 Prozent Ihrer Arbeitszeit beansprucht. Da macht es einen riesigen Unterschied, wie Sie die letzten 25 Prozent Ihrer wertvollen Zeit verbringen. Es gibt Aufgaben, die einen Input-Output-Effekt von 1:1 ergeben (eine Einheit Input ergibt eine Einheit Output), und Aufgaben, die ein Verhältnis von 1:10 erzielen. So können Sie beispielsweise in einer Stunde viel erreichen, wenn Sie in dieser Zeit mehrere Gespräche führen, in denen Sie Aufgaben delegieren. Solche Tätigkeiten sind ein Hebel für Ihre Effektivität.

Sie als mittlerer Manager werden dauernd mit dringenden Sachen konfrontiert. Was dringend ist, erscheint uns subjektiv meist auch als wichtig, ist es aber objektiv betrachtet häufig nicht. Aufgaben mit einer hohen Hebelwirkung (1:10) sind wichtig. Aufgaben, die eine geringe Hebelwirkung haben (1:1), sind nicht wichtig. Für Sie als Führungskraft lautet also die richtige Frage:

»Was ist die Aufgabe mit der größten Hebelkraft?«

Und nicht: Wie dringend ist sie? Eine weitere sehr wichtige Frage lautet:

»Welche Aufgabe sollte ich jetzt liegen lassen, obwohl sie dringend ist?«

Leben Sie Ihren Führungskräften vor, wie man Prioritäten setzt, und machen Sie Ihre Denk- und Vorgehensweise transparent, damit diese von Ihnen lernen können. Wie lässt sich das Gesetz der Unausgewogenheit konkret auf Ihren Führungsalltag übertragen?

20-Prozent-Entscheidungen treffen Als Manager müssen Sie den ganzen Tag Entscheidungen treffen. Nur wenige davon sind wirklich wichtig. Überlegen Sie, als wie wichtig Sie eine Entscheidung auf einer Skala von 1 (völlig unwichtig) bis 10 (extrem wichtig) beurteilen. Delegieren Sie Entscheidungen bis Stufe 7 (Topmanager bis Stufe 8) an Ihre Führungskräfte und Mitarbeiter. Vermeiden Sie dabei die Falle, die Masse Ihrer Entscheidungen zwischen 8, 9 oder 10 einzustufen. Nicht viele Entscheidungen sind wirklich so wichtig, dass Sie diese nicht delegieren könnten. Der 80/20-Experte Richard Koch empfiehlt dazu in seinem Buch *Das 80/20 Prinzip*: »Quälen Sie sich nicht mit unwichtigen Entscheidungen herum (...). Delegieren Sie sie möglichst alle. Wenn das nicht machbar ist, überlegen Sie, welche Entscheidung mit einer Wahrscheinlichkeit von 51 Prozent richtig ist. Wenn nicht einmal das möglich ist, werfen Sie eine Münze.« Dieses effiziente Entscheidungsverhalten sollten Sie Ihren Managern als Vorbild konsequent vorleben.

Für die tatsächlich wichtigen Entscheidungen dagegen gibt der Autor folgenden Rat: »Sammeln Sie 80 Prozent der Daten und führen Sie 80 Prozent der relevanten Analysen in den ersten 20 Prozent der verfügbaren Zeit durch; treffen Sie dann eine 100 Prozent gültige Entscheidung und handeln Sie entschlossen, als wären Sie Ihrer Entscheidung 100 Prozent sicher. Wenn es Ihrem Gedächtnis auf die Sprünge hilft, können Sie dies als 80/20/100/100-Regel der Entscheidungsfindung bezeichnen.«[10] Wichtig ist auch, Entscheidungen zwar entschlossen umzusetzen, diese aber schnell zu revidieren, wenn sie sich zweifelsfrei als falsch herausstellen. In der Praxis wird das manchmal nicht getan, weil man damit sich selbst und anderen einen Fehler eingestehen müsste.

20-Prozent-Mitarbeiter In jedem Unternehmen und in jeder Abteilung gibt es Leistungsträger, ordentlich arbeitende Mitarbeiter und Minderleister. Machen Sie sich bewusst, wer Ihre 20-Prozent-Leistungsträger sind, die einen Großteil der Ergebnisse produzieren. Das gilt nicht nur für die direkte Ebene unter Ihnen, sondern für alle Mitarbeiter. Bedenken Sie dabei, dass nicht alle Leistungsträger auffällig sind beziehungsweise ihre Leistung gut verkaufen. In der Praxis ist zu beobachten, dass Führungskräfte sich immer wieder deutlich mehr mit den Minderleistern auseinandersetzen als mit den Besten, weil Letztere keine Probleme machen. Das ist jedoch ein Fehler. Beschäftigen Sie sich mit den Leistungsträgern. So wie sich der Trainer einer Bundesliga-Fußballmannschaft besonders viel Zeit für seine Champions nimmt, um eine Top-Leistung zu ermöglichen, sollten auch Sie sich ausgiebig mit Ihren besten Leuten beschäftigen. Was passiert, wenn Sie sich nur mit den »Spielern der Ersatzbank« beschäftigen und währenddessen die Stars unbeachtet lassen? Sie sehen sich nach anderen Vereinen und Trainern um, die ihre Talente mehr zu schätzen wissen.

Wissen Sie eigentlich, was Ihre besten Mitarbeiter und Führungskräfte bewegt, wie ihnen ihr Job gefällt, was sie antreibt, wohin sie sich entwickeln wollen oder was sie stört?

Diese Fragen sollten Sie sofort beantworten können, wenn Sie sich regelmäßig Zeit für Gespräche mit Ihren Top-Leistungsträgern genommen haben. Diese Fragen sollten auch die Ihnen unterstellten Führungskräfte über deren beste Mitarbeiter beantworten können. Für Ihre Führungskräfte müssen Sie sich überlegen, wer die Leistungsträger sind. Für deren Mitarbeiter können Sie gemeinsam mit Ihren Managern darüber diskutieren, wer die Besten in deren Teams sind und was Sie für diese Leistungsträger tun können. Eine einfache und kostenfreie Möglichkeit, diese Mitarbeiter zu motivieren, ist eine Anerkennung aus Ihrem Munde, also vom Chef des Chefs:»Herr Schmidt, ich wollte mich bei Ihnen bedanken für den Einsatz, den Sie im Projekt X gezeigt haben. Ihre Vorgesetzte, Frau XYZ, hat Sie für Ihre Arbeit sehr gelobt.«

Vorgesetzte sind entsetzt, wenn ihre Spitzenleute ihnen kündigen. Es lässt sich nicht immer vermeiden, dass gute Mitarbeiter sich eine neue Stelle suchen, aber im einen oder anderen Fall hätte der Vorgesetzte dem Leistungsträger die Entscheidung schwerer machen können, wenn er ihn und seine Bedürfnisse mehr beachtet hätte. Denken Sie daran, dass die Wiese des Nachbarn immer grüner ist als die eigene. Sorgen Sie dafür, dass es Ihren 20-Prozent-Mitarbeitern schwerfällt, den von Ihnen geleiteten Bereich zu verlassen. Geben Sie ihnen vor allem solche Aufgaben, die die größten Chancen für den Bereich darstellen, weil diese spannend sind und Erfolgsmöglichkeiten bieten. Bedenken Sie aber, dass wenn Sie Ihren Leistungsträgern eine neue Aufgabe geben, Sie diese gleichzeitig auch von einer anderen Aufgabe entbinden sollten. Wenn Ihre guten Leute immer mehr Arbeit leisten müssen, sind sie irgendwann ausgebrannt und/oder sie wechseln den Job.

20-Prozent-Projekte In welche Projekte investieren Sie Ihre Ressourcen? Gehen Sie diese Frage systematisch an, indem Sie strategisches Projektmanagement betreiben. In vielen Unternehmen ist dieses noch unbekannt. Dann weiß niemand in der Geschäftsführung, wo überall im Unternehmen Projekte laufen beziehungsweise wie wichtig diese sind. Das führt dazu, dass weniger wichtigen Projekten erstaunlich hohe finanzielle und personelle Ressourcen zugeteilt werden, während gleichzeitig ein für das Unternehmen zentrales Projekt unter Ressourcenmangel leidet. Teilweise werden die Mittel mehr nach dem Verkaufstalent und den Kontakten des Projektleiters vergeben als nach der tatsächlichen Bedeutung des Projekts. Es gibt aber auch Unternehmen, die strategisches Projektmanagement betreiben und bei denen die Geschäftsleitung eine Liste der zehn wichtigsten Projekte erstellt hat und diese auch konsequent pflegt. Die Liste ist in Form eines Rankings aufgebaut. Hier wird klar definiert, welches Projekt wie bedeutsam ist. In diese zehn Projekte werden die zur Verfügung stehenden personellen und finanziellen Ressourcen vorrangig investiert. Haben Sie für Ihren Bereich auch eine solche Liste mit den wichtigsten Aufgaben für das Jahr? Was sind Ihre zentralen Projekte?

Wem beziehungsweise welchem Projekt geben Sie Ihre knappen Mittel? Wenn Sie das nicht durchdenken und aktiv steuern, verbrauchen sich die Ressourcen wie von Zauberhand von allein. Aber Vorsicht: Den aus Ihrer Sicht wichtigsten Projekten Personen und Budget zuzuweisen ist nicht so schwer. Wirklich schwierig ist es, den anderen Projekten weniger oder keine Ressourcen zur Verfügung zu stellen. Sie müssen einer vielleicht sehr motivierten Führungskraft ein »Nein« ins Gesicht sagen, denn Sie wollen ihr die Ressourcen, die sie gerade erbeten hat, nicht geben. Das tut weh, Ihnen und der Führungskraft. Aber nur so geht es. Kommunizieren Sie daher schon früh Ihre Prioritäten für das nächste Jahr, dann verstehen Ihre Mitarbeiter besser, weshalb die Ressourcen in bestimmte Aktivitäten fließen und nicht in andere. Auf die bedeutendsten Projekte sollten Sie übrigens Ihre 20-Prozent-Mitarbeiter setzen, damit diese ein echter Erfolg werden. Im Allgemeinen gilt die Empfehlung, die besten Leute auf die größten Chancen anzusetzen und nicht auf die größten Probleme, denn nur in den Chancen liegt Wachstumspotenzial.

20-Prozent-Handlungen Für jede Führungskraft gibt es Handlungen, die eine besonders starke Hebelwirkung haben. Investieren Sie Ihre Zeit vor allem in solche Aufgaben. 20-Prozent-Handlungen sind beispielsweise:

- die eigenen Stärken und Schwächen, der Mitarbeiter und des Bereichs regelmäßig zu betrachten;
- Aufgaben einschließlich der zugehörigen Verantwortung zu delegieren;
- ein gut vorbereitetes Mitarbeitergespräch zu führen.

Entdecken Sie die 20-Prozent-Aufgaben in Ihrem Alltag und helfen Sie Ihren Führungskräften, dies ebenfalls zu tun.

Dies waren einige Beispiele für das 80/20-Prinzip. Denken Sie als Führungskraft an das Gesetz der Unausgewogenheit und setzen Sie bei Ihrer Führungsarbeit die Hebel-Brille auf. Überlegen Sie immer wieder, welche Aufgaben mit dem größten Hebeleffekt Sie und Ihre Führungskräfte angehen sollten. Entscheiden Sie aber auch, welche Aufgaben Sie nicht angehen werden, obwohl sie dringend sind.

Mit der Stärken-Schwächen-Analyse aus dem letzten Kapitel haben Sie den Ist-Zustand bestimmt. Mit den drei hier gezeigten Schritten »Konzentration auf weniges«, »Fokussieren durch Ziele« und dem »Gesetz der Unausgewogenheit« erreichen Sie den gewünschten Soll-Zustand.

Von Misstrauen, Demotivation und innerer Kündigung – So motivieren Sie Ihre Mitarbeiter

Ich bin bis heute dem Mann noch nicht begegnet, wie berühmt er auch sein mochte, der nicht nach einer Anerkennung besser und einsatzfreudiger gearbeitet hatte als nach einem Tadel.

Charles M. Schwab
(US-amerikanischer Stahlindustrieller)

Dieses Kapitel beschäftigt sich mit Ihrer Fähigkeit, die Motivation Ihrer Mitarbeiter zu fördern beziehungsweise einen Rahmen zu schaffen, in dem Ihre Mitarbeiter gerne arbeiten.

Die KITA-Methode

Das gängigste Motivationsmittel ist in vielen Unternehmen immer noch die »positive KITA-Methode«. Was verbirgt sich hinter diesem Namen? KITA steht für »kick in the ass«. Zu Deutsch: »Tritt in den Arsch.« Es gibt drei Arten von KITA:

Negative physische KITA Hier wird die Bedeutung von KITA wörtlich genommen. Körperliche Züchtigung galt noch in der ersten Hälfte des letzten Jahrhunderts nicht nur in der Kindererziehung als probates Mittel, Menschen zu »motivieren«. In manchen Ländern wird dieses Prinzip heute noch angewendet.

Negative psychische KITA Damit ist das Führen mit Angst unter Ausnutzung hierarchischer Macht gemeint. Manche Führungskräfte haben ihr Repertoire an Methoden zur Führung von Mitarbeitern mittels Angst und Druck perfektioniert. Solche Vorgesetzte erzielen unter Umständen eine gewisse Zeitlang gute Ergebnisse, weil sie aus ihren Mitarbeitern ohne Rücksicht auf Verluste das Letzte herauspressen. Bezeichnenderweise wechseln diese Chefs aber oft das Unternehmen, bevor die Langzeitwirkung ihres Führungsstils sichtbar wird. Da sie gute Zahlen erzeugt haben, finden sie auch schnell wieder eine neue Stelle. Leider kann man sie für den Scherbenhaufen, den sie hinterlassen, nicht mehr verantwortlich machen. Der Nachfolger hat dann die undankbare Aufgabe, in einer aggressiven und angstbesetzten Atmosphäre das Vertrauen wiederherzustellen.

Positive KITA Zu Beginn eine Frage: Handelt es sich um eine Motivation, wenn der Manager zum Mitarbeiter sagt: »Mach das oder jenes, dann bekommst du mehr Gehalt, eine Beförderung, mehr Status, ein Incentive oder irgendeine andere Art von Belohnung«? Viele Manager beantworten diese Frage mit »Ja«. Die richtige Antwort aber lautet »Nein«. Lassen Sie mich das am Beispiel eines Hundes erklären.[11] Ein Hund soll ein Stöckchen holen. Er will aber nicht. Also wendet sein Besitzer negatives physisches KITA an. Anders gesagt: Er tritt dem Hund in den Hintern und siehe da, der Hund holt das Stöckchen. Wer ist hier motiviert, dass der Stock geholt wird? Die Antwort lautet: Das Herrchen ist motiviert, der Hund will nur Schmerz vermeiden. Wenn der Hundebesitzer stattdessen die positive KITA anwendet, zeigt er dem Hund einen Hundekuchen (Belohnung). Daraufhin rennt der Hund und holt das Stöckchen. Wer ist jetzt motiviert, dass der Stock geholt wird? Der Hundebesitzer oder der Hund? Die Antwort lautet natürlich, dass es immer noch der Besitzer ist, der motiviert ist. Den Hund interessiert das Stöckchen nicht, er will nur die Belohnung. Ohne Tritt oder Biskuit macht der Hund keinen Schritt für den Stock. Er ist nicht von sich aus motiviert. Das wäre er nur dann, wenn es ihm Freude bereiten würde, den Stock zu holen, wie das bei einigen Hunden der Fall ist.

Darüber, wie Sie Motivation erzeugen können, gibt es meterweise Literatur. In ihr finden Sie jede Theorie vertreten von »Motivation durch die Führungskraft ist das A und O« bis zu »Der Glaube, die Führungskraft könne Mitarbeiter motivieren, ist eine Illusion«. Wie aber verhält es sich wirklich? Was motiviert Menschen? Fragen wir dazu einen Experten, fragen wir Sie! Im Prinzip wissen Sie bereits alles über Motivation, was Sie wissen müssen. Folgende Übung wird Ihnen das zeigen:

Übung

Überlegen Sie, wann es Phasen in Ihrem Berufsleben gab, in denen Sie besonders motiviert waren. Was waren die ausschlaggebenden Faktoren für Ihre Motivation?

Haben Sie sich kurz Gedanken gemacht? Wenigstens für eine Minute? Was hat Sie in dieser Phase motiviert? Weshalb waren Sie mit Begeisterung bei der Arbeit? Beantworten Sie die Frage zumindest kurz, denn dann können Sie Ihre Überlegung mit den folgenden Ausführungen vergleichen. Die meisten Menschen werden im Arbeitsleben von denselben Faktoren motiviert. In meinen Seminaren lasse ich mittlere Manager in kleinen Gruppen die oben genannte Frage diskutieren. Die Antworten der Gruppen ähneln sich sehr:

- Herausforderung
- Neue Aufgabe
- Verantwortung
- Anerkennung
- Erfolg
- Betriebsklima (Umfeld/Kollegen/Team)

Mindestens vier dieser Punkte werden von fast jeder Gruppe aufgeführt. Natürlich werden auch andere Punkte genannt. Aber diese sind mit großem Abstand die häufigsten. Decken sich die genannten Motivationsfaktoren mit Ihren eigenen Erfahrungen? Die Wahrscheinlichkeit ist groß. Folgende Punkte werden bei der Übung übrigens nie als Motivatoren genannt:

- Mein Vorgesetzter
- Motivationsreden des Vorgesetzen
- Motivationsgespräche mit dem Vorgesetzen
- Motivationsveranstaltungen des Unternehmens

Was aber heißt das? Hat der Vorgesetze keinen Einfluss auf die Motivation? Und wie passt das zu einer Untersuchung der Unternehmensberatung Towers Perrin[12], die analysierte, dass der zweithäufigste Grund, warum Mitarbeiter gehen, das »Verhältnis zum Vorgesetzten« ist (Platz 1 ist »Aufstiegs- und Karrierechancen«)? Das zeigt doch, dass der Vorgesetzte einen wichtigen Einfluss auf die Motivation hat, wenn auch in dieser Untersuchung eher im negativen Sinne. Die Antwort auf diese Fragen gibt uns die Motivationstheorie von Frederick Herzberg.

Motivatoren und Hygienefaktoren

Der US-amerikanische Professor Frederick Herzberg ist der Begründer der Zwei-Faktoren-Theorie.[13] In ihr unterscheidet er bei motivierenden Faktoren zwischen sogenannten Hygienefaktoren und Motivatoren.

Hygienefaktoren bestimmen das Umfeld, in dem der Mensch arbeitet, und sie befriedigen unsere Grundbedürfnisse (vergleichbar mit regelmäßiger Nahrung und einem Dach über dem Kopf). Wenn die Hygienefaktoren am Arbeitsplatz fehlen, führt dies zu Demotivation, und die Leistung lässt nach. Hygienefaktoren sind:

- Bezahlung
- Personalpolitik
- Verhältnis zum Vorgesetzten
- Verhältnis zu Kollegen
- Arbeitsbedingungen
- Sicherheit

Hygienefaktoren sind zwar die Grundvoraussetzung für Zufriedenheit am Arbeitsplatz, aber ihr Vorhandensein allein reicht nicht aus, Menschen dazu zu motivieren, besser oder mehr zu arbeiten.

Ganz anders verhält es sich mit den Motivatoren. Wenn sie gegeben sind, ist der Mensch laut Herzberger motiviert und arbeitet mit Freude und besonderem Einsatz. Das liegt daran, dass die Motivatoren einen direkten positiven Einfluss auf die Einstellung des Mitarbeiters zur Arbeit haben und damit sekundäre wichtige Bedürfnisse befriedigen. Diese sind zum Beispiel der Wunsch nach Wertschätzung, Anerkennung und Bedeutung sowie das Bedürfnis nach Sinn und Selbstverwirklichung in der eigenen Tätigkeit.

Motivatoren sind laut Herzberg folgende:

- Erfolg
- Anerkennung
- Arbeitsinhalte
- Verantwortung
- Aufstieg und Beförderung
- Wachstum

Sie sehen, diese Motivatoren sind nahezu identisch mit den Antworten, die mittlere Manager auf die Frage geben, wann sie motiviert waren und was dabei die ausschlaggebenden Faktoren waren. Wahrscheinlich haben auch Sie in der zugehörigen Übung ähnliche Antworten gegeben.

Ist beispielsweise der Vorgesetzte unfähig und unsympathisch, wird der Mitarbeiter auf Dauer unzufrieden und demotiviert, da der Hygienefaktor »gutes Verhältnis zum Vorgesetzten« fehlt. Hat jemand einen sympa-thischen Vorgesetzten, aber langweilige Aufgaben, wird die Person trotz ihrer netten Führungskraft auch nur bedingt motiviert sein, die langwei-ligen Aufgaben mit Begeisterung abzuarbeiten; in diesem Fall ist der Hy-gienefaktor »gutes Verhältnis zum Vorgesetzten« zwar gegeben, aber die Motivatoren fehlen. Ist der Vorgesetze gut, bleibt die Leistung konstant, sie steigt aber nicht an. Ein guter Vorgesetzter ist demnach in der direkten Wirkung »nur« ein Hygienefaktor, dessen Aufgabe also zuerst einmal darin besteht, Mitarbeiter durch sein Verhalten nicht zu demotivieren. Er kann die Mitarbeiter jedoch durch Einflussnahme auf die Motivatoren indirekt motivieren, indem er den Mitarbeitern zum Beispiel Aufgaben überträgt, die ihren Stärken entsprechen.

Grafik 6

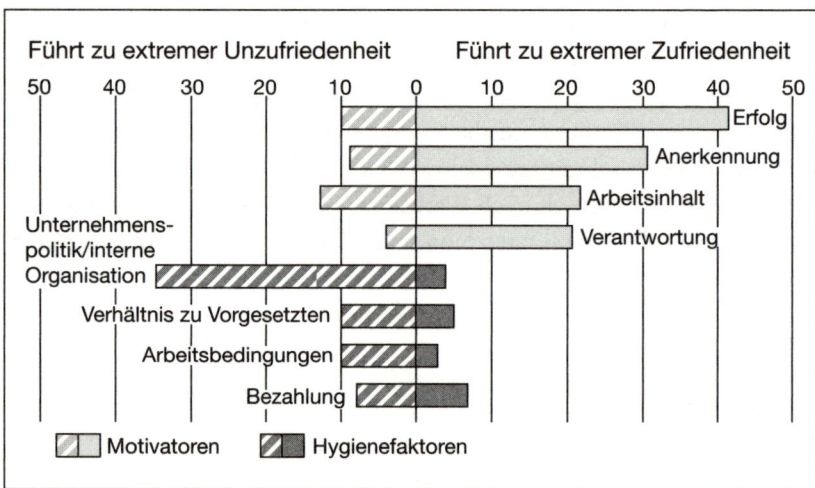

Frederick Herzberg: Was die Einstellung zur Arbeit beeinflusst.
Quelle: Harvard Businessmanager 3/2005, Seite 54.

Nicht jeder Job bietet Motivatoren wie spannende »Arbeitsinhalte« und »Verantwortung«. Auch die Chance auf »Aufstieg« oder »Erfolg« sind bei Jobs für niedrig qualifizierte Menschen häufig nicht gegeben. Hier sollte der Vorgesetzte darauf achten, dass die Hygienefaktoren stimmen, also auch seine Führung. Als einziger einsetzbarer Motivator bleibt bei

Niedrigqualifizierten die »Anerkennung«. Manche Vorgesetzte erkennen nur außergewöhnliche Leistungen an. Solche kann dieser Mitarbeiter aufgrund der Arbeitsinhalte seiner Stelle aber kaum vorweisen. Wenn er sich aber anstrengt und in dem, was er macht, eine konstant gute Leistung zeigt und zuverlässig ist, dann kann die Führungskraft diese Kontinuität der Leistungserbringung anerkennen.

Folgende vier Optionen kann es in der Kombination von Hygienefaktoren und Motivatoren geben:

Tabelle 7

	Motivatoren nicht gegeben	Motivatoren gegeben
Hygienefaktoren gegeben	Die Mitarbeiter haben zwar kaum Beschwerden, sind aber schlecht motiviert. Die Arbeit wird als Routine erlebt. Es gibt wenig außergewöhnliche Leistungen, keine starke Bindung an den Arbeitgeber bzw. den eigenen Arbeitsplatz. Leistungsträger springen in dieser Situation schnell ab.	Die Mitarbeiter sind hoch motiviert und rundum glücklich. Das ist die Grundlage für Top-Performance. In dieser Umgebung macht das Arbeiten Spaß. Die Mitarbeiter bleiben gerne und machen aktiv Werbung für den eigenen Arbeitgeber.
Hygienefaktoren nicht gegeben	Die Mitarbeiter sind unmotiviert mit vielen Beschwerden. Schlimmer geht es nicht mehr. Diese Situation ist auf Dauer unternehmensgefährdend. Hohe Fluktuation ist die Folge. Es bleiben nur die Leistungsschwachen. Alle anderen flüchten.	Die Mitarbeiter sind motiviert, da sie einen aufregenden und herausfordernden Job haben, aber gleichzeitig unzufrieden, da die Arbeitsbedingungen schlecht sind. Leistungsträger bleiben hier eine ganze Zeit lang, entschließen sich aber irgendwann zu gehen.

Hygienefaktoren können manchmal auch eine kurzfristig motivierende Wirkung haben. Das gilt vor allem dann, wenn eine Person einen bestimmten Hygienefaktor länger vermisst hat, zum Beispiel unterbezahlt war oder einen schlechten Vorgesetzten hatte. Auf Dauer verliert sich der Motivationseffekt des wiedererlangten Hygienefaktors aber wieder, so wie wir uns an ein neues Auto schnell gewöhnen, das uns in den ersten Wochen noch begeistert hat. Die Wirkung der Motivatoren ist dagegen länger anhaltend.

Je einfacher und standardisierter die Arbeit ist, die jemand macht, desto wichtiger sind die Hygienefaktoren. Diese erfüllen dann meist sogar eine Motivationsfunktion (der Schichtarbeiter an der Presse ist zufrieden, wenn er gut verdient und nette Kollegen hat).

Je besser qualifiziert ein Mitarbeiter ist, desto selbstverständlicher sind die Hygienefaktoren und desto wichtiger sind die Motivatoren. Das Fehlen von Motivatoren führt bei hoch qualifizierten Wissensarbeitern schnell zu Unzufriedenheit. Für sie gelten Motivatoren teilweise sogar schon als Hygienefaktoren. (Der hoch qualifizierte Leistungsträger empfindet spannende Arbeitsinhalte als Hygienefaktor).

Die vier stärksten Motivatoren sind »Arbeitsinhalte«, »Verantwortung«, »Anerkennung« und »Erfolg«. Sie als Führungskraft können die ersten drei davon direkt beeinflussen. Betrachten wir die drei Faktoren im Folgenden etwas näher:

Arbeitsinhalte

Sie als Vorgesetzter bestimmen zum größten Teil die Arbeitsinhalte Ihrer Mitarbeiter. Natürlich gibt es Stellenbeschreibungen und vorgegebene Aufgaben. Trotzdem sind Sie es, der bestimmt, wer welche zusätzlich anfallenden Aufgaben und Projekte übertragen bekommt. Ein anspruchsvolles Projekt macht nicht jeden Mitarbeiter gleichermaßen glücklich. Wenn Sie wissen, wer welche Stärken hat, weil Sie sich regelmäßig damit auseinandersetzen, können Sie einer Person eine für sie passende Aufgabe übertragen. Wenn Menschen ihren Stärken entsprechend arbeiten können, fällt ihnen die Arbeit leicht, sie macht ihnen Freude und führt zu Erfolgen. Viele Führungskräfte unterschätzen den Motivationseffekt von stärkenorientierter Arbeit und machen sich zu wenig Gedanken darüber, wem sie welche Aufgaben übertragen wollen und wie diese zeitlich anfallen. Planen Sie die absehbaren Aufgaben und Projekte vorausschauend und stärkenorientiert. Ihre Mitarbeiter brauchen keine Motivationsansprachen von Ihnen, wenn die Arbeit ihnen an sich Spaß macht. Nutzen Sie deshalb die stärkenorientierte Arbeitsverteilung, soweit es in Ihrer Macht steht.

Verantwortung

In der Grafik Nr. 6 sind die wichtigsten vier Motivatoren nach Herzberg dargestellt. Verantwortung liegt hier an vierter Stelle. Was die Grafik nicht zeigt, ist ein weiterer Aspekt, den Herzberg untersucht hat, nämlich die Nachhaltigkeit der Wirkung der einzelnen Motivatoren. Nicht alle wirken gleich lang. Erfolg zum Beispiel ist zwar der stärkste Motivator, hat aber keine lang anhaltende Auswirkung auf die Motivation. Er muss sich also immer wieder neu einstellen. Verantwortung hat von allen Motivatoren die mit sehr großem Abstand am längsten anhaltende Wirkung und fördert damit außerordentlich stark das langfristige Gefühl von Zufriedenheit mit der Arbeit. Durch das Delegieren von Verantwortung können Sie sich also nicht nur selbst entlasten, sondern gleichzeitig auch Ihre Mitarbeiter motivieren. Delegieren Sie deshalb anspruchsvolle Aufgaben, wenn irgendwie möglich, zusammen mit der dazugehörenden Verantwortung und den Entscheidungsbefugnissen an Ihre Mitarbeiter. Ist ein Mensch noch nicht so erfahren, trennen Sie einfach zwischen Aufgabenerfüllung und Verantwortung. Delegieren Sie die Arbeit an die eher unerfahrene Person und die Verantwortung an einen erfahrenen Mitarbeiter. Wie viel Verantwortung Sie Ihren Mitarbeitern übertragen beziehungsweise wie stark Sie sich selbst entlasten und Ihre Mitarbeiter motivieren, hängt von Ihnen ab und zwar nur von Ihnen!

Anerkennung

Auch das Thema Anerkennung ist direkt von Ihnen beeinflussbar. Der deutsche Vorgesetzte hält sich gerne an die alte Schwabenregel, die besagt: »Net gmault isch globt gnug!«, was übersetzt heißt »Nicht gemeckert ist genug gelobt!«. Der echte Schwabe sagt übrigens zu seiner Frau auf die Frage, ob es schmeckt: »Ma koah's essa.« Übersetzt heißt das: »Danke, es schmeckt ganz ausgezeichnet.« Was man den Schwaben noch als kulturelle Eigenart zugestehen kann, bedeutet für eine Führungskraft einen ernst zu nehmenden Mangel an Kommunikationskompetenz. In verschiedenen Studien über Arbeitszufriedenheit lag der Punkt »Ich bekomme nicht genug Anerkennung« immer unter den ersten Plätzen. Einer europaweiten Studie von Stepstone zufolge sind sich 57 Prozent der europäischen Arbeitnehmer sicher, dass ihre Leistungen vom Vorgesetzten anerkannt werden. In den Niederlanden glauben das sogar 78 Prozent der Befragten. Absolutes Schlusslicht bildet Deutschland. Hier glauben nur 28 Prozent der Befragten, dass ihre Arbeit wertgeschätzt wird. Auch wenn solche Studien mit Vorsicht zu genießen sind, kann ich aus meiner Trainingspraxis bestätigen, dass sehr viele Menschen sagen, dass sie kaum positives Feedback bekommen und darunter leiden.

Wenn Kritik geäußert werden soll, bitten Vorgesetzte den Mitarbeiter zum Gesprächstermin und teilen ihm ausführlich mit, was sie beobachtet oder gehört haben und welche negativen Konsequenzen das für ihn und den Bereich hat. Das Gespräch dauert oft eine halbe Stunde oder länger. Wenn wir dagegen mit etwas zufrieden sind, sagen wir nach dem schwäbischen Prinzip entweder gar nichts oder aber: »Super gemacht, Frau Müller!« Dieser Ausspruch dauert maximal drei Sekunden. Was ist das im Vergleich zu einem Kritikgespräch von einer halben Stunde. Wieso vergessen Vorgesetzte beim positiven Feedback oft alle Feedbackregeln, die sie in Seminaren so oft gehört haben? Warum wenden Sie diese nur auf die Kritikgespräche an? Bei Tadel sind sie spezifisch und gehen ins Detail, das Lob dagegen wird pauschal vergeben. Viele Führungskräfte müssen das Loben noch lernen oder aber zumindest verbessern. Hier finden Sie die wichtigsten Regeln für anerkennendes Feedback:

Präzisieren Sie Ihr Lob Belassen Sie es nicht bei einem einfachen »Super! Weiter so!«, sondern überlegen Sie, was genau Ihnen gut gefallen hat und loben Sie im Detail. Wenn jemand zum Beispiel einen Text geschrieben hat, dann sagen Sie ihm, welche Textpassagen Ihnen besonders gut gefallen haben und warum. Dieses differenzierte Feedback freut den Mitarbeiter viel mehr als eine Lobpauschale. So sieht er, dass Sie sich mit seiner Arbeit wirklich auseinandergesetzt haben.

Loben Sie zeitnah Wenn ein Mitarbeiter für etwas gelobt wird, was er gerade fertiggestellt oder eben beendet hat, ist er emotional noch bei der Sache. Es ist noch sein »Baby« und er ist stolz darauf. Nach ein paar Wochen oder sogar Monaten beschäftigt er sich längst mit etwas anderem. Natürlich freut ihn auch dann noch ein Lob, aber die Anerkennung hat längst nicht mehr eine so starke Wirkung wie zum Zeitpunkt der Erstellung.

Loben Sie das beobachtbare Verhalten, nicht die Persönlichkeit
Was für das Kritikgespräch gilt, trifft auch auf Lob zu. Sagen Sie, was Sie beobachtet haben, und wie es auf Sie wirkt. Stellen Sie dabei aber keine Vermutungen über die Person an. Spezifisches Feedback zu gezeigtem Verhalten ist für den Mitarbeiter wesentlich wertvoller als pauschale Aussagen zu seiner Person. Sagen Sie also: »Ich weiß, dass Sie in letzter Zeit häufig Überstunden gemacht haben, um das Projekt so erfolgreich und termingerecht abschließen zu können. Ich danke Ihnen für Ihren Arbeitseinsatz. Außerdem haben Sie das Team gut koordiniert. Das mache ich daran fest, dass ...«, statt: »Wissen Sie, was ich an Ihnen so schätze? Dass Sie so ein Machertyp sind und mit den Leuten gut können.«

Loben Sie eine für die jeweilige Person außergewöhnliche Leistung Was für den einen eine außergewöhnliche Leistung ist, ist für den erfahrenen Kollegen nur Standard. Loben Sie einen Mitarbeiter immer dann, wenn er etwas geleistet hat, was für seine Person eine außergewöhnliche Leistung darstellt. Für jemand, der gerade erst anfängt und noch unsicher ist, können das auch kleinere Dinge sein.

Loben Sie auch eine über einen längeren Zeitraum erbrachte gute Leistung Nicht jeder hat die Chance, in seinem Job Außergewöhnliches zu leisten und damit zu glänzen. Eine Halbtagssekretärin macht vielleicht Tag für Tag einen wirklich guten Job, ohne jemals mit einer Einzelleistung besonders auffallen zu können. Hier können Sie die Kontinuität der guten Arbeit loben. Zeigen Sie ihr Ihre Anerkennung und sagen Sie ihr immer mal wieder, wie sehr Sie ihr Verhalten (Zuverlässigkeit, Pünktlichkeit, gute Laune etc.) schätzen.

Loben Sie auf Augenhöhe Manche Vorgesetzte loben von oben nach unten. Sie sagen zwar etwas an sich Positives, geben aber dem Mitarbeiter das Gefühl, dass Papa ihnen sagt, dass sie brav waren: »Na, Herr Schulze, das mit dem Projekt haben Sie ja fein gemacht. So lob ich es mir. Machen Sie mal schön weiter so. Guter Mann!« Zwar stehen Sie faktisch über Ihren Mitarbeitern, trotzdem kommt ein Lob von Mensch zu Mensch besser an als eines von oben nach unten. Ob Sie auf Augenhöhe loben, können Sie leicht testen: Wenn Sie das Lob im selben Tonfall und mit derselben Körpersprache auch Ihrem Chef sagen würden, war es sehr wahrscheinlich auf Augenhöhe. Wenn Sie Ihrem Chef gegenüber niemals so auftreten würden, dann war es sehr wahrscheinlich ein Lob von oben nach unten.

Nutzen Sie gelegentlich auch Symbole Wie wäre es mit kleinen Symbolen oder Gesten, um die Wirkung Ihres Lobes zu verstärken? Sie können zum Beispiel einem Mitarbeiter die Hand schütteln und ihm gratulieren, bevor Sie loben. Sie können ein Lob für eine außergewöhnliche Leistung schriftlich geben, natürlich nicht als E-Mail, sondern als Brief, den Sie persönlich überreichen. Sie können eine Mitarbeiterin mit zu Ihrem Chef nehmen und vor diesem den besonderen Beitrag der Mitarbeiterin loben. Sie können einem Mitarbeiter, der etwas Außergewöhnliches geleistet hat, auch etwas Kleines schenken, über das er sich freut. Menschen lieben Symbole für Ihren Erfolg. Nicht umsonst gibt es selbst bei den allerkleinsten Vereinsmeisterschaften Pokale für die Gewinner!

Loben Sie viel bei jungen unerfahrenen Mitarbeitern und bei Menschen in Krisen Lob sollte für außergewöhnliche Leistung vorbehalten sein und nicht inflationär angewandt werden, damit es seine Wirkung nicht verliert. Eine Ausnahme sind junge, sehr unerfahrene Menschen. Sie brauchen Lob, um zu erkennen, was das richtige Verhalten ist, und um ihr Selbstbewusstsein für die neue Rolle zu stärken. Ebenfalls viel loben sollten Sie auch erfahrene Mitarbeiter, wenn diese sich, zum Beispiel aufgrund privater Probleme, offensichtlich in einer Krise befinden. In diesen Zeiten zweifeln wir an uns selbst, fühlen uns unsicher und sind verletzlich. Hier hilft Lob, das eigene Selbstvertrauen wieder zu stärken und Mut zu fassen.

Loben Sie sowohl unter vier Augen als auch öffentlich Introvertierten Menschen ist es eher peinlich, vor den Kollegen gelobt zu werden. Stark extrovertierte Mitarbeiter dagegen empfinden ein Lob unter vier Augen nicht wirklich als ein Lob, weil es schließlich keiner mitbekommt. Die Regel lautet: Loben Sie so, wie es dem Empfänger gefällt, denn er soll sich freuen. Bei Leistungen, zu deren Erbringung jeder die Chance hatte, sollten Sie aber immer öffentlich loben. Dazu ein Beispiel: Jemand muss Überstunden machen, und keiner hat Lust dazu, weil es ein schöner Sommerabend ist. Jeder schaut betreten weg, bis sich eine Person freiwillig meldet. Diese Bereitschaft sollten Sie auf jeden Fall vor dem Team loben, denn jeder hatte dieselbe Chance, das Lob zu bekommen.

Führen Sie ein »Lobbuch« Schreiben Sie sich über das Jahr hinweg immer wieder auf, wenn ein Mitarbeiter eine für ihn außergewöhnliche Leistung erbringt. Wenn Sie dann zweimal im Jahr Ihr Mitarbeiterge-spräch führen, können Sie der Person aufzählen, was sie in diesem Halb-jahr alles geleistet hat und für was Sie ihr danken. Sie glauben gar nicht, wie sehr sich Menschen darüber freuen, wenn sie merken, dass Sie Anteil an ihnen nehmen. Ohne Notizen vergessen wir vieles wieder und erinnern uns bei den Gesprächen nur noch an die Geschehnisse der letzten vier Wochen. Oder wissen Sie noch, was Ihre Mitarbeiter vor sechs Monaten gemacht haben und wer damals eine außergewöhnliche Leistung erbracht hat? Die Angst, Mitarbeiter würden sofort mehr Gehalt verlangen, wenn man im Mitarbeitergespräch etwas Positives sagt, ist übrigens meist unbe-gründet.

Sie sehen, dass Sie mit den drei Motivatoren »Anerkennung«, »Verant-wortung« und »anspruchsvolle Aufgaben« viel für die Motivation Ihrer Mitarbeiter tun können. Dies erzeugt bedeutend mehr Wirkung als Be-lohnungen oder Motivationsreden.

Vertrauen in die Integrität Ihrer Mitarbeiter

Ein weiterer Faktor, der die Motivation Ihrer Mitarbeit positiv beeinflusst und ein gutes Arbeitsumfeld schafft, ist Vertrauen. Ob in Ihrem Bereich Vertrauen herrscht, hängt von mehreren Faktoren ab, zum Beispiel da-von, wie viel Vertrauen die Mitarbeiter dem gesamten Unternehmen ent-gegenbringen. Wenn es bereits mehrere Entlassungswellen oder gar Skan-dale gab, hat das natürlich eine negative Auswirkung auf das Vertrauen aller Mitarbeiter. Zwar können Sie als Führungskraft gegensteuern, es dürfte aber schwer sein, unter solchen Bedingungen ein sehr hohes Ni-veau an Vertrauen zu erzeugen. Direkt beeinflussen können Sie dagegen das Vertrauen, dass Ihnen Ihre Mitarbeiter persönlich entgegenbringen. Hier kommen vor allem die im Kapitel »Integrität« genannten Verhal-tensweisen zum Tragen. Wenn Sie sich als Person integer verhalten, also

Ihren Worten entsprechend handeln, wird man Ihnen mit der Zeit vertrauen. Neben der allgemeinen Vertrauenskultur, die im Unternehmen herrscht, und dem Vertrauen, das Ihnen als Führungskraft von den Mitarbeitern entgegengebracht wird, befassen wir uns hier vorrangig mit einer dritten Form, nämlich dem Vertrauen, das Sie als Führungskraft in Ihre Mitarbeiter setzen. Dieses lässt sich in zwei Arten unterteilen, die voneinander unabhängig sind:

- Ihr Vertrauen in die Aufrichtigkeit einer Person, man könnte auch etwas pathetisch sagen Ihr Glaube an »das Gute im Menschen«.
- Ihr Vertrauen in die Leistungsfähigkeit einer Person.

Wir befassen uns zunächst mit der ersten Art von Vertrauen, nämlich dem in die Aufrichtigkeit Ihrer Mitarbeiter. Wenn Sie jemanden für aufrichtig halten, dann glauben Sie, dass eine Person korrekt ist (beispielsweise bei der Abrechnung von Reisekosten und Spesen), sich an ihre eigenen Zusagen hält und nicht gegen andere intrigiert. Dazu gehört auch, dass Sie daran glauben, dass Ihre Mitarbeiter leistungswillig und motiviert sind, sich also nicht grundsätzlich vor Arbeit drücken wollen. Als Vorgesetzter sollten Sie prinzipiell an die moralische Integrität Ihrer Mitarbeiter glauben und gleichzeitig in Maßen prüfen, ob dieses Vertrauen gerechtfertigt ist. Vertrauen und Kontrolle sind zwei Seiten einer Waage. Beide Seiten sind wichtig. Nur zu vertrauen, ohne zu kontrollieren, ist für einen Vorgesetzten grob fahrlässig. Nur zu kontrollieren, ohne zu vertrauen, verursacht dagegen extreme Demotivation. Der römische Philosoph Seneca meint dazu: »Beides ist falsch: Allen zu trauen und keinem zu trauen. Aber der eine Fehler ist doch sozusagen der ehrenwertere, wenn auch der andere mehr Sicherheit bietet.«

Die Frage, die sich jede Führungskraft stellen muss, ist, welche Seite der Waage mehr Gewicht haben soll, das Vertrauen oder die Kontrolle. Meine Empfehlung dazu lautet, deutlich mehr zu vertrauen als zu kontrollieren. Wenn Sie an das Gute im Menschen glauben, spricht das meist genau diese Seite im anderen an. Wer will schon jemanden, der Gutes von einem denkt, mit Absicht vom Gegenteil überzeugen?

Auch wenn man in seinen Mitarbeitern das Beste ansprechen will, sollte man natürlich nicht blauäugig sein. Es gibt immer wieder Menschen, die das in sie gesetzte Vertrauen nicht rechtfertigen. Dafür braucht es dann gelegentliche Kontrollen. Wenn wir über Kontrolle und Vertrauen sprechen, darf natürlich Lenin nicht fehlen. Er hat schon früh erkannt, auf was es dabei ankommt, auch wenn er fast immer falsch zitiert wird. Es ist erwiesen, dass Lenin den ihm unterstellten Spruch »Vertrauen ist gut, Kontrolle ist besser« weder gesagt noch jemals niedergeschrieben hat. Was er dagegen historisch belegt sehr oft gesagt hat, und was wahrscheinlich nur falsch übersetzt wurde, war der Satz »Vertraue, aber prüfe nach!«. Das ergibt einen ganz anderen Sinn, denn hier liegt der Schwerpunkt auf dem Vertrauen, nicht auf der Kontrolle. Lenins »Vertraue, aber prüfe nach!« ist eine sehr gute Maxime, wenn es um das Thema Vertrauen geht. Vertrauen Sie Ihren Mitarbeitern voll und ganz. Die meisten werden es rechtfertigen. Um diejenigen herauszusieben, die das nicht tun, reicht es aus, regelmäßige Stichproben durchzuführen. Auf Dauer decken diese, wenn sie konsequent durchgeführt werden, die meisten Missstände auf. Der US-amerikanische Wirtschaftsberater Kevin Lehmann empfiehlt: »Lass deinen Leuten Bewegungsfreiheit, aber stell sicher, dass sie wissen, wo die Zaungrenze verläuft. Verwechsle nicht Grenzen mit Zaumzeug.« Vertrauen Sie Ihren Leuten weitgehend, aber machen Sie deutlich, dass es Konsequenzen hat, wenn man Ihr Vertrauen missbraucht. Falls dieser Fall eintritt, sprechen Sie mit der Person. Wenn das Motiv für den Vertrauensbruch für Sie nicht akzeptabel ist, lassen Sie Ihren Worten Taten folgen. Zeigen Sie Ihren Mitarbeitern durch Ihr tägliches Verhalten, dass Sie ihnen vertrauen, und im gegebenen Fall, welche Konsequenzen es hat, wenn man Ihr Vertrauen missbraucht.

Ihr Vertrauen in die Leistungsfähigkeit Ihrer Mitarbeiter

Einer Person zu vertrauen heißt noch lange nicht, dass man ihr auch etwas zutraut. Jemand kann in Ihren Augen als Person zwar integer, gleichzeitig aber auch leistungsschwach sein. Die Frage ist also, für wie kompetent und fähig Sie Ihre Mitarbeiter halten. Glauben Sie, dass Ihre Mitarbeiter noch »wachsen« können, sodass sie in der Zukunft noch anspruchsvollere Aufgaben und damit mehr Verantwortung übernehmen können?

Mitarbeiter erfahren es tagtäglich durch das Verhalten des Vorgesetzten, wie viel er ihnen zutraut. Vielleicht haben Sie schon einmal vom Pygmalion-Effekt gehört? Benannt ist dieser nach der von Ovid geschaffenen

Figur des Künstlers Pygmalion, der die perfekte Elfenbeinstatue einer Frau erschaffte und sich unsterblich in diese verliebte. Seine Liebe war so stark, dass Aphrodite, die Göttin der Liebe, die Statue für ihn zum Leben erweckte. Seitdem symbolisiert »Pygmalion« das, was man aufgrund von Erwartungen und Glauben selbst erzeugen kann. Viele Experimente haben gezeigt, dass dieser Pygmalion-Effekt sowohl im negativen als auch im positiven Sinne eine starke Wirkung haben kann. Hat sich beispielsweise ein Lehrer eine erste Meinung über einen Schüler gebildet und ihn als dumm oder klug eingestuft, wird sich diese Bewertung für den Lehrer im Lauf der Zeit in vielen Fällen bestätigen. Das liegt aber weniger an der tatsächlichen Intelligenz des Schülers als daran, dass der Lehrer dem Schüler seine Erwartungen in subtiler Weise übermittelt. Dies geschieht zum Beispiel durch unterschiedlich starke Beachtung und Einbindung des Schülers in den Unterricht, die Wartezeit auf eine Schülerantwort, durch die Häufigkeit und Stärke von Lob und Kritik und über unterschiedlich hohe Erwartungen an die Leistung eines Schülers.

Genauso verhält es sich mit den Mitarbeitern einer Führungskraft. Es lässt sich auf Dauer nicht verbergen, welche Einstellung ein Vorgesetzter gegenüber dem einzelnen Mitarbeiter hat. Was der Vorgesetzte seinen Mitarbeitern zutraut, führt oft zu einer selbsterfüllenden Prophezeiung. Wenn die Führungskraft hohe Erwartungen an den Mitarbeiter hat und diesen gezielt herausfordert, stärkt das das Selbstvertrauen des Mitarbeiters. Er hält die Erwartungen selbst für gerechtfertigt und strengt sich so an, dass er diese auch erfüllt. Der amerikanische Philosoph Ralph Waldo Emerson hat dazu geschrieben: »Wessen wir am meisten im Leben bedürfen, ist jemand, der uns dazu bringt, das zu tun, wozu wir fähig sind.« Viele Menschen arbeiten unterhalb ihrer Möglichkeiten. Gemeint ist damit nicht das Arbeitspensum, hier besteht meist kein Mangel, sondern die Schwierigkeit der zu lösenden Aufgaben und die damit verbundene Verantwortung. Vielleicht hat das Delegieren von Verantwortung in Zusammenhang mit Entscheidungsgewalt auch deswegen eine so stark motivierende Wirkung, weil sie ein direkter Ausdruck dessen ist, was ein Vorgesetzter seinen Mitarbeitern zutraut. Wenn ein Vorgesetzter dagegen Aufgaben nicht delegiert, sondern lieber selbst erledigt, ist das ein deutliches Zeichen für mangelndes Zutrauen in seine Mitarbeiter. Das spüren diese. Damit nimmt er seinen Mitarbeitern die Wachstumschancen und sich selbst die Freizeit.

Überlegen Sie einmal, wer Sie bisher dazu gebracht hat, außergewöhnliche Leistungen zu erbringen.

Übung

Überlegen Sie, welche Ihrer bisherigen Vorgesetzten Sie in Ihrem Berufsleben besonders gefördert und geprägt haben. Was genau haben diese Personen getan, was Ihnen nachhaltig im Gedächtnis geblieben ist?

_____

_____

_____

_____

Viele Führungskräfte antworten auf diese Frage, dass ein früherer Vorgesetzter ihnen viel Vertrauen entgegengebracht hat, indem er ihnen besondere Aufgaben und die dazugehörende Verantwortung übertragen hat. Sie erinnern sich gerne an das in sie gesetzte Vertrauen und die außergewöhnliche Leistung, zu der es sie beflügelt hat. Vielleicht wurden Sie von Ihrem Vorgesetzten sogar ins kalte Wasser geworfen, was erst einmal sehr unangenehm war. Tatsache ist aber, dass uns meist diejenigen Führungskräfte langfristig positiv im Gedächtnis bleiben, die uns regelmäßig bis zur Belastungsgrenze gefordert haben. Die große Kunst besteht tatsächlich darin, Menschen an ihre Leistungsgrenze zu führen, nicht in Form von Überstunden, sondern in Bezug auf die Schwierigkeit der Aufgaben und der Menge an Verantwortung. Wo diese Leistungsgrenze liegt, wissen die Menschen oft selbst nicht, bis sie von einer Führungskraft an diese herangeführt werden. Natürlich können wir nicht auf Dauer an unserer Leistungsgrenze arbeiten, denn das wäre zu erschöpfend, aber wir sollten immer wieder an diese anstoßen, denn das gibt uns das Gefühl, unsere Fähigkeiten voll einsetzen zu können.

Die Herausforderung für die Führungskraft besteht darin abzuschätzen, wo diese Grenze beim jeweiligen Mitarbeiter liegt. Jeder Mensch hat eine Komfortzone. Sie ist der Bereich, in dem wir uns sicher und wohlfühlen. Alle Aufgaben und Anforderungen, die sich innerhalb der Komfortzone befinden, beherrschen wir souverän. Aufgaben außerhalb der Komfortzone sind solche, bei denen wir uns unsicher fühlen, Angst haben und die die Möglichkeit beinhalten, dass wir scheitern. Wenn ein Mitarbeiter zum Beispiel zum ersten Mal eine Präsentation vor zehn Personen halten soll, ist das eine Aufgabe, die außerhalb seiner Komfortzone liegt. Der Mitarbeiter fühlt sich unwohl bei dem Gedanken an die Präsentation und hat Angst davor. Wenn er aber öfter erfolgreich präsentiert hat, verliert er seine Nervosität und die Angst. Diese Aufgabe ist nun in seine Komfortzone gerutscht, die sich damit vergrößert hat. Wenn der mittlerweile präsentationserfahrene Mitarbeiter nun vor 100 Leuten präsentieren soll, ist das wieder eine Aufgabe außerhalb seiner Komfortzone, und er muss die neue Aufgabe erst wieder in diese integrieren. Und dann gibt es noch die Panikzone. Wenn wir Aufgaben erledigen müssen, die nach unserem persönlichen Empfinden in dieser Zone liegen, fühlen wir uns völlig überfordert und verspüren eine panische Angst, die wir nicht mehr kontrollieren können. Würde man einen völlig unerfahrenen Mitarbeiter beispielsweise gleich vor 100 Leute stellen, läge diese Aufgabe wahrscheinlich nicht nur außerhalb seiner Komfortzone, sondern in seiner Panikzone.

Als Führungskraft können Sie die Komfortzone Ihrer Mitarbeiter kontinuierlich erweitern, indem Sie diese immer wieder so fordern, dass sie aus ihrer Komfortzone herausmüssen, ohne in die Panikzone hineinzugeraten. Die meisten Mitarbeiter schätzen diese Erfahrungen sehr – im Nachhinein. In dem Moment, in dem sie ihre Komfortzone verlassen sollen, sind sie oft wenig begeistert, weil sie sich unsicher fühlen und Angst haben. Diesen Zustand der mangelnden Begeisterung müssen Sie als Führungskraft aushalten, denn nur so unterstützen Sie die Entwicklung der Person. Halten Sie es mit dem Schweizer Theologen Hans Urs von Balthasar, der sagte: »Wir warten unser Leben lang auf den außergewöhnlichen Menschen, statt die gewöhnlichen um uns herum in solche zu verwandeln.« Auf Dauer werden Ihnen Ihre Mitarbeiter Ihr Vertrauen in ihre Leistungsfähigkeit danken.

Mitarbeitergespräche

Eine weitere Möglichkeit, wie Sie die Motivation Ihrer Mitarbeiter positiv beeinflussen können, ist das Mitarbeitergespräch. Es ist erstaunlich, in wie vielen Unternehmen Mitarbeitergespräche kein vorgeschriebener Standard sind und dementsprechend auch nicht durchgeführt werden. Als Führungskräftetrainer erlebe ich immer wieder, dass Manager an meinen Seminaren teilnehmen, die sagen, dass mit ihnen in den vergangenen Jahrzehnten noch nie ein Mitarbeitergespräch geführt wurde! Ich frage mich, wie die Vorgesetzen dieser Menschen erfahren wollen, wie es ihren Mitarbeitern geht und was sie bewegt. Der kleine Plausch an der Kaffeemaschine ist zwar nett, geht aber nicht in die Tiefe. Ein tiefer gehendes Gespräch in guter Atmosphäre ergibt sich aber selten von selbst und schon gar nicht systematisch mit allen Mitarbeitern. Es muss von der Führungskraft terminiert und gründlich vorbereitet werden.

Das Gespräch an sich kann schon eine direkte motivierende Wirkung haben, vor allem dann, wenn Sie die Leistung des Mitarbeiters würdigen. Diese direkte Wirkung verblasst aber relativ schnell. Der wirkliche Motivationseffekt ist eher ein indirekter, indem Sie erfahren, was der Person bei ihrer Arbeit wichtig ist, und das dann im Alltag berücksichtigen. Sie können in dem Gespräch zum Beispiel herausfinden, welche Arbeiten Ihrem Mitarbeiter Freude bereiten und welche Aufgaben er eher als unangenehm empfindet (Stärkenmanagement). Sie erfahren, was Ihren Mitarbeiter antreibt beziehungsweise was für ihn den größten Motivationseffekt hat und wie er sich weiterentwickeln will. Besonders die Leistungsträger haben meist ein klares Ranking der ihnen wichtigen Dinge. Dem einen bedeutet eine Gehaltserhöhung viel, weil er einen teuren Lebensstil pflegt. Ihn kann man mit der Aussicht auf eine Gehaltserhöhung am besten ansprechen. Dem anderen bedeuten der Titel auf der Visitenkarte und Prestigesymbole wie ein größeres Büro oder ein Firmenwagen wesentlich mehr. Bei ihm bewirkt ein Titel ohne Gehaltserhöhung deutlich mehr als eine Gehaltserhöhung ohne Titel. Den dritten interessiert am meisten, ob er durch Sie die Chance bekommt, ins Ausland zu gehen. Geld und Titel sind ihm dabei weniger wichtig. Der vierte will sich weiterbilden und an einem Managementprogramm teilnehmen. Der fünfte wünscht sich neue, für ihn spannende Aufgaben. Was einen Menschen motiviert, erfahren Sie in den regelmäßigen Mitarbeitergesprächen, vorausgesetzt, Sie stellen die richtigen Fragen. Erwarten Sie aber nicht, dass Sie nach dem ersten ernst zu nehmenden Treffen alles über die Person erfahren haben. Was man von sich selbst erzählt beziehungsweise wie weit man sich gegenüber dem eigenen Vorgesetzten öffnet, ist wie so oft eine Frage des Vertrauens. Nur wenn Sie diese Gespräche regelmäßig führen und Ihre Mitarbeiter feststellen können, dass diese positive Konsequenzen für ihren Arbeitsalltag haben, werden sie sich immer mehr öffnen.

Neben denjenigen Vorgesetzten, die überhaupt keine Gespräche führen, gibt es eine große Anzahl an Führungskräften, die das Mitarbeitergespräch als ein Jahresgespräch ansetzen. Das mag in Ordnung sein, wenn die Mitarbeiter stark standardisierte Aufgaben verrichten, bei denen nur sehr wenige Veränderungen eintreten. Bei den hoch qualifizierten Wissensarbeitern und vor allem bei den Leistungsträgern ist das deutlich zu wenig! Da ist die Gefahr groß, dass wichtige Entwicklungen der Person an Ihnen als Führungskraft vorbeilaufen. In der Praxis zeigt sich, dass der Glaube, man würde schon mitbekommen, was in dem Mitarbeiter vorgeht, quasi nebenbei, ein Irrglaube ist.

Einige Vorgesetzte empfinden Mitarbeitergespräche als lästige Pflicht und agieren dementsprechend. Sie sind schlecht vorbereitet, übernehmen nicht die Gesprächsführung, sondern wurschteln sich irgendwie durch. Andere Vorgesetzte nutzen diese Gespräche auch nur für netten Small Talk mit gegenseitigem Schulterklopfen. Das ist zwar bezogen auf die Atmosphäre ganz angenehm, ermöglicht aber keine konstruktive Auseinandersetzung. Hier kann der Mitarbeiter auf traurige Art und Weise feststellen, wie wichtig sein Chef dieses Gespräch und damit auch seine Person nimmt, denn um ihn geht es ja in dem Gespräch. Wer es als Führungskraft nicht schafft, dieses Gespräch zumindest einmal im Jahr vorzubereiten und mit den direkt unterstellten Mitarbeitern zu führen, sollte sich überlegen, wie er das Wort »Führung« definiert.

Heutzutage wird immer öfter von der Rolle der Führungskraft als Coach gesprochen. Ein Coach leistet Hilfe zur Selbsthilfe, indem er durch kluges Fragen dabei unterstützt, Probleme selbst zu lösen. Ob man sich als Führungskraft in der Rolle des Coaches sieht, sei jedem selbst überlassen. Wer aber noch nicht mal Zeit in regelmäßige ernsthafte Gespräche mit seinen Mitarbeitern investiert, der sollte sich fragen, welche Rolle er überhaupt einnimmt. Das Abarbeiten des aktuellen Tagesgeschäfts macht noch keine Führungskraft aus.

Ein gut vorbereitetes Mitarbeitergespräch kann eine Vielzahl positiver Effekte haben:

- Höhere Motivation (durch Anerkennung und neue Aufgaben)
- Ausrichtung auf das Wesentliche (durch Ziele)
- Genauere Selbsteinschätzung (durch Feedback)
- Höhere Leistung (durch Stärkenmanagement)
- Verbesserte Abläufe (durch Verbesserungsvorschläge des Mitarbeiters)
- Verbesserte Zusammenarbeit (durch Feedback an den und vom Vorgesetzten)

Wer keine Mitarbeitergespräche führt, verschenkt all diese positiven Effekte. Wenn Sie Menschen führen wollen, dann können Sie dies auf zwei Ebenen betreiben. Auf der hierarchischen Ebene sind Sie der weisungsbefugte Vorgesetzte. Sie ordnen an, und der Mitarbeiter führt aus. Das ist Führung qua Position. Wahre Führung von Menschen hat aber nur wenig mit Hierarchie zu tun, denn sie erfolgt auf einer anderen Ebene. Auch in hierarchiefreien Kontexten gibt es schließlich Menschen, die andere führen. Nachhaltig wirksame Führung findet immer auf der menschlichen Ebene statt. Der andere muss sich auch von Ihnen führen lassen wollen. Machen Sie einen ganz einfachen Test: Fragen Sie sich, ob Ihre Mitarbeiter freiwillig weiter mit Ihnen zusammenarbeiten würden, wenn sie wirklich die Wahl hätten. Dass Ihre Mitarbeiter sich von Ihnen führen lassen wollen, erreichen Sie, indem Sie als Person integer und authentisch auftreten, aber vor allem dadurch, dass Sie sich für den anderen wirklich interessieren. Damit ist gemeint, dass Sie Anteilnahme am anderen zeigen, an seinen Bedürfnissen und an dem, was er in Ihr Team miteinbringt. Nehmen Sie sich mindestens alle sechs Monate die Zeit für ein Gespräch mit den Ihnen direkt unterstellten Mitarbeitern. Diese Gespräche sind Führungsarbeit im besten Sinne. Für was, wenn nicht dafür, lohnt es sich, Zeit zu investieren?

Personalentwicklung und -förderung

Eine weitere Möglichkeit, die Motivation der Mitarbeiter zu fördern, die hier noch kurz angesprochen werden soll, ist die Personalentwicklung. Manche Vorgesetzte sehen das als alleinige Aufgabe der Personalabteilung an. Diese kennt aber Ihre Mitarbeiter oft viel zu wenig oder ist zu überlastet, um die einzelnen Werkzeuge passgenau einsetzen zu können. Personalförderung hängt deshalb weitgehend von Ihnen ab. Indem Sie Ihr Personal gezielt fördern, können Sie sich von anderen Bereichsleitern positiv unterscheiden und sich auch gegenüber Ihren Mitarbeitern und Ihrem Vorgesetzten profilieren. Die Werkzeuge der Personalentwicklung beziehungsweise -förderung, die Sie als mittlerer Manager nutzen können, sind vielseitig. Aus Platzgründen sollen diese hier nicht weiter vertieft werden. Die folgende Aufzählung dient lediglich dazu, dass Sie überprüfen können, wie viele der möglichen Werkzeuge Ihnen bekannt sind und wie groß Ihre Bandbreite an eingesetzten Methoden ist:

- Neue Aufgaben
- Projektarbeit
- Auslandsaufenthalt
- Aus- und Weiterbildung
- Interne Wissensmultiplikation
- Training on the Job
- Coaching
- Mentorenprogramme
- Patenschaften
- Hospitation

Führungskräfte, die ihre Personalentwicklung darauf beschränken, Mitarbeiter gelegentlich mal auf ein Seminar zu schicken, sollten sich dringend über die oben genannten Möglichkeiten informieren, um ihrer Führungsaufgabe als Personalentwickler gerecht zu werden. Gerade die besten Leute erwarten heute sinnvolle Konzepte für ihre Weiterbildung.

Alle ziehen am selben Strang, nur jeder in eine andere Richtung – So entwickeln Sie eine einheitliche Kultur in Ihrem Bereich

Erstklassige ertragen Erstklassige, Zweitklassige ertragen nur Drittklassige.

Ernst Martin
(Deutscher Germanist und Romanist)

Im letzten Kapitel haben Sie erfahren, wie Sie die Voraussetzungen dafür schaffen können, dass den einzelnen Menschen die Arbeit Spaß macht und sie motiviert sind. In diesem Kapitel geht es nun abschließend darum, wie Sie eine von Ihnen angestrebte Denkweise beziehungsweise Kultur in Ihrem Bereich implementieren.

Mit Kultur ist hier ein Set von Werten gemeint, denen entsprechend die Mitglieder einer Gruppe handeln. Wenn Sie einen Bereich schon seit mehreren Jahren führen, sollten Sie durch Ihre Vorbildfunktion und Ihren Führungsstil bereits eine bestimmte Kultur implementiert haben. Wenn Sie aber einen Bereich neu übernehmen, kann es sein, dass dort eine Kultur herrscht, die Sie gerne verändern würden. Nehmen wir an, dass Sie Leiter eines Bereichs werden, in dem es kein Miteinander gibt, weil jeder nur auf seinen eigenen Vorteil bedacht ist. Wahrscheinlich werden Sie dann eine Teamkultur implementieren wollen, in der Werte wie Respekt, Wertschätzung und Anteilnahme eine Rolle spielen. Oder Sie stellen fest, dass viele Ihrer neuen Mitarbeiter Kunden neutral oder gar unfreundlich behandeln, dann wollen Sie wahrscheinlich eine Kultur der Kundenorientierung mit den dazugehörigen Werten verankern. Wie aber führen Sie eine komplett neue Kultur ein?

Schaffen Sie ein Leitbild

Von Führungskräften wird in der Literatur immer wieder gefordert, sie sollten Visionen entwickeln, um ihre Mitarbeiter positiv auf die Zukunft auszurichten. Andere Autoren sprechen davon, die Mission müsse klar definiert werden. Wieder andere empfehlen, ein Leitbild zu entwerfen und Werte hervorzuheben. Die Begriffe Vision, Mission, Leitlinie, Leitbild und Werte werden sehr unterschiedlich definiert und verwendet. Was aber von all dem betrifft Sie als mittleren Manager? Lassen Sie uns zuerst etwas Ordnung in den Begriffsdschungel bringen, um dann zu sehen, was davon für Sie relevant ist.

Ich verwende hier das St. Gallener Modell, bei dem der Oberbegriff für alle anderen Begriffe das Leitbild ist. Das Leitbild besteht aus drei Elementen:[14]

- Vision
- Mission
- Kernwerte

Das Leitbild dient mit seinen drei Elementen sowohl innerhalb des Unternehmens als auch nach außen als Kommunikationsinstrument. Ein Leitbild gibt Orientierung, motiviert und legitimiert Verhalten. Im Folgenden werden die drei Bestandteile des Leitbildes am Beispiel der Luxushotelkette Ritz-Carlton[15] genauer erläutert und verdeutlicht:

Die Vision ist das Abbild einer zukünftigen Wirklichkeit, die angestrebt werden soll. Eine Vision sollte einfach und verständlich formuliert werden, damit sie leicht kommunizierbar ist. Außerdem sollte sie eine emotionale Komponente enthalten, die eine positive, motivierende Wirkung hat.

Beispiel der Vision von Ritz-Carlton:

Ritz-Carlton ist eine der besten Hotelketten der Welt. Das Unternehmen gewann zweimal den international hoch angesehenen und jährlich vom US-Präsidenten persönlich verliehenen Malcolm Baldrige National Quality Award. Das offizielle Motto von Ritz-Carlton enthält eine Vision, mit der sich die über 32 000 Mitarbeiter identifizieren können: »We Are Ladies and Gentlemen Serving Ladies and Gentlemen.«

Die Mission ist der Handlungsauftrag, der die Daseinsberechtigung des Unternehmens beziehungsweise seine Hauptaufgabe benennt. Die Mission beschreibt den Unternehmenszweck und meistens auch einen Teil der Strategie zur Umsetzung.

Beispiel der Mission von Ritz-Carlton:

- In einem Ritz-Carlton-Hotel ist das aufrichtige Bemühen um das Wohlergehen unserer Gäste unsere höchste Mission.
- Wir sichern unseren Gästen ein Höchstmaß an persönlichem Service und Annehmlichkeiten zu. Stets genießen unsere Gäste ein herzliches, entspanntes und gepflegtes Ambiente.
- Das Erlebnis Ritz-Carlton belebt die Sinne, vermittelt Wohlbehagen und erfüllt selbst die unausgesprochenen Wünsche und Bedürfnisse unserer Gäste.

Die Kernwerte sind die Handlungsgrundsätze, nach denen sich die Mitarbeiter verhalten sollen. Die Kernwerte enthalten die angestrebten Verhaltensnormen und die zentralen Werte des Unternehmens.

Hier ein Auszug aus den Grundsätzen von Ritz-Carlton:

- Als professioneller Dienstleister behandeln wir unsere Gäste und einander mit Respekt und Würde.
- Verlieren Sie niemals einen Gast. Die sofortige Zufriedenstellung eines Gastes liegt in der Verantwortung eines jeden Mitarbeiters. Jeder, an den eine Beschwerde herangetragen wird, ist Eigentümer der Beschwerde, löst sie zur Zufriedenheit des Gastes und dokumentiert den Vorfall.
- Jeder Mitarbeiter hat Entscheidungskompetenz.
- Um ein Umfeld zu schaffen, in dem alle Mitarbeiter mit Stolz und Freude ihren Aufgaben nachgehen können, hat jeder das Recht, bei der Planung der ihn direkt betreffenden Arbeit mitzuwirken.
- Für die kompromisslose Sauberkeit in unserem Hotel ist jeder Mitarbeiter verantwortlich.

Ein Leitbild besteht also aus Vision, Mission und Kernwerten. Wenn Sie in Ihrem Bereich eine gemeinsame Kultur implementieren und Ihren Mitarbeitern Orientierung geben wollen, ist die Ausarbeitung des Leitbildes der erste Schritt. Manche mittlere Manager empfinden eine Vision auf der Bereichsebene als übertrieben. Die Entscheidung, ob Sie für Ihren Bereich oder Ihre Abteilung eine Vision entwerfen wollen, liegt ganz bei Ihnen. Die Mission und die Kernwerte können Sie aber auf jeden Fall festlegen und kommunizieren, denn diese sind durchaus bodenständig und für jeden nachvollziehbar. Wenn Sie Mission und Kernwerte erarbeiten, sollten Sie auf jeden Fall die Ihnen zugeordneten Führungskräfte in die Erstellung und Diskussion mit einbinden, bei den Kernwerten unter Umständen sogar alle Mitarbeiter.

Wie könnte das Leitbild eines Bereichs oder einer Abteilung in der Praxis aussehen?

Stellen wir uns als Bereich die Buchhaltung eines großen Konzerns vor, dessen Vorgesetztem daran gelegen ist, den Ruf der Abteilung im Unternehmen mithilfe eines Leitbildes zu verbessern. Buchhalter haben in vielen Unternehmen den Ruf, penible, introvertierte und eher wortkarge

Zahlendreher zu sein. So auch in diesem Unternehmen. Veränderungen aufgrund des Leitbildes sollen nicht nur für die externen und internen Kunden der Buchhaltung spürbar sein, sondern auch die Motivation und das Selbstwertgefühl in der Abteilung steigern.

Die einzelnen Elemente des Leitbildes könnten wie folgt aussehen:

Vision: Die Mitarbeiter der Buchhaltung werden von anderen Mitarbeitern des Unternehmens beneidet, hier arbeiten zu dürfen.

Mission: Wir helfen dem Management durch die Aufzeichnung und Auswertung aller Vorgänge, die Vermögenswerte und Schulden verändern, unternehmerisch kluge Entscheidungen zu treffen.

Kernwert: Wir treten am Telefon freundlich und verbindlich auf. Der Anrufer wird mit Namen angesprochen und bekommt einen verbindlichen Termin genannt, bis wann er von uns eine Antwort erhält. Wir benutzen Ausdrücke wie: »Wie kann ich Ihnen helfen?« – »Gerne« – »Ich kümmere mich darum«.

Natürlich reicht es in der Praxis nicht aus, ein Blatt Papier mit Mission und Kernwerten zu erstellen und dieses dann vertrauensvoll per Hauspost an alle Mitarbeiter zu versenden.

Wenn Sie wollen, dass die Mitarbeiter Ihres Bereichs ein verändertes Verhalten an den Tag legen, dann müssen Sie vor allem drei Dinge tun:

1. Es vorleben   2. Es vorleben   3. Es vorleben.

Machen Sie und Ihre Führungskräfte den Mitarbeitern durch Ihr Vorbild in den vielen kleinen Situationen des Alltags deutlich, wie die Kernwerte umgesetzt werden können. Wenn die Mitarbeiter sehen, dass es Ihnen ernst ist, werden sie die Kernwerte nach und nach übernehmen. Um diesen Prozess zu beschleunigen, sollten Sie und Ihre Führungskräfte zwei Dinge tun: Belohnen Sie einerseits öffentlich diejenigen, die die Kernwerte besonders gut umsetzen, und führen Sie andererseits mit denjenigen, die es nicht tun, ernsthafte Vieraugengespräche.

Mit einem sinnvollen Leitbild bestehend aus Vision, Mission und Kernwerten geben Sie Ihren Mitarbeitern eine grundsätzliche Orientierung, unabhängig von Jahreszielen. Wenn das Führungsteam die Kern-

werte konsequent über einen längeren Zeitraum einhält, wird sich nach und nach eine neue Kultur entwickeln. Seien Sie nicht zu ungeduldig. Das Implementieren von bisher nicht gelebten Kernwerten ist kein Sprint, sondern ein Marathonlauf, der Ausdauer benötigt. Denken Sie an die Worte von Jack Welch, der zum Thema Veränderung schreibt: »Innerhalb von vier Monaten lassen sich die meisten Menschen nicht einmal davon überzeugen, ihr Morgenritual abzuändern – ganz zu schweigen von einer Veränderung bei Arbeitsabläufen, die sie perfekt zu beherrschen glauben.«[16] Diese Aussage von Welch gilt umso mehr, wenn es um Kernwerte geht. Sie und Ihre Führungskräfte brauchen einen langen Atem. Selbst wenn die Mitarbeiter die neuen Kernwerte mitbestimmt und für gut befunden haben, wird beispielsweise aus einem griesgrämigen, wortkargen Mitarbeiter nicht über Nacht ein charismatischer Dienstleister. Das Bemühen der Person muss aber klar erkennbar sein, sonst müssen Sie ihr die Bedeutung des Leitbilds noch einmal auseinandersetzen und ihr notfalls klarmachen, welche Konsequenzen es hat, wenn sie ihr Verhalten nicht ändert.

Neben der Erarbeitung und dem Vorleben des Leitbildes gibt es einen weiteren Faktor, der die Kultur in Ihrem Bereich beeinflusst und eine starke Signalwirkung für die Mitarbeiter hat: Gemeint ist die richtige Vorgehensweise bei der Auswahl von Mitarbeitern. Anders formuliert: Wen holen Sie an Bord und wer muss das Schiff verlassen?

Stellen Sie die richtigen Mitarbeiter ein

Wenn Sie eine neue Kultur implementieren wollen, besteht eine Möglichkeit darin, darauf zu achten, dass neue Mitarbeiter diese Kultur bereits in besonderem Maße verinnerlicht haben und so das Team positiv beeinflussen. Der amerikanische Unternehmensberater Jim Collins hat mit seiner Forschungsgruppe über viele Jahre untersucht, was elf Unternehmen gemeinsam haben, die 15 Jahre lang eine durchschnittliche Aktienperformance zeigten, um dann in den darauf folgenden 15 Jahren die durchschnittliche Marktentwicklung um mindestens das Dreifache zu übertreffen. Diese von ihm als »Take-off-Unternehmen« titulierten Firmen gehören zu den erfolgreichsten Unternehmen der Welt, die Konzerne wie Coca-Cola, 3M, General Electric, Procter & Gamble und Wal-Mart in der Wertentwicklung weit hinter sich ließen. Eine der interessanten Erkenntnisse dieser Studie war, dass nicht, wie zuerst angenommen, am Anfang der Entwicklung eines Unternehmens zum Spitzenunternehmen eine neue Strategie oder Vision stand, sondern dass genau das Gegenteil der Fall war. Sie kümmerten sich zuerst darum, die richtigen Leute an den richtigen Stellen einzusetzen.[17]

Leistungsstarke Mitarbeiter mit der richtigen Einstellung einzustellen ist das A und O für ein schlagkräftiges Team. Natürlich können Sie, wenn Sie einen neuen Bereich übernehmen, nicht einfach nach Belieben alte Mitarbeiter feuern und neue Leute einstellen. Wenn Sie aber die Einheit über eine längere Zeit führen, werden Sie viele Einstellungsentscheidungen fällen können. Zeit in die Auswahl guter Mitarbeiter zu investieren ist eine Ihrer 20-Prozent-Aufgaben, denn nur gute Mitarbeiter leisten gute Arbeit und erzielen Erfolge. Sich Zeit zu nehmen für die Auswahl der besten Mitarbeiter und diese dann einzustellen klingt selbstverständlicher, als es in der Praxis ist, wie das folgende Beispiel veranschaulicht.

Eine mit mir befreundete Führungskraft übernahm eine neu gebildete große Abteilung in einem Konzern. Eine seiner ersten Amtshandlungen sollte darin bestehen, seinen eigenen Stellvertreter einzustellen. Er erhielt Bewerbungen von erstklassigen Kandidaten mit viel Führungs- und Bereichserfahrung. Zum Teil hatten sie sogar deutlich mehr Erfahrung als er, da er vorher als Unternehmensberater in vielen Unternehmensbereichen gearbeitet hatte und kein langjähriger Spezialist für den neuen Bereich war. Bei einem Glas Wein sagte er mir:

»Das ist schon komisch. Der Stellvertreter, den ich einstellen werde, wird wahrscheinlich mehr Ahnung von der Materie haben als ich. Noch dazu hat er schon mehr Führungserfahrung gesammelt. Dieser Mann könnte mich jederzeit völlig problemlos ersetzen. Vielleicht würde er den Job sogar besser machen als ich. Jetzt muss er aber unter mir arbeiten. Ich bin intelligent genug zu wissen, dass ich eine starke Persönlichkeit als Stellvertreter brauche. In mir gibt es aber auch diese Stimme, die sagt: Stell jemand Schwächeren ein, der dir nicht so gefährlich werden kann. Ich merke, dass ich da eine Unsicherheit in mir trage, und ich glaube, anderen geht es auch so.«

Er entschied sich letztendlich für einen sehr erfahrenen Mann, der später tatsächlich hervorragende Arbeit leistete. Die Courage, exzellente Führungskräfte mit starker Persönlichkeit unter sich zu vereinen, haben längst nicht alle Vorgesetzten. Denken Sie an das Zitat zu Beginn dieses Kapitels. Wer als Führungskraft nicht wirklich gut ist, wird schon aus Selbstschutz keine starken Persönlichkeiten einstellen.

Gute Führungskräfte zeichnen sich dadurch aus, dass sie es ertragen, Mitarbeiter um sich zu haben, die vieles besser können als sie selbst. Mitarbeiter mit starker Persönlichkeit und Leistungskraft haben übrigens einen Vorteil, den schwache Führungskräfte eher als Nachteil ansehen: Sie haben eine eigene Meinung, die sie auch gegenüber ihrem Chef vertreten. Auch Jack Welch, der erfolgreiche CEO von GE, schreibt dazu, dass er überzeugt davon ist, dass gute Führungskräfte sich mit Mitarbeitern umgeben sollten, die besser und schlauer sind als sie selbst. Er beschreibt, wie er in schwierigen Situationen die besten und engagiertesten Leute zusammenrief und sie um ihre offene Meinung bat. Diese Sitzungen verliefen in der Regel sehr kontrovers: »Trotzdem beruhten meine besten Entscheidungen darauf, was ich aus diesen Sitzungen mitgenommen habe. Die Meinungsdifferenzen brachten uns nicht nur auf wichtige Fragen, sondern zwangen uns auch, unsere Annahmen rückhaltlos infrage zu stellen. Alle Beteiligten gewannen neue Einsichten – die beste Basis zur Bewältigung künftiger Herausforderungen.«[18]

Welch rät stark von einer Kultur des Ja-Sagens ab. Für gute Entscheidungen sei Widerspruch unabdingbar.

Wer aber als Vorgesetzter keine starke Persönlichkeit ist, versteht Widerstand schnell als Angriff. Die Folge kann sein, dass Meinungsvielfalt unterdrückt und Einheitsdenken geschaffen wird. Die Gefahr, am Markt oder am Kunden vorbei zu arbeiten, wird damit immer größer, denn eine geistig gleichgeschaltete Gruppe kann die Komplexität des Marktes und der Umwelt nicht mehr abbilden.

Gute Leute haben eine eigene Meinung und wollen diese auch kundtun. Die Führungskraft muss dies aber auch wollen und es ertragen können, wenn ihre eigene Sichtweise hinterfragt oder, schlimmer noch, zerlegt wird. Nicht viele Vorgesetzte haben die Stärke, dies auszuhalten. Im ersten Teil des Buchs haben wir über die Schwächen der eigenen Person gesprochen. Wer mit sich und seinen Schwächen nicht im Reinen ist, spielt eine Rolle – meistens den gut gelaunten »Ich-kann-alles-Manager – und ist damit nicht authentisch. Diese Fassade lässt sich vor den eigenen unterstellten Führungskräften nicht dauerhaft aufrechterhalten, wenn diese starke Persönlichkeiten sind. Schwache Vorgesetzte spüren instinktiv, dass exzellente Führungskräfte eine Gefahr für sie sind. Sie stellen deshalb gerne noch schwächere Mitarbeiter ein, die sich ihnen und ihren Ideen anpassen. Das kann aber nach hinten losgehen. Mit einem solchen Team lässt sich keine Spitzenleistung erzielen und schon gar keine neue Kultur implementieren, denn die Führungskräfte sind nicht stark genug, um einerseits die Werte vorzuleben und sich andererseits gegen diejenigen Mitarbeiter durchzusetzen, die sich weigern, die neuen Werte anzunehmen. Sie können als Bereichs- oder Abteilungsleiter langfristig immer nur so gut sein wie die Ihnen unterstellten Führungskräfte.

Übung

Überlegen Sie, wen Sie in den letzten Jahren als Führungskraft eingestellt haben. Wie stark sind die Persönlichkeit und die Leistung dieser Menschen? Wen Sie einstellen, sagt viel über Sie als Vorgesetzten aus. Nur die Besten können es sich leisten, exzellente Leute einzustellen, die auch in schwierigen Situationen den Mut haben, die eigene Meinung nach oben zu vertreten.

Je weiter Sie auf der Karriereleiter nach oben klettern, desto weniger aufrichtige Kritik werden Sie zu hören bekommen. Halten Sie Ihre Mitarbeiter deshalb dazu an, ihre aufrichtige Meinung zu sagen und Themen gemeinsam mit Ihnen auszudiskutieren.

Wir halten also fest, dass es keineswegs selbstverständlich ist, dass Sie als mittlerer Manager herausragende Führungskräfte unter sich dulden beziehungsweise diese gezielt einstellen. Welche Einstellungsgespräche sollten Sie nun persönlich führen? Sollen Sie nur die Abteilungs- und Teamleiter mitauswählen oder den großen Aufwand betreiben, sich alle zukünftigen Mitarbeiter Ihres Bereichs anzusehen? Schauen wir uns an, wie es Welch gehandhabt habt.

Jack Welch sah eine seiner Hauptaufgaben darin, »die besten Leute auf die größten Chancen anzusetzen«. General Electric hatte 300 000 Mitarbeiter. Welch war es wichtig, die obersten Führungspositionen mit den richtigen Menschen zu besetzen. Er wusste, wie wichtig ein gutes Management-Team und dessen Vorbildfunktion sind. Deshalb lernte er alle 500 Topmanager im Unternehmen persönlich kennen! Mit jedem einzelnen führte er ein oder mehrere Gespräche. Jede Beförderung einer der 500 Führungskräfte musste von ihm abgezeichnet werden. Wenn externe Manager sich auf eine dieser Stellen bewarben, führte Welch ein ausführliches Gespräch mit dem Kandidaten. Diese vielen persönlichen Treffen verursachten einen großen Zeitaufwand, aber Welch wusste, dass dieser es wert war. Auch wenn Sie als mittlerer Manager nicht so viele Manager und Mitarbeiter einstellen müssen, sollten Sie die Auswahl guter Mitarbeiter nicht Ihren Führungskräften oder der Personalabteilung überlassen. Jede neu zu besetzende Stelle in Ihrem Bereich ist eine Chance, durch gute Leute die Effizienz Ihres Bereichs zu steigern. Personalauswahl ist Chefsache! Wenn Sie eine Stelle zu besetzen haben, dann überlegen Sie, welche wichtigsten Stärken der neue Mitarbeiter haben sollte, und richten Sie Ihr Interview vor allem auf das Abfragen dieser Stärken aus. Binden Sie in Ihre Überlegungen über die gesuchten Stärken auch die Führungskraft mit ein, in deren Abteilung die Stelle besetzt werden soll. Ein weiterer wichtiger Aspekt ist, dass Sie in Zeiten, in denen Sie eine Kultur verändern wollen, sehr darauf achten, nur solche Kandidaten zu wählen, die diese ganz klar vertreten und Vorbild für die neuen Werte sind. Führen Sie wie Jack Welch ein persönliches Interview, um sich einen eigenen Eindruck zu verschaffen, bevor Sie jemanden einstellen. Um wirksame

Einstellungsgespräche führen zu können, sollten Sie sich eine professionelle Interviewtechnik aneignen. Dies können Sie mithilfe geeigneter Literatur in ein paar Stunden lernen (Empfehlung: Gabrisch, *Die Besten entdecken*). Außerdem sollten Sie eine kurze Beobachterschulung absolvieren, um die typischen Wahrnehmungs- und Beurteilungsfehler in Auswahlgesprächen zu vermeiden. Eine solche Schulung sollte Ihnen jeder Personaler aus Ihrem Unternehmen geben können, der regelmäßig Auswahlverfahren durchführt.

Eine Möglichkeit, eine gute Personalentscheidung zu treffen und gleichzeitig das Wir-Gefühl Ihres Teams zu stärken, kann darin bestehen, die zukünftigen Kollegen des Bewerbers mitentscheiden zu lassen. Das bedeutet, dass sich ein neuer Mitarbeiter, bevor er die endgültige Zusage bekommt, seinen neuen Kollegen auf derselben Hierarchieebene vorstellt. Diese erhalten als Gruppe ein Mitbestimmungsrecht und können sich kritisch äußern. Bei einem neuen Kollegen, den man selbst mit ausgewählt hat, übernimmt man eher Verantwortung für die Einarbeitung als bei jemandem, der einem von oben vorgesetzt wird. Durch das Mitbestimmungsrecht fühlen sich die Kollegen eingebunden in eine Entscheidung, die sie tatsächlich wesentlich betrifft, weil sie mit dieser Person in Zukunft zusammenarbeiten werden. Der Abteilungsleiter, dem ich diese Idee verdanke, führte diese Vorgehensweise in seiner Abteilung ein und sagte mir darüber, dass er noch nie zuvor so harmonische Teams geführt habe. Je besser das bestehende Team funktioniert und je mehr Leistung es erbringt, desto eher sollten Sie dieses mitentscheiden lassen. Wenn Sie dagegen als neu eingesetzte Führungskraft für ein schlecht funktionierendes Team einen Leistungsträger einstellen wollen, der eine von Ihnen gewünschte neuartige Kultur vertritt und vorlebt, ist ein Mitbestimmungsrecht natürlich nur bedingt sinnvoll.

Die Kollegeninterviews finden nach den eigentlichen Auswahlinterviews als Abschluss des Auswahlprozesses in einer freundlichen kollegialen Atmosphäre statt. Sie dienen mehr dem Kennenlernen als dem Auswählen. Durch das Mitbestimmungsrecht des Teams sind sie aber mehr als nur netter Small Talk. De facto werden Bewerber, die es bis zum Kennenlerngespräch bei den zukünftigen Kollegen geschafft haben, von dem Team nur selten abgelehnt. Wenn die Kollegen sich aber einmal tatsächlich gegen eine Anstellung aussprechen, sollten Sie mit dem Team über die Gründe diskutieren und anschließend eine Entscheidung treffen.

Sie wissen nun, dass Sie durch das Entwerfen und Vorleben eines Leitbildes eine bestimmte Kultur implementieren können. Durch die Einstellung von starken Persönlichkeiten, die diese Kultur besonders vorleben, verstärken Sie den Effekt. Wie aber gehen Sie mit den Mitarbeitern um, die sich nachhaltig weigern, eine neue Kultur anzunehmen?

Trennen Sie sich von den falschen Mitarbeitern

Ebenso wichtig, wie leistungsstarke Persönlichkeiten einzustellen, ist es, sich von den falschen Mitarbeitern zu trennen. Wer aber sind die falschen Mitarbeiter? Auch hier bietet Jack Welch, der ehemals mächtigste Manager der Welt, einen pragmatischen Ansatz. Er unterteilte seine Führungskräfte nach den beiden Kriterien Wertevorstellung und Leistung in vier Gruppen. Die erste Gruppe erbrachte hervorragende Leistungen, erreichte oder übertraf also die ihr gesetzten Ziele. Außerdem teilte sie die Werte des Unternehmens, wie beispielsweise Aufrichtigkeit oder Kundennähe, und lebte diese vorbildlich vor. Solche Führungskräfte sind das Mark eines Unternehmens. Sie gilt es gezielt weiterzuentwickeln und zu befördern. Die zweite Gruppe bestand aus den Menschen, die schlechte Leistungen erbrachten und die wiederholt gegen die Werte von General Electric verstießen. Solche Manager sind offensichtliche Fehlbesetzungen. Von ihnen sollte man sich schnellstmöglich trennen.

Für diese beiden Gruppen ist die Vorgehensweise klar. Schwieriger wird es bei den verbleibenden beiden: Die dritte Gruppe von Vorgesetzten in der Unterteilung von Jack Welch erreichte zwar einige der gesetzten Ziele, jedoch nicht alle. Sie schaffte aber andererseits ein gutes Klima in ihren Abteilungen und teilte die Werte des Unternehmens. Diese Führungskräfte bekamen eine zweite Chance, zum Beispiel in einer anderen Funktion im Unternehmen, die ihren Stärken mehr entsprach. Nur wenn sie auch hier keine Ergebnisse erzielten, trennte sich General Electric von ihnen.

Bei Mitarbeitern, die nicht genügend Leistung bringen, hilft es zu überlegen, an was es der Person mangeln könnte. Die folgenden Kriterien helfen, sich ein genaueres Bild von der Leistungsfähigkeit der betreffenden Person zu machen.[19]

- *Fachkompetenz:* Verfügt die Person über das Wissen und die Erfahrung, um ihre Aufgaben lösen zu können?
- *Beziehungskompetenz:* Wie gut kann die Person Beziehungen zu den anderen Mitarbeitern aufbauen? Unterstützt sie das Team oder ist sie ein Einzelkämpfer?
- *Fokussierung:* Setzt die Person sich Ziele und erreicht diese? Kann die Person Prioritäten setzen oder verzettelt sie sich?
- *Energie:* Hat die Person positive Energie? Nimmt sie Dinge in Angriff und ist sie optimistisch veranlagt und hat Schwung?
- *Urteilsvermögen:* Trifft die Person Entscheidungen oder verzögert sie diese? Hat die Person ein gutes Urteilsvermögen? Bewähren sich ihre Entscheidungen?

Michael Watkins, ehemaliger Harvard- und INSEAD-Professor, empfiehlt bei der Übernahme eines neuen Teams, die Mitarbeiter nach diesen Kriterien einzustufen (zum Beispiel auf einer Skala von 1 bis 10) und die Personalabteilung sowie den eigenen Vorgesetzten nach spätestens einem halben Jahr zu informieren, wenn Sie nicht mehr bereit sind, einen Mitarbeiter im Team zu behalten. Wenn Sie länger als ein halbes Jahr warten, ist es »Ihr« Team geworden, und es wird immer schwieriger, personelle Veränderungen durchzusetzen. Watkins schlägt vor, die Mitarbeiter in folgende Kategorien einzuteilen.[20]

- Behalten: Diese Person leistet auf ihrer Position gute Arbeit.
- Behalten und fördern: Diese Person benötigt Förderung, wenn es die Zeit erlaubt.
- Auf eine andere Position versetzen: Diese Person leistet gute Arbeit, befindet sich aber auf einer Position, an der sie ihre Fähigkeiten und Qualitäten nicht voll entfalten kann.
- Beobachten: Diese Person sollte beobachtet werden und benötigt einen persönlichen Entwicklungsplan.
- Ersetzen (niedrige Priorität): Diese Person sollte ersetzt werden, doch es eilt nicht.
- Ersetzen (hohe Priorität): Diese Person sollte so bald wie möglich ersetzt werden.

In die Kategorie »Ersetzen (hohe Priorität)« gehören nach Jack Welch auf jeden Fall die Personen, die aufgrund seiner Unterteilung nach Leistung und Werteorientierung in die vierte und damit in die für die meisten Unternehmen schwierigste Gruppe fallen. Gemeint sind Vorgesetzte, die sehr gute Leistungen erbringen, aber die Werte nicht teilen oder bewusst dagegen handeln. Das sind die Manager, die in ihren Bereichen durch ihre Art zu führen die Stimmung und die Motivation in den Keller treiben. Oft werden diese Menschen auf ihren Positionen belassen, weil sie so gute Ergebnisse erzielen, aber das sollte nicht das einzige Kriterium sein. Auf die schriftliche Frage eines Managers an Jack Welch, wie er mit seinem Mitarbeiter Charles umgehen solle, der sehr gute Leistung erbringe, aber Vetternwirtschaft, arrogantes Verhalten und Heimlichtuerei betreibe, antwortete dieser in gewohnt klaren Worten:

»Nehmen Sie ihn sich zur Brust und feuern Sie ihn, wenn er sich weigert, sein Verhalten zu ändern. Warum? Nun, sollten Sie jemals öffentlich Werte wie Fairness, Transparenz und freien Informationsfluss propagiert haben, so haben Sie gar keine andere Wahl. Im gegenteiligen Fall würde der Verbleib von Charles (...) bedeuten, dass alles, was Sie von sich geben, nur leeres Geschwätz ist. (...) Und das ist der Schlüssel zum Erfolg: Werden Sie Mitarbeiter, die gegen den Kodex verstoßen haben, nicht heimlich los, mit Ausflüchten wie ›Charles hat aus persönlichen Gründen gekündigt, um mehr Zeit mit seiner Familie verbringen zu können‹. Stehen Sie stattdessen auf und verkünden Sie öffentlich, dass Sie Charles deshalb geschasst haben, weil er bestimmte unternehmensspezifische Werte mit Füßen getreten hat. Sie können sicher sein, dass sein Nachfolger sich ganz anders verhalten wird, ganz zu schweigen von all denen, die jemals an Ihrem Eintreten für die Werte gezweifelt haben sollten.«[21]

Diese Empfehlung von Welch ist unmittelbar einleuchtend. Warum handeln aber viele Führungskräfte anders? Dafür gibt es verschiedene Gründe:

- Weil sie Angst vor dem Aufwand haben, die Stelle neu zu besetzen.
- Weil es eine Unsicherheit ist, ob der Nachfolger genauso gute Ergebnisse erzielt.
- Weil der Chef nicht direkt unter dem Manager leidet, wie dessen Mitarbeiter, sondern hierarchisch gesehen »über ihm« leidet. Es bereitet einfach weniger Schmerzen, eine schwierige Führungskraft unter sich zu haben als über sich.

Auch wenn der Aufwand beträchtlich ist, sollten Sie Menschen mit negativer Einstellung ersetzen, sonst vergiften diese die Atmosphäre in Ihrem Bereich. Die schlechten Angewohnheiten dieser Vorgesetzten werden früher oder später von anderen übernommen. Halten Sie es mit der Konsequenz Ihrer Entscheidung zur Ablösung von schlechten Führungskräften wie der Oberbefehlshaber der US-amerikanischen Armee im Zweiten Weltkrieg, General George C. Marshall, der Begründer des Marshall-Plans. Für seine Arbeit erhielt er 1953 als erster Offizier den Friedensnobelpreis. Marshall wählte alle amerikanischen Generäle im Zweiten Weltkrieg persönlich aus und stellte eines der besten Offizierskorps in der Militärhistorie zusammen. War ein General aber nicht hervorragend in seiner Leistung, setzte ihn Marshall konsequent wieder ab. Auf das Argument, es gäbe momentan keinen Ersatz für diesen General, ließ Marshall sich nie ein. Seine Antwort lautete dann stets: »Das, worauf es ankommt, ist, dass dieser Mann seiner Aufgabe nicht gewachsen ist. Woher wir einen Ersatz bekommen, ist die nächste Frage.«[22] Weil er die Person aber in das Amt gebracht hatte, sah er den Fehler tatsächlich eher bei sich als bei dem abgesetzten Offizier. Deshalb machte er es sich auch zur Aufgabe, herauszufinden, welche Stärken dieser Mann hatte und wie man ihn besser einsetzen konnte.

Bei Führungskräften und Mitarbeitern aber, die sich standhaft weigern, die Unternehmenswerte zu leben, müssen Sie nicht überlegen, wohin Sie diese versetzen können, sondern sollten sie konsequent ersetzen. Manchmal funktioniert ein Team, das vorübergehend ohne Führungskraft ist, besser als ein Team mit einem schlechten Vorgesetzten.

Management Summary

So behalten Sie den Überblick und geben die Richtung vor

- Als Führungskraft beanspruchen Ihre Mitarbeiter, Ihr Chef und Ihre Kunden circa 75 Prozent Ihrer Zeit. Das lässt sich auch nicht ändern. Entscheidend ist, wie Sie die verbleibenden 25 Prozent nutzen. Damit Sie Ihre Zeit nicht hauptsächlich mit Troubleshooting und Feuerlöschen verbringen, beziehungsweise den Überblick bewahren, sollten

Sie sich unbedingt regelmäßig Zeit dafür nehmen, über die folgenden drei Punkte zu reflektieren und daraus Ziele abzuleiten: 1. Stärken und Schwächen der eigenen Arbeitsmethodik, 2. Stärken und Schwächen der Mitarbeiter, 3. Stärken und Schwächen des Bereichs. Wenn Sie diese Punkte kontinuierlich analysieren und optimieren, können Sie sich selbst entlasten und damit Zeit für wesentliche Aufgaben gewinnen. Sie gestalten die Arbeitsabläufe Ihres Bereichs effizienter und bringen Ihre Mitarbeiter zu höheren Leistungen, indem Sie sie stärkenorientiert führen.

So setzen Sie Prioritäten

- Konzentrieren Sie sich auf weniges und bündeln Sie die vorhandene Energie für die wesentlichen Ziele. Ihre Zielvorgaben sollten einen Zustand und keinen Prozess beschreiben und SMART (spezifisch, messbar, anspruchsvoll, realistisch und terminiert) formuliert sein.
- Das 80/20-Prinzip ist für Führungskräfte erfolgsentscheidend, weil sie die wenige verbleibende Zeit, die nicht von Mitarbeitern, Chefs und Kunden beansprucht wird, so effektiv wie möglich nutzen müssen. Daher lauten die wichtigsten beiden Fragen: »Was ist die Aufgabe mit der größten Hebelkraft?« sowie »Welche Aufgabe sollte ich jetzt liegen lassen, obwohl sie dringend ist?«.

So motivieren Sie Ihre Mitarbeiter

- Als Vorgesetzter haben Sie zahlreiche Möglichkeiten, Ihre Mitarbeiter zu fördern und zu motivieren. Die vier stärksten Motivationsfaktoren sind Arbeitsinhalte, Verantwortung, Anerkennung und Erfolg. Die ersten drei können Sie stark beeinflussen.
- Vertrauen Sie Ihren Mitarbeitern, soweit es Ihnen möglich ist, und führen Sie sie in regelmäßigen Abständen aus ihrer Komfortzone heraus an ihre Leistungsgrenze.
- Mit gut vorbereiteten Mitarbeitergesprächen können Sie die Motivation Ihrer Mitarbeiter positiv beeinflussen und die Zusammenarbeit verbessern.

So entwickeln Sie eine einheitliche Kultur in Ihrem Bereich

- Mit einem Leitbild geben Sie Ihren Mitarbeitern eine grundsätzliche Orientierung, die unabhängig ist von den jeweiligen Jahreszielen. Erstellen Sie zusammen mit Ihren Führungskräften und unter Umständen sogar mit allen Mitarbeitern ein Leitbild bestehend aus Vision, Mission und Kernwerten. Leben Sie die Kernwerte gemeinsam mit Ihrem Führungsteam konsequent und mit Ausdauer vor.

- Wenn Sie eine neue Kultur implementieren wollen, ist es wichtig, leistungsstarke Mitarbeiter mit der richtigen Einstellung einzustellen. Personalauswahl ist Chefsache! Jede neu zu besetzende Stelle ist eine Chance, durch gute Leute die Effizienz Ihres Bereichs zu steigern. Lassen Sie bei produktiven, gut funktionierenden Teams die zukünftigen Kollegen des Bewerbers mitentscheiden.
- Ebenso wichtig, wie leistungsstarke Persönlichkeiten einzustellen, ist es, sich von den Mitarbeitern zu trennen, die die Kernwerte nicht leben. Tun Sie dies nicht still und heimlich, sondern kommunizieren Sie klar und deutlich, dass jemand gehen muss, weil er die Werte nicht umsetzt.

3. Teil

Führen Sie Ihre Kollegen im mittleren Management

Im dritten Teil des Buches geht es um die Führung Ihrer Kollegen im mittleren Management. Zum einen müssen Sie mit den Kollegen kooperieren, um das Unternehmen gemeinsam voranzubringen, aber gleichzeitig stehen Sie miteinander in Konkurrenz um den Aufstieg ins obere Management. Auch wenn alle Bereiche gemeinsam die ganzheitlichen Unternehmensziele verfolgen, sind die Interessen einzelner Abteilungen immer wieder mal entgegengesetzt. So will zum Beispiel der Vertrieb möglichst viele Produktvarianten, um die Sonderwünsche der Kunden erfüllen zu können. Die Produktion dagegen versucht genau das zu vermeiden, weil der Mehraufwand gegenüber der Standardproduktion beachtlich ist und den Produktionsbetrieb aufhält. Konflikte dieser Art gibt es viele. Manche Manager sind bereit, solche Probleme kooperativ zu lösen, andere wollen ihre Position auf Biegen und Brechen durchsetzen.

In diesem Zusammenhang fragen sich mittlere Manager häufig:

- »Wie kann ich zu den Kollegen aus den anderen Bereichen trotz teilweise entgegengesetzter Interessen ein gutes Verhältnis aufbauen und langfristig mit ihnen gut zusammenarbeiten?«
- »Wie gehe ich mit einem unfairen öffentlichen Angriff von einem Kollegen um?«
- »Wie kann ich geschickt vorgehen, um andere Bereichsleiter für meine Sache zu gewinnen?«
- »Wie kann ich mir ein Netzwerk innerhalb und außerhalb des Unternehmens aufbauen?«

Diese und weitere Fragen werden im Folgenden beantwortet. Im ersten Kapitel befassen wir uns damit, wie Sie es schaffen, ein gutes kooperatives Verhältnis zu Ihren Kollegen im Management aufzubauen, um so durch eine Reduzierung der Schnittstellenprobleme und Abteilungskonflikte produktiver arbeiten zu können. Sie erfahren, wie wichtig die richtige Einstellung ist und wie Sie sich eine gute Reputation bei den Managerkollegen aufbauen.

Von Silodenken und Bruchstellen – Wie Sie sinnvoll kooperieren

Wir könnten viel, wenn wir zusammenstünden.
Friedrich von Schiller

Für den Erfolg des gesamten Unternehmens ist es wichtig, dass Sie und Ihre Kollegen im mittleren Management gut zusammenarbeiten. Nur wenn Sie sich gegenseitig unterstützen und austauschen, kann das Unternehmen effizient und damit wettbewerbsfähig sein. Unternehmen, in denen die Manager gegeneinander, statt miteinander arbeiten, werden im harten Wettbewerb auf Dauer massive Probleme bekommen. Die wahre Konkurrenz, die es zu schlagen gilt, sind die Manager bei den Mitbewerbern und nicht die Kollegen im eigenen Unternehmen. Natürlich arbeiten Sie immer

mit Managerkollegen zusammen, von denen Ihnen ein Teil sehr, manche weniger und wieder andere überhaupt nicht sympathisch sind. Sie sollten jedoch nicht zulassen, dass persönliche Sympathie oder Antipathie einen Einfluss auf die Zusammenarbeit hat. Es ist eine Frage der Professionalität, auch ohne gegenseitige Sympathie miteinander auszukommen. Wenn jeder sich fair verhält, dann profitieren auf lange Sicht alle davon.

In diesem Kapitel werde ich Ihnen zwei Ansätze des amerikanischen Topmanagementberaters Stephen R. Covey vorstellen, der zum Thema »Wie kooperiert man?« sehr praktikable Ideen entwickelt hat.[23]

Die vier Einstellungen in der Zusammenarbeit mit den Kollegen

Covey beschreibt in seinem sehr lesenswerten Buch *Die 7 Wege zur Effektivität* verschiedene Einstellungen (er nennt sie Paradigmen), die Menschen in der Interaktion mit anderen Menschen leiten können. Ich stelle Ihnen hier ein daraus abgeleitetes, etwas vereinfachtes Modell für die Zusammenarbeit mit Ihren Managerkollegen vor. In diesem gibt es vier grundsätzliche Einstellungen, die man im Umgang mit den anderen mittleren Managern haben kann:

- Win-lose-Einstellung
- Lose-win-Einstellung
- Lose-lose-Einstellung
- Win-win-Einstellung

Welche dieser Einstellungen Sie in die Zusammenarbeit einbringen, hängt zum einen davon ab, wie viel Mut Sie haben, die eigenen Interessen und Überzeugungen gegenüber den Kollegen zu vertreten, und zum anderen aber auch davon, ob Sie bereit sind, Rücksicht auf deren Interessen und Überzeugungen zu nehmen. Grafisch lässt sich das wie auf Seite 158 gezeigt darstellen:

Mit einer Lose-win-Einstellung nimmt ein Manager ausschließlich Rücksicht und hat nicht den Mut, in schwierigen Momenten den eigenen Standpunkt zu vertreten. Und wer für seine eigenen Wünsche nicht einstehen kann, aber nach dem Motto »Was ich nicht habe, sollst du schon gar nicht bekommen« dem anderen auch nichts gönnt, ist in einer Lose-lose-Einstellung gefangen.

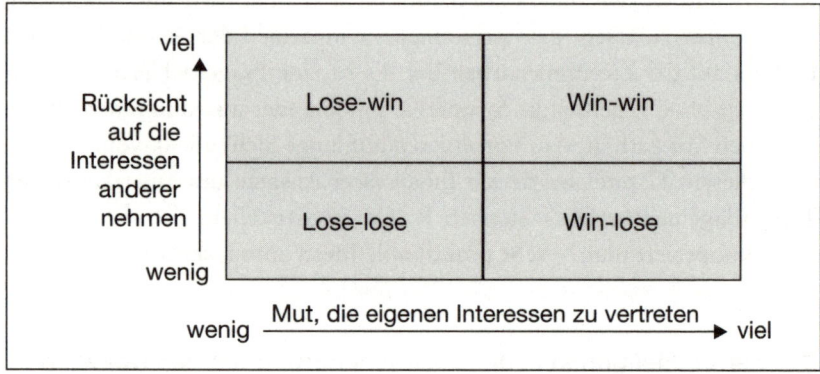

Von besonderem Interesse sind daher für uns die Win-lose-Einstellung und die Win-win-Einstellung. Um herauszufinden, welche der beiden Einstellungen langfristig vorteilhafter ist, wollen wir sie uns im Folgenden etwas näher anschauen.

Win-lose-Einstellung   Wer stets nur die eigenen Interessen sieht und vertritt, ohne Rücksicht auf die Interessen der anderen zu nehmen, lässt sich von einer Win-lose-Einstellung leiten. Viele Manager haben diese Einstellung. Sie wollen der Gewinner sein und besser dastehen als die anderen. Die Grundannahme dahinter ist, dass es im Leben in jeder Situation immer nur Gewinner und Verlierer gibt.

Wenn der eine mehr bekommt, muss der andere automatisch weniger bekommen – wie im Sport, wo auch nur eine Seite gewinnen kann. Das mag auf einen einzelnen Budgetposten zutreffen, als Einstellung zum Leben taugt diese Denkweise aber nicht, denn sie gründet auf einem Mangelbewusstsein. Die Annahme dahinter heißt: »Es ist nicht genug für alle da. Nimm möglichst viel für dich, sonst bekommen es die anderen. Je mehr du bekommst, desto eher bist du der Gewinner.« Dieses Mangelbewusstsein beruht aber auf einer begrenzten Wahrnehmung. Wenn alle Bereiche gut kooperieren und das Unternehmen insgesamt eine hervorragende Leistung bietet, wird es Marktanteile gewinnen, und alle Bereiche werden wachsen und davon profitieren. Niemand erleidet dann einen Mangel. Wer dagegen den eigenen Managerkollegen als größten Konkurrenten ansieht, dem man etwas abnehmen muss, um einen Sieg davonzutragen, der wird durch seine Win-lose-Einstellung stark beschränkt. Mit so einem Mangeldenken freut man sich auch nicht über den Erfolg von anderen, weil es scheinbar dem eigenen etwas wegnimmt. So lassen sich weder gute Beziehungen aufbauen noch Synergie-Effekte erzeugen.

Manager, die mit einer Win-lose-Einstellung durchs Leben laufen, führen gerne intern Kriege mit Kollegen, denn sie wollen der Gewinner sein. Wenn der Kollege nicht sehr durchsetzungsstark ist, schafft der Manager es vielleicht, dass das Endergebnis tatsächlich Win-lose heißt. Wenn der andere Manager aber auch eine starke Persönlichkeit ist und ebenfalls mit einer Win-lose-Einstellung antritt, werden sich beide letztendlich bekämpfen und sich gegenseitig Schaden zufügen. Die Folge ist ein Lose-lose-Ergebnis. Es wird dann schon als ein Gewinn angesehen, wenn der andere einen größeren Verlust erleidet als man selbst. Das ist aber kein wirklicher Gewinn, sondern nur ein umdefinierter Verlust. Lose-lose-Ergebnisse sind bei Kriegen stets der Fall, ganz gleich, ob diese zwischen Managerkollegen, Gruppen oder Nationen stattfinden.

Win-win-Einstellung Eine Win-win-Einstellung hat ein Manager, der seine Interessen klar vertritt und gleichzeitig Rücksicht auf die Interessen der anderen Seite nimmt. Mit dieser Einstellung konzentriert man sich darauf, eine Lösung zu finden, die allen nützt und keinem schadet. Damit ist nicht der Kompromiss gemeint, denn dieser kann nur das Mindestergebnis einer Win-win-Einstellung sein. Oft bietet sich durch konsequente Überlegungen mit einer Win-win-Einstellung eine völlig neue, dritte Lösung an, die beiden Seiten mehr Vorteile bringt als ein Kompromiss oder ein einseitiger Gewinn. Die Frage, die Sie sich stellen sollten, lautet deshalb:

>**»Wie können wir erreichen, dass wir beide profitieren?«**

Viele Manager fragen sich stattdessen ausschließlich: »Wie kann ich meine Interessen durchsetzen?« Kurzfristig gedacht, kann man durch eine Win-lose-Einstellung zwar den eigenen Gewinn optimieren, in langfristigen Beziehungen ist die Win-win-Einstellung aber die wesentlich bessere Wahl, denn hier fällt der Gewinn für einen selbst auf Dauer deutlich größer aus. Das gilt übrigens auch für Ihre Kundenbeziehungen: Wenn Sie versuchen, Ihrem Kunden mit einem Win-lose-Einstellung zu begegnen, wird Ihnen der Kunde abspringen, weil er keinen Vorteil in einer Zusammenarbeit mit Ihnen sieht. Wenn Sie dagegen eine Lose-win-Einstellung verinnerlicht haben, werden Sie nicht mehr lange am Markt existieren, da Sie wahrscheinlich zu wenig erwirtschaften. Lose-lose-Einstellungen verbieten sich in der freien Marktwirtschaft, es bleibt also nur die Win-win-Einstellung für eine langfristige Kundenbeziehung. Dasselbe gilt auch für die Beziehungen zu Ihren Kollegen.

Was passiert, wenn zwei Manager aufeinandertreffen, die beide eine Win-win-Einstellung verinnerlicht haben? Die Antwort ist klar: Sie werden so lange suchen, bis sie eine Lösung finden, von der beide profitieren. Wenn nun aber nur einer der beiden eine Win-win-Einstellung hat und der andere eine Win-lose-Einstellung, dann besteht immer noch eine hohe Chance, dass eine Win-win-Lösung dabei herauskommt, denn der Manager mit der Win-win-Einstellung will dem anderen seinen Gewinn ja nicht wegnehmen, was diesen wiederum tendenziell kooperativer stimmt.

Sie sehen, dass wenn auch nur einer von beiden eine Win-win-Einstellung hat, die gute Chance eines Win-win-Ergebnisses besteht, wohingegen bei beidseitiger Win-lose-Einstellung die Gefahr eines Lose-lose-Ergebnisses groß ist. Kurz gesagt: Kooperatives Verhalten zahlt sich langfristig aus! Und von einer Win-win-Einstellung profitieren nicht nur Sie, sondern das gesamte Unternehmen.

Übung

Stellen Sie sich bei dem nächsten schwierigen Gespräch mit einem Managerkollegen die Frage »Wie können wir erreichen, dass wir beide profitieren?« und moderieren Sie das Gespräch entsprechend.

Erst verstehen, dann verstanden werden

Wenn es darum geht, die Interessen und Bedürfnisse der Kollegen zu berücksichtigen, kommt ein weiteres Prinzip von Covey zum Tragen. Dieses lautet:

Viele Menschen sind keine guten Zuhörer. Dies bezieht sich zum einen auf ihren eigenen Redeanteil, denn solche Menschen reden lieber, als dass sie zuhören. Zum anderen ist damit die Art des Zuhörens gemeint, denn erstaunlich viele Menschen hören nicht wirklich zu. Man kann es auch Sprungbrettzuhören nennen: Im Gespräch wartet ein Beteiligter nur auf ein Stichwort, das er als Sprungbrett nutzen kann, um selbst wieder etwas zu erzählen. Dabei schafft er es, den Gesprächsbeitrag des anderen bis auf das Stichwort komplett zu ignorieren. Was in solchen Fällen fehlt, ist ein ernsthaftes Interesse am Gegenüber. Ich selbst habe schon häufiger die Erfahrung gemacht, dass ich mich bei Veranstaltungen länger mit einem Tischnachbarn unterhalten und dabei viel über die andere Person erfahren habe, der andere aber nichts über mich, weil er nichts gefragt hat. Menschen, die nur reden wollen, kreisen um sich selbst. Ist der Gesprächspartner solcher Menschen ein guter Zuhörer, reden diese ohne Pause. Es fällt ihnen dabei gar nicht auf, dass sie einseitig senden, weil sie nichts vermissen. Andere Menschen dienen ihnen hauptsächlich dazu, sich selbst darstellen. Mark Twain hat es treffend formuliert: »Manche Leute kann man nur unterhalten, indem man ihnen zuhört.«

Wenn zwei mittlere Manager mit unterschiedlichen Interessen zusammentreffen, die beide nur senden wollen, wird es schwierig, einen Konsens zu finden. Sie hören einander nicht zu, unterbrechen sich sehr wahrscheinlich dauernd gegenseitig und lassen sich letztendlich nicht aufeinander ein. So kann aber keine Einigung erzielt werden.

Wenn dagegen einer der beiden Partner den Ansatz »Erst verstehen, dann verstanden werden« umsetzt, steigt die Wahrscheinlichkeit, dass eine für beide Parteien akzeptable Lösung gefunden wird, enorm an. Wirkliches verstehen wollen heißt, sich voll und ganz auf den anderen einzustellen und sich für einen Moment in die Position des anderen hineinzuversetzen. Es ist der Versuch, ernsthaft nachzuvollziehen, wie und warum der andere so denkt. Gerade wenn man weiß, dass die eigene Sichtweise von der des Gesprächspartners abweicht, erfordert es eine gewisse menschliche Reife, sich zuerst einmal voll und ganz auf den anderen einzulassen und dessen Beweggründe nachzuvollziehen, bevor man die eigenen darstellt. Manche Manager wollen dies allein deshalb schon nicht, weil sie fürchten, dadurch ihre Position zu schwächen, aber genau das Gegenteil ist der Fall. Wenn der »Kontrahent« den Eindruck erhält, dass Sie ihm wirklich zuhören und bereit sind, sich auf seine Sichtweise einzulassen, entspannt er sich normalerweise und ist seinerseits auch bereit, Ihnen zuzuhören.

Welche positive Auswirkung das Prinzip von »Erst verstehen, dann verstanden werden« haben kann, soll an zwei Gesprächsausschnitten verdeutlicht werden:

In das Büro des Vertriebsleiters Müller kommt der Leiter der Produktion, Herr Schmidt, sichtlich aufgebracht hineingestürmt. Herr Schmidt grüßt nicht und wartet auch nicht ab, bis Herr Müller ihn begrüßt, sondern kommt gleich zur Sache:

Schmidt: »Hören Sie mal, Herr Müller, das geht so nicht. Ihre Leute versprechen den Kunden dauernd irgendwelche Sonderanfertigungen. Wissen Sie eigentlich, was das heißt, wenn wir jedes Mal alle Maschinen umstellen müssen?«

Müller: »Jetzt mal ganz langsam. Sie müssen die Produkte ja nicht verkaufen. Meine Mitarbeiter sind beim Kunden und nicht Ihre. Was glauben Sie denn, wie viele Chancen wir am Markt hätten, wenn wir keine Sonderwünsche erfüllen würden. Die Konkurrenz schläft nicht. Meinen Sie, mit reinen Standardprodukten hätten wir beim Kunden eine Chance?«

Schmidt: »Ihre Leute versprechen dem Kunden doch gerade, was sie wollen. Außerdem vereinbaren sie immer viel zu kurze Liefertermine. Und wer muss es dann ausbaden? Wir! Bei uns werden dauernd Überstunden geschoben, nur weil Ihre Mitarbeiter nicht mal halbwegs realistische Termine mit den Kunden vereinbaren können. Wenn der Kunde fragt, bis wann geliefert werden kann, sagt ihr doch immer ›sofort‹!«

Müller: »Sie machen mir Spaß! Was wollen Sie eigentlich? Einen Monatsplan im Voraus? Wenn der Kunde anruft, dann brennt's meistens. Sie möchte ich sehen, wie Sie dem Kunden ins Gesicht sagen: ›In fünf Wochen können wir liefern.‹ Da können Sie genauso gut gleich nach Hause gehen.«

Schmidt: »Ach ja, und damit soll dann wohl alles entschuldigt sein? Es ist doch immer dasselbe. Ihr Vertriebsleute seid sowas von ...«

Wie dieser Dialog weitergeht, überlasse ich Ihrer Fantasie. Dass die beiden Streithähne zu einer für beide Seiten befriedigenden und akzeptablen Lösung kommen, ist jetzt aber nicht mehr sehr wahrscheinlich. Vergleichen wir mal, was passiert, wenn Herr Müller nach dem Prinzip »Erst verstehen, dann verstanden werden« vorgeht:

Schmidt: »Hören Sie mal, Herr Müller, das geht so nicht. Ihre Leute versprechen dem Kunden dauernd irgendwelche Sonderwünsche. Wissen Sie eigentlich, was das heißt, wenn wir jedes Mal alle Maschinen umstellen müssen?«

Müller: »Hallo, Herr Schmidt, Sie scheinen mir ja richtig aufgebracht. Ist was passiert?«

Schmidt: »Und ob was passiert ist! Ihre Leute versprechen den Kunden dauernd Sonderausführungen, ohne dass irgendjemand das vorher mit uns abstimmt. Am Ende müssen wir dann sehen, wie wir das irgendwie hinbekommen.«

Müller: »Wo liegt denn das Problem bei den Maschinenumstellungen?«

Schmidt: »Das Problem besteht darin, dass wir die ganze Produktion für eine Stunde stoppen müssen, um die Maschinen umzurüsten, wenn wir Sonderanfertigungen produzieren. Das ist eigentlich auch ganz normal. Weil Ihre Leute aber so kurzfristige Liefertermine vereinbaren, können wir die Sonderproduktionen nicht gebündelt bearbeiten, sondern müssen im Extremfall dreimal am Tag die Maschinen umstellen, um die Termine einhalten zu können. Das sind dann drei Stunden, in denen nicht produziert wird. Das können wir nur durch Überstunden wieder reinholen. Die Sachen müssen ja trotzdem fertig werden.«

Müller: »Das gibt dann wahrscheinlich Ärger mit dem Betriebsrat, wegen zu vieler Überstunden.«

Schmidt: »Genau.«

Müller: »Was würde Ihnen denn helfen?«

Schmidt: »Das Hauptproblem sind im Prinzip die Termine. Wenn die Aufträge nicht so kurzfristig terminiert wären, könnten wir Sonderproduktionen bündeln und hätten weniger Umrüstzeiten.«

Müller: »Wie sind denn die momentanen Lieferfristen für die Bestellungen?«

Schmidt: »Teilweise bei drei Tagen.«

Müller: »Das ist natürlich sehr knapp. Da kann ich Sie verstehen.«

Schmidt: »Gut.«

Schmidt hat sich bereits sichtbar beruhigt und spricht mittlerweile in einer normalen Tonlage. Müller hat aufmerksam zugehört und verstanden, um was es Schmidt geht. Jetzt ist er an der Reihe, seine Argumente vorzubringen:

Müller: »Eine Sache sehe ich als problematisch an. Die Konkurrenz hat in den letzten Monaten ihr Sortiment erweitert und ihre Lieferzeiten verkürzt. Um wettbewerbsfähig zu sein, müssen wir im Vertrieb insbesondere bei größeren Aufträgen auf die Sonderwünsche der Kunden eingehen, und auch mit den Lieferzeiten haben wir nicht viel Spielraum, weil der Kunde mittlerweile eine kurze Lieferzeit voraussetzt. Ich könnte Ihnen aber anbieten, dass ich mit meinen Leuten rede und sie bitte, kleinere Aufträge nicht zu kurzfristig zu terminieren, damit Sie wegen einer kleineren Bestellung nicht extra alles umstellen müssen. Das sollten unsere Kunden normalerweise akzeptieren. Damit ließen sich die Spitzen bei Ihren Überstunden einschränken. Was halten Sie davon?«

Schmidt: »Ich glaube, das würde helfen.«

Müller: »Könnten Sie mir mal eine Aufstellung machen, wie oft Sie welche Sonderproduktion im Monat fahren, damit meine Leute besser abschätzen können, was zeitlich realistisch ist? Ich muss gestehen, ich weiß es selbst nicht so genau.«

Schmidt: »Da haben Sie natürlich Recht. Ihre Leute wissen ja nicht, was wie viel Aufwand bedeutet. Wie wäre es denn, wenn Ihre Außendienstmitarbeiter uns bei der nächsten Vertriebstagung hier im Haus mal wieder besuchen? Dann könnten wir ihnen das vor Ort erklären und auch das Herstellungsverfahren für unsere Neuheiten vorführen. Dieses Wissen könnten sie dann im Verkaufsgespräch nutzen.«

Müller: »Das ist eine gute Idee. Ich denke, über diese Abwechslung im Tagesprogramm werden sich alle freuen.«

Sie sehen anhand der beiden beispielhaften Entwicklungen des Gesprächs, das nicht beide das Prinzip »Erst verstehen, dann verstanden werden« betreiben müssen. Es reicht schon aus, wenn einer von beiden das macht, denn dann entspannt sich der andere und ist seinerseits bereit, zuzuhören.

Killerphrasen, Unterbrechungen und persönliche Angriffe – Wie Sie mit schwierigen Managerkollegen umgehen

Inmitten der Schwierigkeiten liegt die Möglichkeit.
Albert Einstein

Ein gutes Verhältnis unter Kollegen ist wünschenswert, aber leider ist nicht jeder Managerkollege an einem fairen und kollegialen Umgang interessiert. Manche von ihnen konzentrieren sich vielmehr auf Rivalität und Konkurrenzdenken. Das wird auf besonders peinliche Art und Weise sichtbar, wenn sie Meetings nutzen, um Sie vor den Kollegen anzugreifen. Dieses Kapitel befasst sich damit, wie Sie mit unfairen Angriffen und öffentlichen Bloßstellungen durch Managerkollegen souverän umgehen lernen.

Für unfaire Verhaltensweisen von Kollegen kann es verschiedene Gründe geben. Ein Grund kann sein, dass die Person tatsächlich eine Abneigung gegen Sie hat und diese Antipathie in einer öffentlichen Situation geplant oder ungeplant offen zutage tritt. Eine weitere Möglichkeit ist, dass Ihrem Gegenüber die Argumente gegen Ihre Vorschläge ausgehen und er deshalb Sie als Person angreift. Wenn Sie in Folge eines persönlichen Angriffs unsicher reagieren, wird dies oft auch auf Ihre Argumente übertragen, nach dem Motto: »Er scheint sich ja nicht ganz sicher zu sein.« Deshalb ist es zunächst wichtig, dass Sie körpersprachlich Ruhe ausstrahlen.

Wenn sich Menschen unsicher fühlen, signalisieren sie das durch ihre Körpersprache: Sie ziehen zum Beispiel die Schultern leicht nach oben, beginnen flach zu atmen, weichen dem Blick aus oder zeigen Verlegen-

heitsgesten. Diese körpersprachlichen Signale kann jeder im Raum sehen und deuten. Bemühen Sie sich daher, ruhig zu bleiben und die Sie angreifende Person mit festem Blick anzuschauen (ohne daraus ein Augenduell zu machen). Stehen oder sitzen Sie aufrecht. Atmen Sie tief in den Bauch hinein. Ihre Kollegen können nicht sehen, was in Ihnen vorgeht, aber sehr wohl, was Sie nach außen ausstrahlen. Also vermeiden Sie es, nach außen etwas anderes zu zeigen als Ruhe, auch wenn es in Ihnen tatsächlich ganz anders aussieht. Sprechen Sie mit ruhiger und fester Stimme. Bedenken Sie, dass Ihr Umfeld sich weniger die Inhalte als die Bilder merkt. In drei Monaten weiß niemand mehr, um welchen Sachverhalt es damals ging, aber an Ihr Gesicht und Ihre Gestik kann sich noch jeder erinnern. Wenn Sie also innerlich aufgeregt sind, ist das kein Problem, solange Sie es sich nach außen nicht anmerken lassen!

Grundsätzlich ist es nicht empfehlenswert, einen Angriff mit einem Gegenangriff zu parieren, denn das führt häufig zu einem ungewollten Schlagabtausch und damit zu einem irreparablen Gesichtsverlust für beide Seiten. Der folgende Wortwechsel gibt Ihnen eine Idee von einer solchen destruktiven Konflikteskalation:

Person A: »Ihre Argumente zeigen, dass Sie anscheinend hinter dem Mond leben!«

Person B: »Der Mond ist zumindest noch sehr nahe an der Erde. Sie scheinen sich ja in einer anderen Galaxie zu befinden!

Person A: »Das ist eine Frechheit! Jeder hier weiß doch, dass Sie Ihre Abteilung nicht im Griff haben!«

Person B: »Das müssen ausgerechnet Sie sagen!«

Person A: »Was erlauben Sie sich! Sie waren es doch, der ...«

Insbesondere wenn die Auseinandersetzung öffentlich stattfindet, ist es nicht ratsam, sich auf das Niveau des unfairen Angriffs zu begeben. Versuchen Sie lieber, ruhig und professionell zu reagieren. Das verschafft Ihnen mehr Respekt, als wenn Sie Ihren Kontrahenten anbrüllen oder klein beigeben. Auch unter vier Augen ist es im Allgemeinen nicht ratsam, einen Konflikt eskalieren zu lassen.

Persönliche Angriffe abwehren

Bei persönlichen Angriffen geht jemand nicht auf die Sache ein, um die es gerade geht, sondern greift Sie als Person an. Beispiele für persönliche Angriffe sind:

- »Ausgerechnet Sie reden von Kundenorientierung. Das scheint mir nicht gerade Ihre Kernkompetenz zu sein!«
- »Man könnte meinen, dass Sie noch nie einen Kundenkontakt hatten. Was für ein Unsinn!«
- »Ihre Argumente zeigen, dass Sie keine Ahnung haben, wie man etwas strategisch betrachtet!«
- »Das passt zu Ihnen, Hirngespinste ohne Basis«
- »Wie schön, dass auch Sie das mal erkannt haben.«

Was passiert im Körper, wenn Sie solche Sätze völlig unerwartet in einem Meeting vor allen anderen Kollegen zu hören bekommen? Unser Gehirn empfängt ein starkes Stresssignal und löst biochemische Prozesse aus. Ein ganzer Cocktail aus Stresshormonen wird schlagartig freigesetzt. Dieser sorgt dafür, dass das Blut in die Muskeln gepumpt wird, um das alte Evolutionsprogramm »Angriff oder Weglaufen« starten zu können. Die Pupillen weiten sich und die Verdauung wird unterbrochen, sodass noch mehr Energie freigesetzt wird. Bedauerlicherweise werden gleichzeitig auch bestimmte Bahnen im Großhirn blockiert. Unsere Fähigkeit, differenzierte Überlegungen anzustellen, setzt aus. Der Vorteil dieser evolutionsbedingten Blockade ist, dass wir schneller entscheiden können, ob wir angreifen oder wegrennen wollen. Der Nachteil ist, dass wir bei solchen Meetings beides nicht dürfen. Da uns aufgrund der eingeschränkten Denkfähigkeit auch leider keine intelligente Antwort auf den persönlichen Angriff einfällt, bewirkt das die Freisetzung von noch mehr Stresshormonen und damit die totale Blockade. Um das zu vermeiden, sollten Sie sich die fünf folgenden Abwehrstrategien aneignen, um in Konfliktsituation schnell und souverän reagieren zu können und damit weniger unter Stress zu geraten.[24]

Machen Sie den unfairen Angriff transparent Wenn jemand Sie auf unfaire Art und Weise angreift, können Sie allen Beteiligten klarmachen, was gerade passiert, indem Sie es deutlich aussprechen. Ein unfairer Angriff verliert an Wirkung, wenn man ihn als solchen transparent macht:

Angriff: »Ausgerechnet Sie reden von Kundenorientierung. Das scheint mir nicht gerade Ihre Kernkompetenz zu sein!«

Abwehr: »Was Sie gerade machen ist, mich auf der persönlichen Ebene anzugreifen. Bleiben wir doch bei der Sache. Was genau stört Sie an dem Konzept?«

Diese Technik lässt sich auf jeden persönlichen Angriff anwenden, und Sie bleiben dabei selbst fair und professionell.

Benutzen Sie Brückensätze Diese Technik ist für Fortgeschrittene, die die erste Methode bereits beherrschen. Sie lässt sich ebenfalls auf jeden Angriff anwenden. Bei dieser Methode machen Sie es wie die Politiker: Diese antworten fast nie auf die ihnen gestellten Fragen, sondern benutzen einen Brückensatz, um zu dem überzuleiten, was sie gerne sagen wollen. Solche Brückensätze sollten auch Sie sich zurechtlegen:

- »Interessant, wie Sie das sehen.«
- »Ich glaube, Sie lassen etwas außer Acht.«
- »Was Sie sagen, kann ich nicht nachvollziehen.«
- »Das scheint mir eine starke Verallgemeinerung.«

- »Das entspricht nicht der tatsächlichen Situation.«
- »Sie sollten lieber auf etwas ganz anderes achten.«

Angriff: »Sie haben doch keine Ahnung, was der Markt verlangt.«
Abwehr: »Interessant, wie Sie das sehen (Brückensatz). Gerade der von mir geleitete Bereich zeichnet sich dadurch aus, dass wir …«

Angriff: »Sie haben doch keine Ahnung, was der Markt verlangt.«
Abwehr: »Was Sie sagen, kann ich nicht nachvollziehen (Brückensatz). Gerade der von mir geleitete Bereich zeichnet sich dadurch aus, dass wir …«

Wie Sie sehen, sind die Brückensätze meist untereinander austauschbar. Legen Sie sich drei Brückensätze zurecht, die Sie jederzeit einsetzen können. Wenn Sie immer denselben Satz verwenden, fällt die Technik irgendwann auf.

Verunsichern Sie mit der »Ach-was?«-Methode Diese Technik ist für Sie geeignet, wenn Sie ein kurzes Schweigen ertragen können. Auf einen persönlichen Angriff reagieren Sie einfach mit den Worten »Ach was?«, »Da schau her!« oder »Soso?«. Besonders stark ist die Wirkung dann, wenn Sie es schaffen, dabei noch leicht süffisant zu lächeln. Nach einer kurzen Pause fahren Sie einfach da fort, wo Sie vorher stehen geblieben waren:

Angriff: »Das passt zu Ihnen, Hirngespinste ohne Basis.«
Abwehr: »Ach was?«

Angriff: »Haben Sie noch alle Tassen im Schrank? Das kann doch nicht Ihr Ernst sein?«
Abwehr: »Ach was?«

Die »Ach-was?«-Methode können Sie ebenfalls auf jeden persönlichen Angriff anwenden.

Interpretieren Sie den Angriff zu Ihrem Vorteil um Sie nehmen eine gegen Sie gerichtete Aussage und interpretieren sie positiv um:

Angriff: »Sie träumen doch!«
Abwehr: »Wenn Sie mit dem Ausdruck »träumen« jemanden meinen, der nicht immer nur in den üblichen festgefahrenen Schemata denkt, dann bedanke ich mich für das Kompliment!«

Angriff: »Das ist typisch für Sie, Sie Zahlendreher!«

Abwehr:»Wenn Sie mit Zahlendreher jemanden meinen, der darauf Wert legt, dass unternehmerische Entscheidungen auf nachweislichen Fakten basieren, dann sind wir einer Meinung!«

Angriff: »Sie machen doch aus jeder Mücke einen Elefanten.«

Abwehr:»Wenn Sie damit meinen, dass ich es schaffe, auch kleine Erfolge des Unternehmens groß herauszubringen, sehe ich das genauso.«

Diese Methode können Sie natürlich nur auf den Teil der Angriffe anwenden, bei denen ein geeigneter Begriff vorkommt.

Verlangen Sie eine Entschuldigung Wenn jemand Sie angreift und dabei weit unter die Gürtellinie zielt, sollten Sie eine Entschuldigung von der Person verlangen. Damit setzen Sie eine klare Grenze und kommunizieren, dass Sie so nicht mit sich reden lassen. Bringen Sie dabei Ihre ganze Präsenz und Autorität als Führungskraft ins Spiel:

Angriff: »Wie ich gehört habe, läuft Ihnen ja nicht nur Ihr Bereich aus dem Ruder, sondern auch Ihr Privatleben.«

Abwehr:»Das ist eine Frechheit! Eben sind Sie zu weit gegangen! Herr Meier, ich erwarte, dass Sie sich auf der Stelle entschuldigen!«

Obwohl sich die Person sehr wahrscheinlich nicht entschuldigen wird, hat jeder im Raum verstanden, dass man Ihnen gegenüber nicht eine solche abfällige Bemerkung machen kann, ohne dass Sie darauf hart reagieren. Wenn sich die Person nicht entschuldigt, verlassen Sie den Raum, denn ein Weitermachen in der Sache ist jetzt ohnehin nicht mehr möglich.

Killerphrasen neutralisieren

Wer kennt sie nicht, die allseits beliebten Killerphrasen oder auch Totschlagargumente? Dabei werden nicht Sie als Person angegriffen, sondern Ihre gesamte Argumentation wird pauschal durch ein erschlagendes Argument abgeschmettert. Killerphrasen enthalten keine wirkliche Aussage, aber werden mit großer Überzeugungskraft vorgetragen und bewirken dadurch, dass die im Gespräch angegriffene Person eingeschüchtert wird und darauf verzichtet, weitere Argumente vorzubringen. Sie vermitteln der Zuhörerschaft den Eindruck, als ob derjenige, der sie ausspricht, sehr viel schlauer ist als alle anderen. Typische Killerphrasen sind:

- »Das haben wir schon versucht, das funktioniert nicht.«
- »Das machen wir schon immer so, weil es sich bewährt hat.«
- »Dafür ist die Zeit/der Markt/der Kunde noch nicht reif.«
- »Der Kunde will das so.«
- »Die Zeit dafür haben wir nicht.«
- »Die Kosten können wir uns nicht leisten.«
- »Bei uns geht sowas nicht.«
- »Das passt einfach nicht zu unserem Unternehmen.«
- »Wenn das so einfach wäre, würden es ja alle machen.«

Killerphrasen sollen den anderen einschüchtern und die Diskussion unterbinden. Wenn Sie mit einer Killerphrase konfrontiert werden, ist es Ihre Aufgabe, sich nicht einschüchtern zu lassen und die Diskussion weiterzuführen, indem Sie nachfragen, welche tatsächlichen Argumente der andere zu bieten hat. Wie unangenehm für den anderen, wenn offensichtlich wird, dass er nichts in der Hand hat. Um das herauszuarbeiten, müssen Sie hartnäckig bleiben! Eine Frage reicht meistens nicht aus:

Person A: »Das haben wir schon versucht. Das funktioniert nicht.«
Person B: »Das ist ja interessant. Was genau haben Sie denn versucht?
Person A: »Na das, was Sie eben vorgeschlagen haben.«
Person B: »Wie waren denn die konkreten Umstände?
Person A: »Na, so ähnlich wie hier.«
Person B: »Was heißt denn ›so ähnlich‹? Werden Sie doch mal konkret!«

Wenn jemand auf Dauer nicht zur Sache kommt, können Sie die Befragung auch abbrechen und klarmachen, wie Sie die Ausflüchte interpretieren:

Person B: »Ich sehe nicht, dass Sie ein ernsthaftes Gegenargument haben. Lassen Sie mich also fortfahren. Wir waren stehengeblieben bei …«

Die Kunst besteht darin, immer wieder sogenannte Konkretisierungsfragen zu stellen:

Killerphrase: »Bei uns geht so etwas nicht.«
Konkretisierung: »Wo genau sehen Sie das Problem?

Killerphrase: »Der Kunde will das so.«
Konkretisierung: »Was genau will der Kunde? Und woran machen Sie das fest?«

Killerphrase: »Das machen wir schon immer so, weil es sich bewährt hat.«
Konkretisierung: »Das Neue wird sich sicherlich auch bewähren. Wie lauten denn jetzt Ihre konkreten Argumente gegen das neue Konzept?«

Lernen Sie, Killerphrasen in Gesprächen herauszuhören. Es ist schwer, auf eine Killerphrase zu reagieren, wenn man sie nicht als solche erkennt. Sie können auch Kollegen mit Konkretisierungsfragen zu Hilfe kommen, wenn jemand versucht, diese mit Killerphrasen zu verunsichern.

Unterbrechungen und Nebengespräche unterbinden

Bei Meetings kann es Ihnen passieren, dass ein Managerkollege Ihnen immer wieder ins Wort fällt und Sie mehrfach unterbricht. Hier brauchen Sie ein gutes Gespür dafür, was noch im Rahmen ist und wann Sie eingreifen müssen.

Wenn der Kollege in einer Diskussion wiederholt Ihren Beitrag unterbricht, sollten Sie das unterbinden. Der Ton macht bekanntlich die Musik. Die folgenden Sätze können Sie von freundlich gestimmt bis sehr scharf aussprechen:

- »Herr Meier, lassen Sie mich bitte ausreden«
- »Herr Meier, Sie fallen mir dauernd ins Wort. Lassen Sie mich bitte aussprechen. Ich lasse Sie auch aussprechen.«

Etwas trickreich ist folgende sehr wirksame Argumentation:

- »Herr Meier, ich halte Sie für einen intelligenten Menschen, und intelligente Menschen hören sich eine Meinung zumindest einmal an, bevor sie dagegen argumentieren.«

Eine weitere Möglichkeit besteht darin, so zu agieren, wie es Politiker in Talkshows häufiger praktizieren: Lassen Sie sich nicht unterbrechen, sondern wiederholen Sie Ihren letzten Satzteil wie eine Schallplatte, die hängt, so lange, bis der andere ruhig ist. Der Altbundeskanzler Helmut Kohl beherrschte diese Methode zum Ende seiner politischen Karriere so perfekt, dass praktisch kein noch so versierter Interviewer seine Ausführungen durch Zwischenfragen unterbrechen konnte, wenn er es nicht wollte.

Ein anderes Problem, das in Meetings häufiger vorkommt, sind Nebengespräche von Kollegen, während Sie eine längere Präsentation halten. Sehen Sie diese an und fragen Sie die Person, von der das Nebengespräch hauptsächlich ausgeht, im freundlichen Ton: »Herr Müller, haben Sie eine Frage?« Normalerweise antwortet Herr Müller jetzt mit »Nein« und beendet sein Privatgespräch. Wenn er nach kurzer Zeit das Gespräch aber weiterführt, können Sie das für ein paar Sekunden durchgehen lassen, sollten dann aber erneut souverän und freundlich fragen: »Herr Müller, haben Sie jetzt eine Frage?« Aus meiner eigenen Erfahrung als Führungstrainer und Vortragsredner weiß ich, dass nach der zweiten Frage in 95 Prozent der Fälle keine weitere Störung erfolgt. Sollte dies doch einmal der Fall sein, bitten Sie die Person, in einem wenn möglich immer noch freundlichen Ton, das Gespräch zu verschieben: »Herr Müller, mir scheint, Sie haben etwas Wichtiges mit Herrn Schmidt zu besprechen. Ich würde Sie bitten, das nach meiner Präsentation zu machen, da ich mich sonst schlecht konzentrieren kann. Ist das für Sie in Ordnung?« Wenn er sich gegenüber den Kollegen nicht als völlig unhöfliche Person darstellen will, ist er gezwungen, »Ja« zu sagen und anschließend ruhig zu sein. Sollte er rein theoretisch »Nein« sagen, bitten Sie ihn freundlich, das Gespräch draußen weiterzuführen.

Die grauen Eminenzen – Wie Sie Einfluss auf Ihre Managerkollegen ausüben

Niemand sollte sich einbilden, er hätte keinen Einfluss.
Henry George
(US-amerikanischer Sozialphilosoph)

In den beiden vorangegangenen Kapiteln haben Sie erfahren, wie Sie als Grundlage für eine faire Zusammenarbeit ein gutes Verhältnis zu Ihren Kollegen im mittleren Management aufbauen. In diesem Kapitel geht es darum, wie Sie Einfluss ausüben können, das heißt wie Sie bei Ihren Kollegen eine gute Basis dafür schaffen können, Ihre Vorhaben und Ideen umzusetzen.

Große Könner auf diesem Gebiet waren die grauen Eminenzen. Von ihnen können Sie einiges lernen. Der Begriff »graue Eminenz« wurde erstmals als Bezeichnung für den Kapuzinermönch Père Joseph (François Le Clerc du Tremblay, 1577–1638) verwendet, der Beichtvater und enger Berater von Kardinal Richelieu war. Einen Anspruch auf die Anrede »Eminenz« hatten zwar nur Kardinäle, aber da Père Joseph der einflussreichste Berater von Richelieu war und als Kapuziner stets die graue Ordenstracht des Bettelordens trug, nannte man ihn hinter vorgehaltener Hand »graue Eminenz«. Was Sie von einer grauen Eminenz lernen können, ist im Hintergrund Fäden zu ziehen, indem Sie vorhandene Netzwerke analysieren und nutzen.

Analysieren Sie Netzwerke

In Unternehmen gibt es zwei Arten von Netzwerken, die Beraternetzwerke und die Vertrauensnetzwerke. Den Beraternetzwerken gehören die Spezialisten für bestimmte Themen an. Sobald es um eine fachliche Expertise geht, werden diese Personen um Rat gebeten. Manche Mitarbeiter sind Experten für ein sehr begrenztes Themengebiet, das nur selten gebraucht wird, zum Beispiel B-to-B-Marketing oder der US-amerikanische Jahresabschluss. Der Einfluss dieser Experten ist sehr begrenzt, weshalb sie in der Darstellung des Beraternetzwerks nicht berücksichtigt werden. Andere Experten dagegen werden häufig zurate gezogen, weil sie Spezialisten für eine Sache sind, die für das Unternehmen von zentraler Bedeutung ist. Sie sind zum Beispiel Experte für die Hauptdienstleistung des Unternehmens oder Fachmann für die gesamten Produktionsanlagen und/oder sie sind Menschen mit viel Erfahrung und Weitblick, die allgemein gerne um ihre Einschätzung gebeten werden. Wer aufgrund seines Fachwissens oder seiner Erfahrung häufig bedeutende Entscheidungen beeinflusst, besitzt Macht. Als mittlerer Manager können Sie die wichtigsten Berater im Unternehmen nach einiger Zeit problemlos benennen, da sie regelmäßig zu den wichtigen Meetings eingeladen und um ihre Meinung gebeten werden.

Die zweite Art von Netzwerk ist das Vertrauensnetzwerk. Wir vertrauen den Menschen, die uns in der Vergangenheit unterstützt haben, und die wir auch von unserer Seite unterstützen. Dazu bedarf es meist auch der gegenseitigen Sympathie und Wertschätzung. In den Vertrauensnetzwerken werden vertrauliche Informationen ausgetauscht und Abkommen getroffen. Diese Vertrauensnetzwerke zu erkennen ist schwieriger, als die Beraternetzwerke zu analysieren. Wenn Sie als Manager in einem Bereich neu sind, können Sie zum einen beobachten und zum anderen auch erfragen, wer wem vertraut und wie viel Einfluss jemand auf andere hat. Idealerweise bauen Sie einen guten Draht zu einem alten Hasen unter den Managern auf, der die Firma und die Kollegen seit vielen Jahren kennt und Ihnen wohlgesinnt ist. Von diesem können Sie erfahren, wer in der Vergangenheit mit wem Koalitionen geschlossen hat und wer mit wem auf Kriegsfuß steht. Natürlich können Sie auch einfach nur beobachten, wer mit wem in welcher Weise redet. Achten Sie einmal darauf, welche Personen vor und nach den Meetings zusammenstehen und wie diese sich verhalten. Wenn zwei Menschen sich gut verstehen, ist das meistens erkennbar, vor allem dann, wenn Sie öfter die Möglichkeit haben, die beiden zusammen zu beobachten. Auch in der Kantine oder bei betrieblichen Feiern sehen Sie, wer mit wem redet und ihre Körpersprache dabei.

Grafik 8

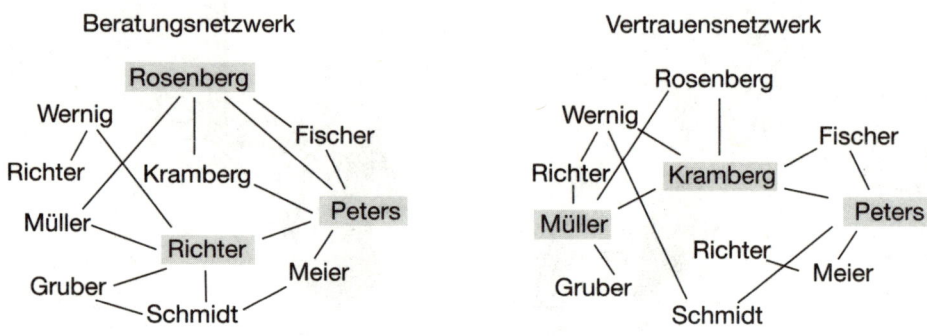

In der Abbildung ist dargestellt, wie die Berater- und Vertrauensnetzwerke in einem fiktiven Managementkreis aufgebaut sind. Rosenberg, Peters und Richter gelten für viele als wichtige Experten, die man gerne zu ihrem Fachgebiet befragt, aber auch um allgemeine Einschätzungen bittet. Kramberg, Peters und Müller haben besonders viele Kollegen, die ihnen vertrauen, mit ihnen Informationen austauschen und sich von ihnen beeinflussen lassen. Es fällt auf, dass Peters sowohl im Beratungs- als auch im Vertrauensnetzwerk eine zentrale Rolle spielt. Außerdem ist auffällig, dass Kramberg als einzige der fünf Schlüsselfiguren zu drei der vier anderen Hauptpersonen ein Vertrauensverhältnis hat.

Wenn Sie die Netzwerke im Unternehmen kennen, können Sie mehr Einfluss ausüben.

Nehmen wir einmal an, dass Manager Müller ein Projekt ins Leben rufen will, das von seinem Kollegen Fischer und dessen Abteilung deutlich unterstützt werden muss, damit es umgesetzt werden kann. Müller hat aber Bedenken, dass Fischer nicht einverstanden sein und das Projekt verhindern könnte, weil es für ihn Mehrarbeit bedeuten würde, zu der er nicht bereit ist. Deshalb überlegt sich Müller eine Strategie, in die er entsprechend den oben abgebildeten Netzwerken drei Personen mit einbezieht:

- Rosenberg, weil er der Vertraute von Müller und gleichzeitig ein angesehener Berater ist.
- Kramberg, weil er sowohl zu Müller als auch zu Fischer ein Vertrauensverhältnis hat.
- Peters, weil er ein angesehener Berater und ein Vertrauter von Fischer ist (obwohl er kein Vertrauter von Müller selbst ist).

Um vorab die Chancen zu erhöhen, dass ein Projektvorschlag bei der Präsentation in der Managementrunde angenommen wird, unternimmt Müller folgende Schritte:

- Müller bittet Kramberg um den persönlichen Gefallen, Fischer bei passender Gelegenheit einmal auf seine Projektidee anzusprechen und sich positiv darüber zu äußern. Voraussetzung ist natürlich, dass das Projekt Fischer nicht in irgendeiner Form schadet, damit Kramberg nicht gezwungen ist abzulehnen, um sein Vertrauensverhältnis zu Fischer nicht zu gefährden.
- Zusätzlich weiht Müller den Experten Peters, der zwar nicht Müllers Vertrauter, dafür aber der von Fischer ist, vor der offiziellen Präsentation in die Projektidee ein und bittet ihn um seinen Rat als Experten. Die daraufhin von Peters genannten Verbesserungsvorschläge werden von Müller noch vor dem Präsentationsmeeting in das Konzept integriert. Müller teilt Peters mit, er habe all dessen Ideen übernommen, und bedankt sich für seine kollegiale Unterstützung bei der Verbesserung des Konzepts. Peters kann sich damit nur noch schwer auf die Seite der Gegner des Projekts schlagen, denn er hat nun daran mitgewirkt.
- Zuletzt stellt Müller seinem Vertrauten, dem Experten Rosenberg, das Konzept ebenfalls vorab vor. Als dieser sich positiv dazu äußert, bittet ihn Müller, diese positive Einschätzung bei der Präsentation vor dem Managementteam zu wiederholen.

Wie stellt sich nun das Ganze aus der Sicht von Fischer dar, dem Manager, dessen Zustimmung und Hilfe Müller für sein Projekt benötigt:

- Bei einem gemeinsamen Mittagessen wird Fischer von seinem Vertrauten Kramberg nebenbei auf eine Projektidee des Kollegen Müller angesprochen. Fischer nimmt wahr, dass sich Kramberg positiv über die Chancen äußert, die das Projekt eröffnet.
- Vor der eigentlichen Präsentation der Projektidee im Managermeeting bedankt sich Müller öffentlich bei Peters für dessen wichtigen Input, der das

Konzept noch einmal deutlich verbessert habe. Peters fühlt sich geschmeichelt und lächelt. Fischer ist völlig überrascht, dass sein Vertrauter Peters in dem Projekt involviert und neben Müller und Kramberg anscheinend ebenfalls ein Befürworter der Sache ist. Er merkt, wie sein Widerstand gegen das Projekt in die Knie geht.

• Nachdem Müller die Projektidee vorgestellt hat, meldet sich der von Fischer angesehene Berater Rosenberg und äußert sich positiv über die präsentierten Ideen. Jetzt bricht Fischers Abwehr endgültig zusammen, und am Ende der Diskussion sagt er Müller seine Unterstützung zu.

Das Beispiel veranschaulicht, wie sich Experten- und Vertrauensnetzwerke auf faire Weise nutzen lassen. So gingen auch die grauen Eminenzen vor, deren taktische Möglichkeiten aber noch deutlich weiter reichten, da sie auch auf unfaire Methoden, wie zum Beispiel das bewusste Verbreiten von Gerüchten und falschen Informationen, zurückgriffen.

Analysieren Sie vor wichtigen Entscheidungen die Position der Entscheider

Die grauen Eminenzen waren die Berater politisch einflussreicher Personen. Heute übernehmen häufig Unternehmensberater diese beratende Funktion. Sie kommen in ein Unternehmen, das sie beauftragt hat, und führen mit vielen Menschen Gespräche. Sie sammeln Informationen, werten diese systematisch aus und erarbeiten Verbesserungsvorschläge. Die Kunst besteht neben der Analyse vor allem darin, dort eine konsensfähige Entscheidung herbeizuführen, wo es bisher im Unternehmen Uneinigkeit und differierende Interessen gab. Dazu überlegen die Berater sich, ähnlich wie die grauen Eminenzen, wen sie beeinflussen müssen, damit sich eine Mehrheit für einen Vorschlag bildet. Das Instrument, um herauszufinden, wer die ausschlaggebenden Entscheider sind, ist die Kraftfeldanalyse, die auch Ihnen sehr nützlich sein kann.

Bei einer Kraftfeldanalyse schauen Sie sich die Entscheider zuerst einmal einzeln an und überlegen, welche positiven und negativen Konsequenzen es für jeden Einzelnen hat, wenn die vorgeschlagenen Veränderungen umgesetzt werden. Das Ergebnis dieser Überlegungen notieren Sie für jeden Entscheider in Form einer Gewinn-und-Verlust-Rechnung. Dabei sollten Sie sich ausreichend Zeit nehmen, um die Vor- und Nachteile für die jeweilige Person in Ruhe zu bedenken. Manche Vor- oder Nachteile erschließen sich nicht auf den ersten Blick, weswegen es nicht ausreicht, das nach dem spontanen Bauchgefühl zu beurteilen! Anschließend wissen Sie aufgrund der Gewinn-und-Verlust-Rechnungen, wer sich für oder gegen einen Vorschlag aussprechen und wer sich neutral verhalten wird. Anschließend schätzen Sie noch ein, wie viel Einfluss beziehungsweise Macht jede Person im Hinblick auf die zu treffende Entscheidung hat. Das muss sich nicht immer proportional zur hierarchischen Position im Unternehmen verhalten. Wenn beispielsweise der Controller eines Unternehmens im Allgemeinen weniger Macht hat als andere Manager, kann er aber in einer stark das Controlling betreffenden Angelegenheit mehr Macht haben, weil er in diesem Bereich als Experte auftritt.

Grafik 9

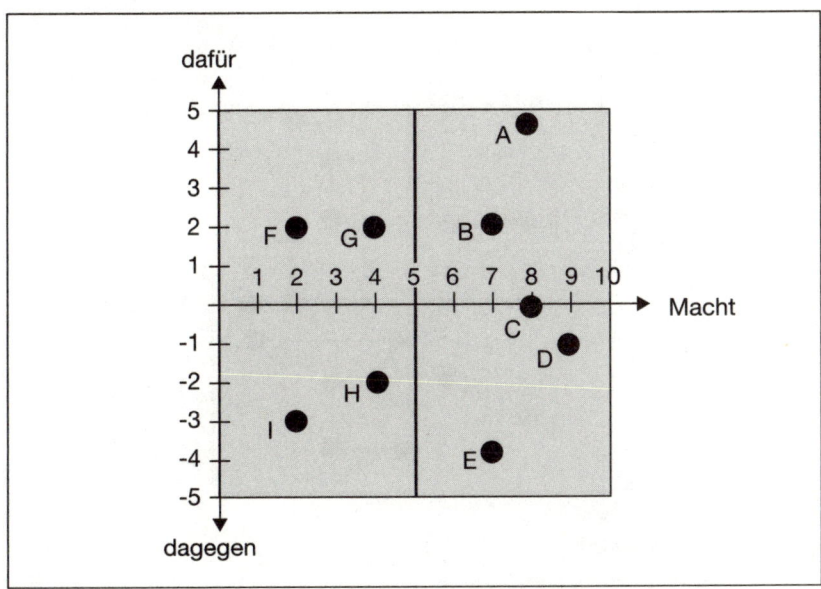

Tragen Sie nun alle relevanten Entscheider in Ihre Kraftfeldanalyse ein, je nachdem, welche Position (dagegen, neutral und dafür) sie vertreten (Skala -5 bis +5) und über wie viel Macht sie bei dieser Entscheidung verfügen (Skala 1 bis 10). In der Abbildung sehen Sie, wie so eine Kraftfeldanalyse aussehen kann. Jeder Punkt steht für einen Manager, der in den Entscheidungsprozess involviert ist.

Wenn Sie das Bild genau betrachten, können Sie sehen, dass die Parteien für und gegen das Projekt kräftemäßig ungefähr ausgeglichen sind. Nehmen wir an, Sie wären Manager A oben rechts. Welche anderen Manager müssten Sie jetzt an welche Stelle bewegen, damit sich das Kräfteverhältnis wandelt? Wie können Sie das Gesamtbild positiv beeinflussen, sodass es zu Ihren Gunsten ausfällt?

Die Manager F, G, H und I besitzen mit 2 beziehungsweise 4 von 10 Punkten zu wenig Macht, um die Entscheidung maßgeblich zu beeinflussen. Diese sollten Sie zwar nicht völlig aus den Augen verlieren, aber sie werden Ihnen wahrscheinlich weder helfen noch schaden. Für Sie von Interesse sind also die Personen B, C, D und E.

Grafik 10

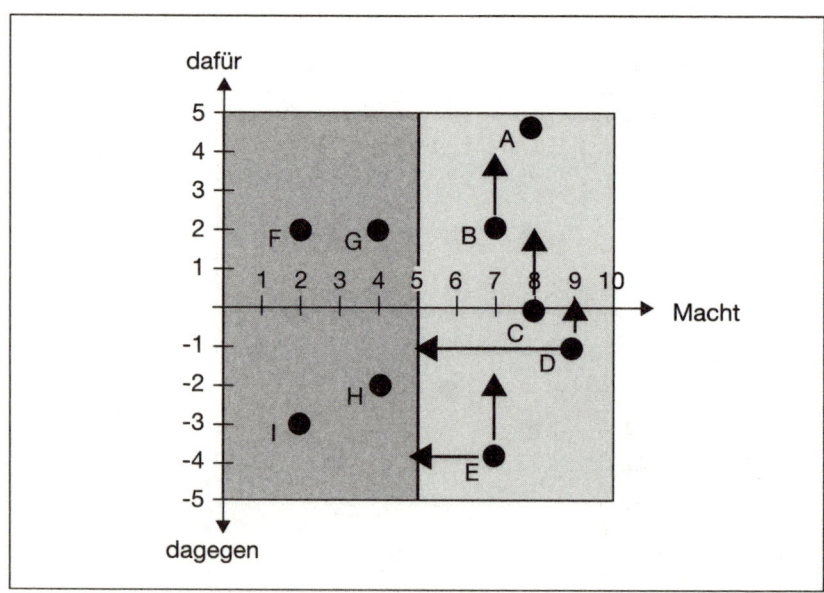

Das Gesamtbild würde sich deutlich zu Ihren Gunsten verändern, wenn Sie einen oder mehrere der beteiligten Manager wie folgt beeinflussen können:

- Sie machen Manager B von einem Befürworter zu einem starken Befürworter und Fürsprecher Ihrer Sache.
- Sie überzeugen Manager C davon, aus seiner neutralen Position herauszugehen und ein Befürworter zu werden.
- Sie bringen Manager D dazu, aus einer leichten Abneigung in eine neutrale Position zu gehen (Pfeil hoch) oder sich trotz einer leichten Abneigung neutral zu verhalten und seine Macht nicht einzusetzen (Pfeil links). Mit beiden Maßnahmen würden Sie Manager E isolieren!
- Die letzte Möglichkeit besteht darin, Manager E, der Ihr Hauptkontrahent in dieser Sache ist, die Macht zu nehmen (Pfeil links), oder ihn davon zu überzeugen, von einem starken in einen leichten Widerstand zu wechseln (Pfeil hoch). Letzteres können Sie aber nahezu ausschließen, da Ihre Gewinn-und-Verlust-Rechnung für Manager E ergeben hat, dass Ihr Projekt für ihn nur Nachteile hätte und Sie ihm keine Vorteile anbieten können. Er wird seinen Widerstand also sehr wahrscheinlich aufrechterhalten.

Dem Hauptkontrahenten Macht zu nehmen ist meist nur mit unfairen Methoden realisierbar. Da sich aber unfaire Methoden nicht mit den sittlichen Werten vereinbaren lassen, sind sie abzulehnen.

Etwas kreativer und weniger bedenklich ist da schon das Vorgehen eines Managers, der seine Sekretärin bei der Sekretärin seines internen Hauptkontrahenten anrufen ließ. Seine Sekretärin erzählte der Kollegin, sie plane gerade Termine für eine Reihe von Management-Meetings und müsse bei den Beteiligten abfragen, wann diese im Haus wären, damit alle anwesend sein könnten. Daraufhin gab die Assistentin des Kontrahenten ihr bereitwillig alle Termine, an denen ihr Vorgesetzter nicht im Haus sein würde. Unter anderem hatte er in absehbarer Zeit einen zweiwöchigen Urlaub geplant. Sie dürfen raten, wann die entscheidende Sitzung stattfand.

Wenn Sie fair spielen wollen, sollten Sie sich auf die verbleibenden Kollegen B, C und D konzentrieren. Diese drei Entscheider können Sie in der Kraftfeldanalyse dadurch nach oben oder links bewegen, dass Sie

- ihnen verdeutlichen, welche Vorteile ihnen die Umsetzung Ihres Projekts bringt. Vielleicht ist einem der Entscheider ein Vorteil noch nicht bewusst geworden. (Beispiel: Die Verkleinerung eines Vertriebsgebietes bedeutet für einen dauernd gestresst wirkenden Vertriebsmanager kürzere Reisen und damit 50 Prozent weniger Hotelübernachtungen, also mehr Zeit und Energie für seine Frau und die drei Kinder).

- ihnen etwas anbieten, was bei deren Gewinn-und-Verlust-Rechnung den Gewinn erhöht. (Beispiel: Sie bieten einen Deal an, der beinhaltet, dass Sie den anderen im Gegenzug bei einem seiner Projekte unterstützen).

- ihnen etwas anbieten, was bei deren Gewinn-und-Verlust-Rechnung den Verlust verringert. (Beispiel: Ein Manager muss für Ihr Projekt finanzielle Ressourcen bereitstellen, die er nicht frei hat, weil er sie anderweitig benötigt. Ihm können Sie anbieten, dass er statt finanzielle nur Personalressourcen beisteuert, über die er wesentlich leichter verfügen kann).

- eine der Personen, die zu Ihrem Vertrauensnetzwerk gehören, bitten, ihre Position Ihnen zuliebe zu ändern.

Sie sehen, Sie haben bei den drei Personen B, C und D jeweils vier Hebel, die Sie ansetzen können. Das sind zwölf Möglichkeiten, die Sie überdenken sollten. Durch geschickte Schachzüge schafften es die grauen Eminenzen, gekonnt auf dieser Klaviatur zu spielen. Nutzen Sie diese Möglichkeiten! Im Vergleich zu jemandem, der unbedarft abwartet, wie die Kollegen wohl reagieren werden, ist ein Manager, der im Vorfeld das Kräfteverhältnis analysiert und die richtigen Leute beeinflusst, klar im Vorteil.

Sie können übrigens davon ausgehen, dass Ihr Kontrahent Manager E sehr wahrscheinlich versuchen wird, Manager D für seine Sache zu gewinnen, denn dieser ist sehr einflussreich und kein Befürworter des Projekts. Schafft Manager E es, ihn auf seine Seite zu ziehen, haben Sie deutlich schlechtere Karten. Schaffen Sie es dagegen, Manager D auf eine neutrale bis positive Position zu dirigieren, haben Sie wahrscheinlich schon gewonnen. Manager D ist damit die für beide Seiten kritischste Person in dieser Kraftfeldanalyse.

Interessant ist es auch, sich die Kraftfeldanalyse noch mal in Zusammenhang mit dem Vertrauensnetzwerk anzusehen. Wenn Sie als Manager A zum Beispiel ein Vertrauensverhältnis zu Manager B haben und dieser sich wiederum mit Manager C sehr gut versteht, können Sie ihn bitten, als Fürsprecher für Ihre Sache bei C ein gutes Wort einzulegen. Auch das ist völlig legitim, denn Manager B ist ja tatsächlich dem Projekt gegenüber positiv eingestellt. Er sagt also die reine Wahrheit, wenn er Ihre Meinung vertritt.

In den Unternehmen gibt es natürlich nicht nur Vertrauensnetzwerke, sondern auch Kollegen, die sich gegenseitig nicht leiden können. Auch das sollten Sie berücksichtigen. Manche Manager haben einen Erzfeind im Unternehmen. Sie sehen es bei ihrer Gewinn-und-Verlust-Rechnung bezüglich Ihres Projekts als ein dickes Plus an, wenn sie wissen, dass der ungeliebte Kollege derjenige ist, der am tiefsten in die Tasche greifen muss. Nach dem Motto: Ich stelle gerne zwei Leute für das Projekt ab, wenn er sieben zur Verfügung stellen muss. Manchmal reicht es auch schon, im Gespräch zu erwähnen, dass der Kollege, den er nicht mag, einer der Hauptkontrahenten des Projekts ist. Und siehe da, Ihr Projekt ist schlagartig attraktiver geworden!

Mit Meinungsbildnern Vorabgespräche führen

Eine gutes Mittel, um leicht negativ gestimmte Entscheider in neutrale oder neutrale in positive Entscheider zu verwandeln, sind Vorabinformationen: Sie treffen sich im Vorfeld des entscheidenden Meetings mit einem der Entscheider und stellen ihm das von Ihnen ausgearbeitete Konzept vertraulich vor. Anschließend diskutieren Sie es gemeinsam und fragen die Person, welche Änderungen sie eingearbeitet haben möchte, damit sie bei dem eigentlichen Meeting dafür stimmt. Die Verbesserungsvorschläge müssen Sie natürlich nicht 1:1 umsetzen. Sie können durchaus mit der Person verhandeln. Wichtig ist nur, dass Ihr Gesprächspartner im Anschluss an das Gespräch das Gefühl hat, Sie wären ihm entgegengekommen, denn dann fühlt er sich Ihnen gegenüber verpflichtet.

Manchmal müssen Sie einer anderen Person auch gar nicht entgegenkommen, sondern können ihn einfach nur informieren. Menschen lehnen schnell Dinge ab, die sie nicht verstehen, weil sie nicht abschätzen können, welche Konsequenzen es für sie hat. Wenn Sie also mit einem wichtigen Entscheider bereits im Vorfeld über die Vorschläge diskutieren, die Sie im nächsten Managementmeeting einbringen wollen, hat dieser die Möglichkeit, Ihre Ideen in Ruhe mit Ihnen zu diskutieren.

Dabei können Sie ihm zum Beispiel klarmachen, dass sich die Vor- und Nachteile für ihn in der Waage halten (Gewinn-und-Verlust-Rechnung). Ohne die Vorabsprache würde er in dem entscheidenden Meeting vielleicht zuerst einmal nur seine Nachteile erkennen und dagegen stimmen. In einer ruhigen, störungsfreien Gesprächsatmosphäre mit einer guten Tasse Kaffee und Ihrem charmanten Lächeln wird er sich schon eher davon überzeugen lassen, sich zumindest neutral, wenn nicht sogar unterstützend zu verhalten, als in einem hektischen Meeting mit den Kollegen.

Diese Vorabinformationsgespräche führen Sie natürlich nicht mit Ihren Kontrahenten, denn diese würden das gewonnene Wissen möglicherweise gegen Sie benutzen. Achten Sie auch darauf, dass Sie es nicht mit Managern führen, die zu diesen Kontrahenten eine bessere Vertrauensbeziehung haben als zu Ihnen, denn sie würden die Informationen wahrscheinlich weitergeben. Sie sollten übrigens bei sehr wichtigen Entscheidungen auch die bereits positiv gestimmten Entscheider aus Ihrem Vertrauensnetzwerk vorab informieren. Das stärkt die bereits vorhandene Bindung, und vielleicht haben diese noch den ein oder anderen nützlichen Rat für Sie.

Was aber tun Sie, wenn Sie nicht wissen, wer der informelle Meinungsbildner in einer Gruppe ist? Nehmen wir einmal an, Sie arbeiten mit einem internen Bereich oder einem externen Unternehmen zusammen, bei dem Sie noch nicht in Erfahrung gebracht haben, wer die wichtigsten Meinungsbildner sind, wie können Sie das dann herausfinden? Gehen Sie wie folgt vor: Stellen Sie einfach Fragen in die allgemeine Runde, die sich aber eigentlich an die Meinungsbildner richten. Fragen Sie zum Beispiel: »Können wir heute eine abschließende Entscheidung treffen?« oder: »Wie gefällt Ihnen denn, was Sie bis jetzt über das Projekt gehört haben?« Und dann achten Sie auf die Blicke in der Gruppe! Zum einen wird niemand, der nicht über formelle oder informelle Macht verfügt, eine solche Frage im Namen der Gruppe beantworten wollen. All diejenigen, die keine Meinungsbildner sind, werden also zunächst einmal schweigen, bis die wirklichen Entscheider sich geäußert haben. Zum anderen schauen sie nach einer solchen, nicht trivialen Frage automatisch zu den Meinungsbildnern. Natürlich fällt der Blick dabei auch immer auf die ranghöchste Person, wenn eine solche dabei ist, aber das Interessante ist, wer neben dieser Person von den anderen Meeting-Teilnehmern die meisten Blicke erhält.

Aufschlussreich ist auch, wen der in der Hierarchie Ranghöchste ansieht, denn häufig ist Letzterer bei Fachthemen selbst nicht der Meinungsbildner. Die Person, die von den meisten angeschaut wird, vielleicht auch vom Vorgesetzten selbst, ist normalerweise der Meinungsbildner, der für Sie interessant ist.

Von der Mafia lernen – Wie Sie ein tragfähiges Netzwerk knüpfen

Grabe den Brunnen, bevor du Durst hast.
Chinesisches Sprichwort

Sie haben im letzten Kapitel erfahren, wie Sie durch Analyse und Nutzung von Netzwerken innerhalb des Unternehmens Einfluss nehmen können. In diesem Kapitel geht es allgemein um das Thema Networking, das heißt wir erweitern die Perspektive von den internen Netzwerken auf all Ihre Kontakte innerhalb und außerhalb Ihres Unternehmens.

»Networking« ist in Mode. In jeder Fachzeitschrift liest man darüber. Neue Konzepte wie beispielsweise Visitenkartenpartys werden angeboten, und altehrwürdige Clubs wie die Rotarier oder Lions erfahren vermehrten Zulauf. Viele erfolgsorientierte Menschen, und dazu gehören die meisten mittleren Manager, wünschen sich mehr Kontakte zu für sie wichtigen Personen innerhalb und außerhalb des Unternehmens, doch nicht jedem gelingt dies. Sicherlich kennen auch Sie Führungskräfte, die über viele gute Kontakte verfügen, und solche, die trotz ihrer gehobenen Position nicht gut vernetzt sind. Was unterscheidet die einen von den anderen?

Sehen wir uns dazu einen Ausschnitt aus dem berühmten Roman *Der Pate* von Mario Puzo an. In dieser kleinen Episode wird deutlich, wie die italienische Mafia, eine der »erfolgreichsten« Netzwerkorganisationen der Welt, Kontakte knüpft. Die Mafia verfügt über ein weitverzweigtes Netzwerk zu vielen Menschen aus allen Schichten der Bevölkerung und setzt dieses geschickt ein. Neben dem Einsatz von brutaler Gewalt und Bestechungsgeldern schafft es die Organisation auch auf freundliche Art und Weise, ehrbare Bürger für ihre Sache zu gewinnen. Wie sie das bewerkstelligt, zeigt sich in dieser kurzen Szene, in der der mächtige Pate Don Corleone am Tag der Hochzeit seiner Tochter Bittsteller empfängt:

»Der nächste, den Hagen hereinholte, war ein recht einfacher Fall. Er hieß Anthony Coppola und war der Sohn eines Mannes, mit dem Don Corleone in seiner Jugend bei der Eisenbahn gearbeitet hatte. Coppola brauchte fünfhundert Dollar, weil er eine Pizzeria eröffnen wollte; er benötigte sie für eine Anzahlung auf die Einrichtung und einen Spezialofen. Aus nicht näher erläuterten Gründen konnte er keinen Kredit bekommen. Der Don griff in seine Tasche und zog eine Rolle Geldscheine hervor. Es war nicht ganz genug. Er schnitt eine Grimasse und bat Tom Hagen: »Leih mir hundert Dollar, Tom. Montag, wenn ich zur Bank gehe, bekommst du sie wieder.« Der Bittsteller wandte ein, vierhundert Dollar seien genug, aber der Don schlug ihm beruhigend auf die Schulter und sagte entschuldigend: »Durch diese aufwendige Hochzeit bin ich etwas knapp an Bargeld.« Er nahm die Scheine, die Hagen ihm reichte, und gab sie, zusammen mit seiner eigenen Banknotenrolle, an Anthony Coppola weiter.

Hagen sah ihm mit stummer Bewunderung zu. Der Don hatte ihm eingeschärft, wenn ein Mann großzügig sei, müsse er zeigen, dass seine Großzügigkeit persönlich gemeint sei. Wie schmeichelhaft für Anthony Coppola, dass sich ein Mann wie der Don herbeiließ, sich selber Geld zu borgen, um *ihm* etwas leihen zu können! Zwar wusste Coppola genau, dass der Don Millionen besaß, aber wie viele Millionäre nahmen für einen armen Freund auch nur die kleinste Ungelegenheit auf sich?«[25]

In dieser Szene sehen Sie, wie der Pate es beherrscht, Menschen an sich zu binden. Er erspart dem Bittsteller peinliche Fragen: Er will nicht wissen, warum Coppola keinen Kredit von der Bank bekommt, welche Sicherheiten er bieten kann und wann er das Geld zurückzahlen will. Don Corleone ist verbindlich und redet nicht viel und er bittet Coppola nicht, ein andermal wiederzukommen, sondern löst das Problem sofort. Damit geht er beim Beziehungsaufbau in Vorleistung. Er fordert nicht, sondern investiert erst einmal auf sehr persönliche und sympathische Weise in die Beziehung, die auf Langfristigkeit angelegt ist.

Damit hat er einige wichtige Grundregeln des Vernetzens sehr gut umgesetzt. Im Folgenden werde ich Ihnen die zehn wichtigsten Regeln erläutern, die Ihnen dabei helfen, sich ein starkes Netzwerk aufzubauen.

**Die zehn wichtigsten Regeln für den Aufbau eines
starken Netzwerkes**

1. Netzwerken Sie mit sympathischen Energiespendern

Ein Grund, warum vielen Menschen das Networking nicht gelingen
will, ist, dass sie es mit den falschen Personen versuchen. Oft wollen
Manager einflussreiche Geschäftsleute in ihr Netzwerk integrieren, die
ihnen aber nicht wirklich sympathisch sind. Das Problem dabei ist,
dass die menschliche Bindung fehlt, die notwendig ist, damit beide Seiten den Kontakt langfristig halten. Betreiben Sie nur mit solchen Menschen Networking, die Sie persönlich mögen und die Sie respektieren.
Als Manager haben Sie sehr wenig Zeit. Ein Netzwerk muss aber ge-
pflegt werden und es stellt sich die Frage, wann Sie das auch noch machen sollen. Die Antwort lautet: Jederzeit, aber nebenbei! Wenn Sie
zum Beispiel im Auto sitzen und Zeit haben, telefonieren Sie gelegentlich mal mit einem Netzwerkpartner, statt Radio zu hören. Wenn Sie
eine Abwechslung am Arbeitsplatz brauchen, schreiben Sie kurz eine
E-Mail oder rufen Sie spontan einen Ihrer Netzwerkpartner an. Netzwerken können Sie jederzeit zwischendurch. »Oh mein Gott«, denken
Sie jetzt vielleicht, »wie anstrengend, in den wenigen freien Momenten

auch noch solche Telefonate zu führen.« Genau das ist der Punkt. Wenn Sie mit Menschen netzwerken, die Sie persönlich schätzen und mögen, fällt es Ihnen leicht, sie zwischendurch anzurufen. Es macht einfach Spaß, gelegentlich mit ihnen zu telefonieren oder E-Mails auszutauschen. Beide Netzwerkpartner freuen sich, wenn der andere sich mal wieder meldet. Über wessen spontanen Anruf ohne konkreten Grund würden Sie sich freuen?

Achten Sie auch darauf, dass die Menschen, die Sie für Ihr Netzwerk aussuchen, keine Energiesauger sondern Energiespender sind. Energiesauger sind anstrengend. Nach einem Treffen oder einem Telefonat mit ihnen fühlen Sie sich geschwächt. Wenn Sie ihnen von einer neuen Idee erzählen, führen sie alle Bedenken und Risiken auf, die man sich zum Thema überhaupt nur vorstellen kann. Diese Menschen haben eine ängstliche Lebenseinstellung und/oder eine negative Ausstrahlung. Bei Energiespendern dagegen fühlen Sie sich nach einem Kontakt wie aufgeladen. Diese Menschen sind »Befähiger«. Sie glauben an Sie und haben eine positive Einstellung zum Leben. Auch Energiespender sind Menschen, die Dinge kritisch durchleuchten können, aber ihre Grundfrage lautet »Wie kann man etwas erreichen?« und nicht »Was spricht dagegen?«. Achten Sie darauf, wie Sie sich im Anschluss an einen persönlichen Kontakt fühlen: Erschöpft oder aufgeladen?

2. Netzwerken ist eine Investition in die Zukunft

Networking kann viele Vorteile haben: Es kann Ihnen zum Beispiel den Zugang zu vertraulichen Informationen ermöglichen oder eine Empfehlung der eigenen Person an wichtiger Stelle zur Folge haben. Für all das braucht es aber Vertrauen! Oder würden Sie jemanden, den Sie kaum kennen, an einen wichtigen Kunden weiterempfehlen oder ihm vertrauliche Informationen geben? Die Antwort lautet normalerweise »Nein«, weil das Risiko zu hoch ist. Demnach brauchen Sie Kontakte mit Menschen, die Sie mögen und mit denen Sie ein Vertrauensverhältnis haben. So etwas kommt aber nicht von ungefähr, sondern braucht längerfristigen Kontakt, währenddessen Sie dem anderen Ihre Zuverlässigkeit und Kompetenz beweisen können und umgekehrt. Manchmal fassen wir zu jemandem, den wir auf einer Veranstaltung kennen lernen, spontan Vertrauen und empfehlen die uns sympathische Person schon am nächsten Tag an jemand anderen weiter. Das ist aber eher die Ausnahme. Weil Vertrauen Zeit braucht, sollten Sie früh genug mit dem Aufbau Ihres Netzwerkes beginnen. Eine schöne Möglichkeit, früh wichtige Kontakte zu knüpfen, ist zum Beispiel beim Antritt einer neuen Position den eigenen Chef zu bitten, zehn Personen außerhalb des eigenen Bereichs aufzuschreiben, die man für den neuen Job kennen lernen sollte. Nach und nach können Sie dann zu diesen Personen Kontakt aufnehmen.

Manche Menschen fragen sich, ob man Kontakte nicht auch schneller aufbauen kann, indem man zum Beispiel Mitglied in einem Golf-Club oder bei den Rotariern wird. Vor allem Personen, die kein Netzwerk besitzen, aber gerne schnell eines hätten, glauben, sich dort gute Kontakte aufbauen zu können, die sich beruflich nutzen lassen. Bei jeder erdenklichen Gelegenheit machen sie dann aus einem normalen Gespräch eine Selbstpräsentation oder sogar ein Akquisitionsgespräch. Das ist aber das Letzte, was diese Institutionen wollen, und der sichere Weg, wieder rausgeworfen zu werden. Der Zweck dieser Clubs ist die Freude an einer gemeinsamen Sache, wie zum Beispiel dem Sport, gemeinsam gelebten Werten und karitativen Aufgaben. Manchmal ergibt sich aus einer Mitgliedschaft auch ein beruflich interessanter Kontakt – manchmal! Zu dieser vergleichsweisen geringen Chance steht der Aufwand aber in keiner Relation. Bei den Rotariern zum Beispiel wird verlangt, dass Sie einmal die Woche an der Clubsitzung teilnehmen! Dazu kommen gesellschaftliche Abende mit Partner, Dienst am Weihnachtsstand für einen guten Zweck und regelmäßige Ausflüge zu Partner-Clubs. Treten Sie solchen Vereinigungen nur bei, wenn Sie wirklich Spaß an der Sache haben und bereit sind, sich einzubringen, denn das wird von einem Neuling im besonderen Maße erwartet! Wenn sich dann mal ein geschäftlicher Kontakt ergibt, umso besser.

3. Analysieren Sie Ihren Netzwerknutzen und steigern Sie ihn

Alle Menschen sind in ihrer Menschenwürde gleich. Innerhalb von Netzwerken bringen sie aber einen konkreten Netzwerknutzen ein, und da haben die Menschen unterschiedlich viel zu bieten. Seien Sie in der Auswahl Ihrer Netzwerkpartner realistisch. Für einen Vorstandvorsitzenden sind Sie als mittlerer Manager wahrscheinlich kein interessanter Netzwerkpartner, da er Ihnen ungleich mehr bieten kann als Sie ihm. Suchen Sie sich Menschen aus, die auf einer ähnlichen Stufe stehen wie Sie oder ein wenig darüber. Wenn Sie Ihr Netzwerk langfristig entwickeln, und die anderen parallel zu Ihnen auf der Karriereleiter aufsteigen, wird Ihr Netzwerk mit der Zeit immer einflussreicher.

Überlegen Sie, warum andere Menschen Sie in ihr Netzwerk aufnehmen sollten. Sie wissen jetzt, dass Sympathie und Vertrauen eine Voraussetzung sind. Dazu muss aber noch ein Netzwerknutzen hinzukommen. Welchen Nutzen können Sie Ihren Netzwerkpartnern bieten? Folgende Punkte können Sie einbringen:

- Informationen
- Ressourcen
- Kontakte
- Status und Ansehen
- Persönlichkeit

Nicht für jeden sind die gleichen Eigenschaften interessant. Der eine schätzt Sie vielleicht besonders als interessanten Gesprächspartner, dessen Ideen und Kommentare ihn bereichern. Für den Nächsten könnten dagegen Ihre Kontakte langfristig interessant sein. Überlegen Sie, wie Sie Ihren von anderen wahrgenommenen Netzwerknutzen steigern können, indem Sie zum Beispiel diesen gezielter kommunizieren oder auch mehr zum Einsatz bringen. Sie können beispielsweise vorhandene Kontakte weitervermitteln und damit in Vorleistung gehen.

4. Konzentrieren Sie sich auf eine begrenzte Anzahl von Kontakten

Sie erinnern sich an das 80/20-Prinzip beziehungsweise das Gesetz der Unausgewogenheit? Mit wenig Aufwand erreichen Sie in den meisten Fällen einen Großteil des Ergebnisses. Das trifft auch für Ihr Netzwerk zu. In manchen Büchern über Networking findet man die Empfehlung, im Lauf der Zeit möglichst viele Visitenkarten zu sammeln. Was für ein Unsinn! Wenn Sie jemanden kontaktieren, dessen Visitenkarte Sie bei irgendeiner Veranstaltung bekommen haben, wird sich diese Person sehr wahrscheinlich nicht mehr an Sie erinnern und demnach bestimmt auch nichts für Sie tun. Sie brauchen Kontakte zu Menschen, die wissen, wer Sie sind. Begeisterte Netzwerker besitzen tatsächlich sehr viele Kontakte, die sie auch alle pflegen, weil ihnen dies Spaß macht. Sie als mittlerer Manager haben aber nicht so viel Zeit, als dass Sie ein aufwändiges und großes Netzwerk pflegen könnten, wie zum Beispiel ein deutscher Vorstand, der neben seinem normalen Sekretariat noch ein zweites nur für die Betreuung und Pflege seiner Kontakte unterhält.

Konzentrieren Sie sich auf Qualität und beschränken Sie sich auf eine überschaubare Anzahl von Personen, die Sie umso intensiver betreuen, um den regelmäßigen Kontakt zu diesen Menschen aufrechtzuerhalten. So steigt die Wahrscheinlichkeit, dass Ihre Netzwerkpartner Sie unterstützen, wenn Sie auf Hilfe angewiesen sind. Untergliedern Sie Ihre Kontakte in ein engeres und ein weiteres Netzwerk. Zum weiteren Netzwerk gehören alle Menschen, die Sie irgendwann einmal kennen gelernt haben. Das engere Netzwerk beschränkt sich auf die Personen, mit denen Sie einen langfristigen regelmäßigen Kontakt und gegenseitigen Austausch wünschen. Wie viele Personen Sie in Ihr enges Netzwerk aufnehmen, entscheiden Sie. Ich selbst halte 20 Personen für eine gute Anzahl, die sich noch problemlos handhaben lässt. Für den Anfang können es aber auch weniger sein.

Vielleicht haben Sie schon einmal vom Small World Phenomenon gehört. Es basiert auf der Hypothese, dass jeder Mensch auf der Welt mit jedem anderen über nur sechs Stationen verbunden ist. Zwischen Ihnen und dem/der aktuellen Bundeskanzler/in stehen also höchstens sechs Personen. Zum Ministerpräsidenten Ihres Landes sind es vielleicht sogar nur drei Kontakte. Auch wenn diese Theorie sich kulturübergreifend nicht bestätigen ließ, funktioniert sie wahrscheinlich durchaus innerhalb eines Landes. Interessant für Sie ist es also, sich mit Menschen zu vernetzen, die selbst gute Netzwerker sind, denn dann können Sie, ein gutes Verhältnis vorausgesetzt, auch auf deren Netzwerk zugreifen. Nehmen wir mal an, Sie beschränken Ihr aktiv gemanagtes Netzwerk auf 20 Personen, die Sie regelmäßig kontaktieren und mit denen Sie sich wirklich gut verstehen. Nehmen wir weiterhin an, dass diese 20 Personen ebenfalls über 20 engere Kontakte verfügen, mit wiederum jeweils 20 guten Kontakten, dann sind das bereits 8 000 potenzielle Verbindungen!

Grafik 11

Ihr 20-Prozent-Netzwerk

Das Netzwerk Ihrer Netzwerkmitglieder

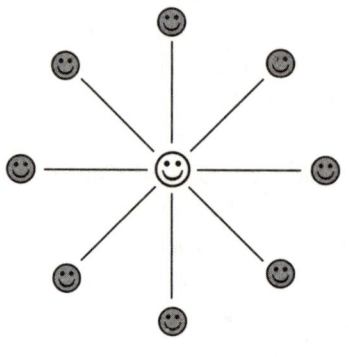

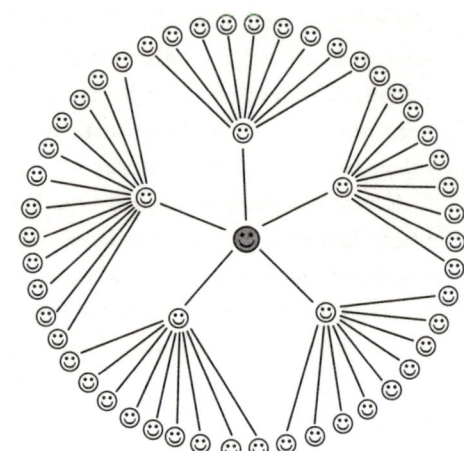

Wie aber erreichen Sie, dass Menschen ihr Netzwerk für Sie aktivieren beziehungsweise aktiv bei Dritten nachfragen, ob sie Ihnen weiterhelfen können? Die Antwort kennen Sie schon: Ihr Netzwerkpartner muss Sie sympathisch finden und Ihnen vertrauen. Außerdem muss die andere Person Ihnen gerne einen Gefallen tun, zum Beispiel deshalb, weil Sie ihr ebenfalls schon behilflich waren, womit wir beim nächsten Punkt wären.

5. Gehen Sie in Vorleistung

Von nichts kommt nichts. Wie bei dem oben aufgeführten Beispiel von Don Corleone müssen Sie in den meisten Fällen erst einmal in Vorleistung gehen. Das gilt nicht nur für diejenigen Personen, die einen höheren Netzwerknutzen bieten können als Sie, sondern gegenüber jeder Person, die Sie gerne in Ihrem Netzwerk hätten. In Vorleistung gehen können Sie zum Beispiel ganz unspektakulär, indem Sie sich regelmäßig bei jemandem melden. Heute hat jeder zu wenig Zeit. Wie oft fällt uns jemand ein, und wir denken uns: »Bei dem müsste ich mich auch mal wieder melden.« Leider tun wir es nicht, weil wir zu träge sind oder einfach zu viel um die

Ohren haben. Wenn nun aber jemand eine andere Person immer wieder kontaktiert, wird der andere dies mit der Zeit positiv verbuchen, immer vorausgesetzt, beide sind sich sympathisch. Ich erinnere mich an eine sehr nette, noch recht junge Führungskraft, die mich gerne als Kontakt in ihrem Netzwerk haben wollte. Ich war am Anfang etwas zurückhaltend und beließ es bei einigen freundlichen Gesprächen. Nachdem der junge Mann sich aber über einen Zeitraum von zwei Jahren sehr regelmäßig telefonisch oder per E-Mail meldete, dachte ich irgendwann: »So viel Engagement muss belohnt werden.« Heute gehört er zu meinem engeren Netzwerk, und tatsächlich hat es sich mittlerweile so ergeben, dass ich ihm einen beruflichen Vorteil verschaffen konnte. Andererseits habe auch ich schon durch ausdauerndes Kontaktieren von für mich interessanten Menschen langfristige Beziehungen aufgebaut, die ohne diese Vorleistung meinerseits nicht entstanden wäre. Wenn Sie sich regelmäßig melden, zeigen Sie, dass Ihnen der Kontakt wichtig ist und Sie ein guter Netzwerker sind. Wenn die unter Regel 1 aufgeführte verlangte Sympathie vorhanden ist, müssen Sie gar nicht so viel Vorleistung erbringen. Oft genügen kleine Gesten, wie zum Beispiel eine Karte zum Geburtstag.

6. Interessieren Sie sich aufrichtig für die andere Person

Es gibt heute nicht sehr viele Menschen, die gute Zuhörer sind und sich wirklich für den anderen interessieren. Wesentlich mehr Menschen wollen lieber selbst erzählen, zum Beispiel darüber, wie wichtig sie sind. Wenn Sie sich auf Ihr Gegenüber einstellen und echtes Interesse zeigen, wird er Sie als sehr interessanten Gesprächspartner verbuchen. Finden Sie heraus, was für ein Mensch der andere ist. Wir lieben es, wenn andere echtes Interesse für unsere Person zeigen. Natürlich sollten Sie auch etwas über sich erzählen. Aber wichtiger sollte zuerst einmal der Wunsch sein, etwas über den anderen zu erfahren. Menschen, die auf Netzwerkveranstaltungen gehen und nur von sich erzählen, bekommen meistens keine interessanten Kontakte. Merken Sie sich die wichtigsten Informationen über die Person, oder noch besser, schreiben Sie diese auf. Wann hat die Person Geburtstag? Was sind ihre Hobbys? Wie heißen der Partner und die Kinder? Welches Essen bevorzugt die Person? Kurz bevor Sie die Person das nächste Mal treffen, nehmen Sie sich zwei Minuten, um Ihre gesammelten

Notizen durchzulesen. Was denken Sie, wie erstaunt jemand ist, wenn Sie ihn nach acht Monaten fragen, wie es seinen beiden Kindern geht, und Sie diese beim Namen nennen können? Oder wenn Sie ihm zum Aufstieg seiner Lieblingsfußballmannschaft gratulieren?

Der Aufwand, eine kleine Datei anzulegen und sich die Namen der Kinder und einige sonstige Informationen zu notieren, beträgt weniger als zehn Minuten! Fragen Sie die Person nach ihren Interessen, und wenn Sie sie etwas besser kennen auch, in welche Richtung sie sich beruflich weiterentwickeln will, dann wissen Sie, wie Sie die Person unterstützen können.

Wenn Sie jemandem, den Sie für Ihr Netzwerk gewinnen wollen, zum ersten Mal treffen, informieren Sie sich im Vorfeld über die Person. Menschen fühlen sich geschmeichelt, wenn sie merken, dass Sie sich die Zeit genommen haben, sich mit ihnen zu beschäftigen, und bereits Stationen aus ihrem Leben kennen. Das Internet ist hier manchmal sehr ergiebig.

7. Seien Sie erreichbar, verbindlich und großzügig

Wenn jemand aus Ihrem engeren Netzwerk Sie kontaktieren will, Sie aber nicht erreicht, rufen Sie so schnell es geht zurück. Das zeigt, dass Sie die Person ernst nehmen und wertschätzen. Wenn jemand Sie um etwas bittet, handeln Sie schnell! Überraschen Sie den anderen durch eine prompte Umsetzung. Ihr Netzwerknutzen für andere steigt deutlich, wenn Sie sich den Ruf erarbeiten, ein Mann oder eine Frau der Tat zu sein. Halten Sie Ihre Zusagen ein. Sollte sich einmal etwas verzögern, informieren Sie die Person kurz, lieber einmal zu viel als einmal zu wenig. Hat Ihnen jemand einen Gefallen getan, rufen Sie anschließend an und bedanken Sie sich! Bei größeren Gefallen zeigen Sie Ihre Dankbarkeit und seien Sie dabei großzügig. Schicken Sie der Person beispielsweise ein Paket mit edlen Weinen oder Feinkost. Oder laden Sie die Person zeitnah in ein gutes Restaurant ein. Es geht dabei um eine angemessene Geste der Dankbarkeit, nicht darum, den Gefallen materiell auszugleichen. Manchmal reicht auch ein kleines Buch mit einer netten Karte. Wenn Ihnen ein Netzwerkpartner einen interessanten Kontakt vermittelt und Sie sich aufgrund dessen mit jemandem getroffen haben, dann geben Sie der Person, die den Kontakt vermittelt hat, eine kurze Rückmeldung zum Gesprächsverlauf. All das ist eigentlich völlig selbstverständlich, aber Sie glauben gar nicht, wie viele

Menschen sich in der Praxis weder bedanken noch eine Rückmeldung geben. Sorgen Sie dafür, dass man Sie für eine verbindliche Person hält, und Ihr Netzwerknutzen steigt.

8. Richten Sie Ihr Netzwerk vielseitig aus

Vernetzen Sie sich innerhalb Ihres Unternehmens mit den anderen Bereichen. Das hilft Ihnen, von vornherein bessere Konzepte zu erstellen, da Sie wissen, auf was die Abteilungen achten, und Sie dies berücksichtigen können. Außerdem können Sie auftretende Schnittstellenprobleme schneller klären, weil Sie Ansprechpartner kontaktieren können, die Ihnen wohlgesinnt sind. Vernetzen Sie sich auch außerhalb des Unternehmens mit Menschen, die etwas anderes machen als Sie. Es gibt Manager, die über ein gutes Netzwerk verfügen, aber nur bezogen auf ihren Bereich oder ihre Branche. Hier wird sicherlich der Schwerpunkt der meisten Netzwerke liegen. Viele Manager wechseln aber mittlerweile im Lauf ihres Berufslebens mindestens einmal die Branche. Schade, wenn damit Ihr gesamtes Netzwerk obsolet würde.

Ein großer Vorteil von Netzwerken ist schließlich der Meinungsaustausch. Menschen, die in völlig anderen Bereichen tätig sind, geben Ihnen eher neue Impulse und Perspektivenwechsel als ein reines Berufsnetzwerk, weil sie den Tunnelblick der Branche nicht haben. Wenn Sie als Manager zum Beispiel Rechtsanwälte, Ärzte oder Architekten in Ihrem Netzwerk haben, können Sie diese kontaktieren, wenn Sie oder jemand aus Ihrem Netzwerk eine Empfehlung braucht. Wer ist im Frankfurter Raum ein guter Anwalt für das Thema Arbeitsrecht? Welcher Arzt in Deutschland ist der Experte für Knieprobleme? Oft kennen diese Menschen aber auch wieder andere interessante Personen. Eine Netzwerkverbindung ist immer eine Investition in einen möglichen zukünftigen Nutzen. Man kann nie genau vorhersehen, welchen Nutzen einem ein Netzwerkpartner später bringen wird. Aber selbst, wenn aus einer Verbindung nie ein Vorteil für Sie entsteht, hat der Kontakt mit der Person Ihnen zumindest Spaß gemacht, wenn Sie Regel 1 beachtet haben. Auch Künstler, Priester und sonstige dem Management nicht verwandte Berufsgruppen können nicht nur menschlich bereichernd, sondern auch hilfreich sein, weil diese unter Umständen problemlos Zugang zu Gruppen haben, an die Sie nicht ohne

Weiteres herankämen. Ein mir bekannter Künstler besitzt zum Beispiel, wie sich herausstellte, sehr gute persönliche Kontakte zu dem Oberbürgermeister einer der drei größten deutschen Städte sowie zu einigen Prominenten, die sich in ihrer Freizeit gerne in der Kulturszene aufhalten. Mit solchen Kontakten können Sie für eine offizielle Veranstaltung Ihres Unternehmens eine prominente Persönlichkeit gewinnen, weil der »Exot« aus Ihrem Netzwerk mal eben für Sie den »Lothar« angerufen hat. Was glauben Sie, werden die Kollegen sagen, wenn sich herumspricht, dass der Kontakt zu der bekannten öffentlichen Person über Sie zustande kam?

9. Lassen Sie die anderen wissen, wo Sie hinwollen

Wenn Sie einen Kontakt gefestigt haben, ist es sinnvoll, den anderen nicht nur zu fragen, wohin er sich langfristig entwickeln möchte, sondern auch von Ihren eigenen Plänen zu erzählen. Nur wenn Ihre Kontakte wissen, was Ihre langfristigen Ziele sind, können sie Sie unterstützen. Vielleicht denkt einer Ihrer Netzwerkpartner in einer bestimmten Situation an Sie und ruft Sie an, weil er eine Chance sieht, Sie zu unterstützen. Kommunizieren Sie deshalb, was Sie vorhaben, sowohl im Großen als auch gelegentlich im Kleinen, wie im folgenden Beispiel:

Ein Manager, der in Frankfurt wohnte, wollte Italienisch lernen. Also teilte er dies seinen vier Kontakten im Frankfurter Raum kurz mit. Daraufhin empfahl ihm einer eine sehr gute und flexible Privatlehrerin, die ihn dann unterrichtete, und ein zweiter schickte ihm ein ausgeklügeltes Lernprogramm einer großen Fluggesellschaft, bei der seine Frau arbeitete, und mit der sie die Sprache für ihren Beruf gelernt hatte.

10. Nutzen Sie das Netzwerk aktiv

Ein Netzwerk muss leben. Wenn Sie eine überschaubare Anzahl an Netzwerkpartnern in Ihrem Netzwerk haben und wissen, was deren Interessen sind beziehungsweise wohin sich diese langfristig entwickeln wollen, dann werden sich immer wieder Situationen ergeben, in denen Sie erkennen, dass Sie einem Ihrer Netzwerkpartner einen Nutzen verschaffen können. Dann rufen Sie ihn oder sie kurz an und erzählen davon. Wenn Sie in einer Stadt sind, in der einer Ihrer Netzwerkpartner wohnt, verabreden Sie sich.

Regel Nr. 5 besagt, dass Sie erst einmal in Vorleistung gehen sollten. Danach ist es aber auch wichtig, dass Sie bereit sind, etwas zu nehmen. Achten Sie darauf, dass Sie weder nur geben noch nur nehmen. In meinem Umfeld gab es jemanden, der immer nur gegeben, aber nie etwas genommen hat, selbst wenn man ihm mehrfach Hilfe angeboten hat, die er in der Tat hätte gebrauchen können. Das ist für den, der immer nur empfängt, auf Dauer unangenehm, denn es macht keinen Spaß, immer nur in der Schuld eines anderen zu stehen. Die besten und ergiebigsten Verbindungen bestehen aus wechselseitigem Geben und Nehmen. Leider gibt es auch Menschen, die nur konsumieren und nichts einbringen. Sie rufen nicht an, sie bemühen sich nicht und überlegen sich nicht, wie sie sich revanchieren können. Sehen Sie der Realität ins Auge. Solche Kontakte sollten Sie nach einer Probezeit aus Ihrem engeren Netzwerk streichen. Andere interessante Kontakte können dann nachrücken und freuen sich darüber, wenn Sie Ihre wertvolle Zeit in diese Beziehung investieren.

Übung

Als mittlerer Manager müssen Sie sich nicht so viele Gedanken darüber machen, wie Sie Kontakte knüpfen können, denn diese haben Sie schon durch Ihren bisherigen Karriereweg und Ihre jetzige Position erworben. Vielmehr sollten Sie sich überlegen, welche bestehenden Kontakte Sie intensivieren und in der Zukunft in Ihr engeres Netzwerk aufnehmen wollen. Gehen Sie wie folgt vor:

1. Erstellen Sie eine Liste Ihrer Kontakte innerhalb (maximal 50 Prozent der Liste) und außerhalb des Unternehmens. Dies können Kontakte aus der Studienzeit, von früheren Arbeitgebern, Verbänden, Vereinen oder aufgrund Ihrer jetzigen Position sein. Versetzen Sie sich geistig in frühere Lebensabschnitte zurück. Mit wem hatten Sie damals viel zu tun? Wer war Ihnen besonders sympathisch?

2. Überlegen Sie, aus wie vielen Kontakten Ihr engeres Netzwerk in etwa bestehen soll. Wie viele Kontakte trauen Sie sich zu? Bedenken Sie den Zeitaufwand und seien Sie realistisch. Nehmen Sie sich zu Beginn lieber weniger Kontakte vor (zum Beispiel zehn) und erweitern Sie Ihr Netzwerk nach und nach (zum Beispiel auf zwanzig).

3. Legen Sie sich auf Ihre Wunschnetzwerkpartner fest. Bevorzugen Sie dabei Personen,

- die Sie sympathisch finden und denen Sie vertrauen;
- die Sie als Energiespender empfinden;
- die eher Netzwerker als Einzelgänger sind.

Wenn Sie vorerst nur acht von zehn potenziellen Stellen besetzen können, dann lassen Sie zwei Stellen vorläufig frei. Nehmen Sie niemanden auf, von dem Sie nicht wirklich überzeugt sind! Wenn Sie Ihr Netzwerk nachhaltig pflegen, werden ohnehin neue Kontakte entstehen.

4. Überlegen Sie, wie Sie die ausgewählten Personen kontaktieren wollen.

- Wenn Sie von der Person keine aktuelle Telefonnummer haben, fragen Sie zum Beispiel bei der Alumni-Vereinigung Ihrer Universität nach. Auch bei XING findet man erstaunlich oft alte Kollegen oder Kommilitonen.
- Speichern Sie die Nummern Ihrer Netzwerkpartner in Ihrem Handy, damit Sie diese auch zwischendurch mal anrufen können.
- Wenn möglich, vereinbaren Sie ein persönliches Treffen. Meistens fallen diese Wiedervereinigungen sehr angenehm aus.
- Legen Sie eine kleine Datei mit Ihren Netzwerkpartnern an, in der Sie einige Informationen über die Person speichern.
- Schreiben Sie sich die Geburtstage in Ihren Kalender.

5. Nach dem ersten Treffen oder den ersten Telefonaten überlegen Sie, wie Sie der Person einen Gefallen tun können. Senden Sie ihr zum Beispiel die Kopie eines lesenswerten Artikels, stellen Sie

einen interessanten Kontakt her oder machen Sie etwas anderes, was individuell auf die Person zugeschnitten ist.

Management Summary

Wie Sie sinnvoll kooperieren

- Die wahren Konkurrenten, die es zu schlagen gilt, sind die Manager bei den Mitbewerbern und nicht die Kollegen im eigenen Unternehmen. Wer den Mut hat, die eigenen Interessen zu vertreten, gleichzeitig aber Rücksicht auf die Interessen des anderen nimmt, hat in längerfristigen Beziehungen mit gegenseitiger Abhängigkeit mehr Erfolg als jemand, der ohne Rücksicht auf den anderen nur seine eigenen Interessen vertritt. Die Kernfrage lautet »Wie können wir erreichen, dass wir beide profitieren?« anstatt »Wie kann ich meine Interessen durchsetzen?«.
- Ein wichtiges Prinzip, um bei unterschiedlichen Interessen zu einer Einigung zu gelangen, lautet »Erst verstehen, dann verstanden werden«. Wirklich verstehen wollen heißt, sich voll und ganz auf den anderen einzustellen und sich für einen Moment in die Position des anderen zu begeben.

Wie Sie mit schwierigen Managerkollegen umgehen

- Verhalten Sie sich bei Angriffen von Kollegen zumindest äußerlich ruhig.
- Trainieren Sie sich Abwehrtechniken an, um in Konfliktsituationen schnell und souverän reagieren zu können und damit weniger in Stress zu geraten. Grundsätzlich ist es nicht empfehlenswert, einen unfairen Angriff mit einem Gegenangriff zu parieren, denn das führt häufig zu einem ungewollten Schlagabtausch mit unangenehmen Folgen für beide Seiten.

Wie Sie Einfluss auf Ihre Managerkollegen ausüben

- In jedem Unternehmen gibt es Beraternetzwerke und Vertrauensnetzwerke. Es ist wichtig, diese zu kennen, um sie – auf faire Weise – taktisch nutzen zu können.

- Wenn Sie ein wichtiges Vorhaben umsetzen wollen, führen Sie eine Kraftfeldanalyse durch, mit deren Hilfe Sie ermitteln, auf welche von fünf möglichen Arten Sie wichtige Entscheider beeinflussen können.

Wie Sie ein tragfähiges Netzwerk knüpfen

- Um ein starkes Netzwerk aufzubauen, sollten Sie einige wichtige Grundregeln beachten: Netzwerken braucht Zeit, denn es muss zu jedem tragfähigen Kontakt ein Vertrauensverhältnis aufgebaut werden; Netzwerken Sie mit Ihnen sympathischen Energiespendern; konzentrieren Sie sich auf ein begrenzte Anzahl von Kontakten; interessieren Sie sich aufrichtig für die andere Person; gehen Sie in Vorleistung und seien Sie erreichbar, verbindlich und großzügig; richten Sie Ihr Netzwerk vielseitig aus; lassen Sie den anderen wissen, welche Ziele Sie haben, und nutzen Sie das Netzwerk aktiv.

4. Teil

Führen Sie Ihren Chef und das obere Management

In den vorangegangenen Kapiteln haben wir uns mit der Führung der eigenen Person, der Mitarbeiter und der Kollegen befasst. Damit Sie 360-Grad-Leadership vollständig beherrschen, sollten Sie eine weitere und letzte Richtung von Führung umsetzen: Das Führen Ihres Vorgesetzten beziehungsweise des oberen Managements. Diese Ebene ist für Ihren Erfolg und Ihre Karriere vielleicht die wichtigste. Führung nach oben baut nicht auf hierarchischer Macht auf, sondern auf Einflussnahme. Ob Sie dabei erfolgreich sind oder nicht, hängt davon ab, warum Sie Ihren Vorgesetzten führen wollen. Was ist Ihr Motiv? Wollen Sie Ihren Chef, Ihre Abteilung und damit auch sich selbst erfolgreicher machen? Dann wird er sich sehr wahrscheinlich von Ihnen führen lassen, und Sie werden viel erreichen. Wenn Sie aber denken »Mein Chef ist ein Idiot« und ihn, wie auch immer, zu Ihrem eigenen Vorteil manipulieren wollen, dann wird er sich sehr wahrscheinlich nicht von Ihnen führen lassen. Manipulieren bedeutet, den anderen zu etwas zu bewegen, was er nicht will. Die Führungskunst besteht darin, den Vorgesetzten genau dahin zu führen, wo er selbst noch hinwill.

In meiner Praxis als Führungstrainer höre ich von mittleren Managern häufig:

- »Ich kann meinen Chef nicht akzeptieren. Er entspricht einfach nicht meinen Erwartungen an einen guten Chef. Wie kann ich damit umgehen?«
- »Das Klima bei uns und in der Branche wird immer rauer, nicht erst seit der Entlassungswelle. Jeder versucht nur noch, sich abzusichern. Wie vermeide ich es, auf die Abschussliste zu kommen?«
- »Von oben kommen zum Teil unrealistische Ziele. Jeder weiß, dass sie nicht zu schaffen sind, aber wie spreche ich das an?«
- »Ich frage mich, wie mein Chef überhaupt den Posten bekommen hat. Seine Managementfähigkeiten können es nicht sein und seine menschlichen schon gar nicht. Lässt sich so jemand überhaupt führen?«

Diese und weitere Fragen werden in diesem Teil des Buches beantwortet. Wir beschäftigen uns im nun folgenden ersten Kapitel mit der Frage, was Sie tun können, wenn Ihr Chef Sie nervt. Dies kommt in der Praxis häufig vor. Das liegt zum einen am hohen Druck, den teils unrealistischen Zielen und der gestiegenen Arbeitsbelastung im Management allgemein, zum anderen aber auch an den persönlichen Eigenheiten Ihres Chefs.

Von Macht, Opferrollen und dem Königsweg – So gehen Sie damit um, wenn Ihr Chef Sie nervt

Es sind nicht die äußeren Umstände, die das Leben verändern, sondern die inneren Veränderungen, die sich im Leben äußern.

> Wilma Thomalla
> (Deutsche Publizistin)

Sagen Sie öfter »Mein Chef nervt mich«? Wenn ja, willkommen im Club. Es gibt wohl kaum eine Führungskraft im mittleren Management, die sich nicht ab und zu über ihren Vorgesetzten ärgert. Hier gilt es aber zu unterscheiden: Reizt Ihr Chef mit seinem Verhalten hauptsächlich Sie oder wirklich die meisten Mitarbeiter? Wenn er mit seinem Verhalten insbesondere Ihren Blutdruck erhöht, sollten Sie sich eine Frage stellen: »Wie oft fühle ich mich von meinem Vorgesetzten genervt? Gelegentlich, regelmäßig oder ständig?«

Wenn Ihre Antwort »gelegentlich« lautet, haben Sie kein Problem. Im Gegenteil. Herzlichen Glückwunsch! Entweder Sie gehören zu den wenigen, die tatsächlich einen dieser Super-Chefs oder -Chefinnen haben, oder Sie haben gelernt, mit ihm oder ihr umzugehen. Ist Ihre Antwort »regelmäßig« oder »ständig«, gibt es ein Problem.

Wer hat das Problem?

Lassen Sie uns ein kleines »Wer hat das Problem?«-Quiz spielen: Stellen Sie sich vor, Sie fahren hinter einem Auto her und haben es eilig. Der Fahrer des Wagens vor Ihnen fährt, freundlich formuliert, »reifenschonend«. Sie können nicht überholen. Was tun die meisten Menschen? Sie regen sich wahnsinnig auf, schütten Stresshormone für eine ganze Elefantenherde aus und pumpen ihren Blutdruck in die Höhe. Nehmen wir mal weiter an, der langsame Vordermann merkt davon aber nichts und bleibt gut gelaunt. Wer hat dann das Problem? Sie werden sagen, der Vordermann habe das Problem, weil er ja offensichtlich nicht richtig Auto fahren kann und sehr wahrscheinlich unter fortgeschrittener Demenz leidet. Komischerweise stört ihn das aber nicht. Denn wer hat den erhöhten Blutdruck wegen lächerlicher ein oder zwei Minuten Zeitverlust? Anders gefragt: Wer hat das Problem?

Niemand sagt, dass es besonders einfach ist, mit nervenden Situationen entspannt umzugehen. Deswegen regen sich ja so viele Menschen tagtäglich auf. Aber es ist möglich. Hier ein Erfahrungsbericht, wie ein Manager seine Einstellung geändert hat:

»Ich fuhr gerade auf der Schnellstraße zwischen zwei Orten. Ich musste zu einem Termin und hatte es eilig. Vor mir fuhr das Prachtexemplar eines Langsamfahrers. Da ich nicht überholen konnte, gab ich ihm mit Hupe und Lichtzeichen zu verstehen, was ich von seinem Fahrstil hielt. Als ich endlich überholen konnte, schaute mich aus dem Auto eine völlig verängstigte, den Tränen nahe alte Dame an. Mein schlechtes Gewissen zerstampfte mich den Rest des Tages zu Mehl. Seit diesem Zeitpunkt fahre ich ganz entspannt hinter Langsamfahrern her. Meist kann man eh innerhalb kurzer Zeit überholen.«

Hier hat sich also nicht die Situation geändert, sondern die Einstellung des Fahrers, und schon war das Problem beseitigt. Spielen wir die zweite Runde unseres »Wer hat das Problem?«-Quiz:

Wenn Ihr Chef Sie mit einem bestimmten Verhalten auf die Palme bringt, er selbst das Verhalten aber völlig in Ordnung findet (und das tut er im Allgemeinen), wer hat dann das Problem?

Bingo! Sie haben das Prinzip verstanden. Um die Analogie von eben zu nehmen – Sie können natürlich auch Ihrem Chef die Lichthupe geben. Die Konsequenz ist aber im Normalfall, dass Ihr Chef das gleich persönlich nimmt. Es gibt natürlich Situationen, in denen eine Führungskraft Mut und eine gute Portion Formulierungsgeschick braucht, um dem eigenen

Vorgesetzten bei einem nicht akzeptablen Verhalten Grenzen zu setzen. Aber in vielen Fällen, in denen Sie sich über Ihren Vorgesetzten ärgern, ist das weder sinnvoll noch nötig.

Die Frage »Wer hat das Problem?« sollten Sie sich immer wieder stellen, wenn Sie sich über andere ärgern. Wenn die Antwort »Ich« lautet, können Sie sofort etwas unternehmen. Entweder Sie verändern Ihre Einstellung oder Sie verändern die Situation beziehungsweise das Verhalten der anderen Person. Letzteres ist schon bei den Ihnen unterstellten Mitarbeitern schwierig. Bei Ihrem Chef steigert sich der Schwierigkeitsgrad gegen unendlich. Da besteht der Königsweg tatsächlich darin, die eigene Einstellung zu verändern. Das hat nichts damit zu tun, »den Schwanz einzuziehen« und »klein beizugeben«, sondern steht für Ihre Intelligenz und die Einsicht, dass Ihre Sichtweise der Dinge weder die einzige ist noch die richtige sein muss.

Dazu ein paar Beispiele:

Eine Führungskraft sagt: »Mein Chef ist neuen Ideen gegenüber nicht aufgeschlossen und blockt diese ab.« Eine andere Sichtweise: Ist dem wirklich so? Welche Ideen bringen Sie denn ein? Solche, die den Gewinn steigern, Aufwand und Kosten reduzieren oder solche, die die Kundenzufriedenheit erhöhen? Denen müsste Ihr Vorgesetzter eigentlich zustimmen. Schließlich hat er etwas davon und er ist ja nicht dumm. Wenn Ihre Ideen also wirklich gut sind, haben Sie ihm den Nutzen Ihrer Vorschläge vielleicht bisher nicht deutlich genug kommuniziert. Oder Sie haben sie ihm so präsentiert, dass er sich belehrt und gemaßregelt gefühlt und deshalb schon aus Prinzip abgelehnt hat. Oder sind es vielleicht eher Vorschläge, die erst mal Geld kosten und keinen direkten Gewinn oder keine direkte Erhöhung der Kundenzufriedenheit bewirken? Bei denen Kosten und Nutzen in einer nicht optimalen Relation stehen? Oder sind es Vorschläge zu Themen, die aus der übergeordneten Sicht des Vorgesetzten Nebenkriegsschauplätze darstellen? Die dringend benötigte Ressourcen unnütz binden und Personal von der Abarbeitung der Kernaufgaben abziehen würden? Wer blockt schon hervorragende Ideen ab, wenn sie einen selbst als Führungskraft und den unterstellten Bereich wirklich weiterbringen und gut präsentiert werden? Woran könnte es also liegen?

Eine Führungskraft sagt: »*Mein Chef hat kein emotionales Einfühlungsvermögen und er merkt nicht, dass er seine Führungskräfte ständig überfordert. Er lädt uns immer mehr Arbeit auf, obwohl wir schon hoffnungslos überlastet sind.*« Eine andere Sichtweise: Wenn Sie und Ihr Team sich überlastet fühlen, mit welchen Signalen haben Sie denn Ihrem Chef klargemacht, dass es Ihnen zu viel wird? Viele Führungskräfte nehmen Aufträge des Chefs mit relativ neutralem Gesichtsausdruck an und sagen: »Bis Dienstag wird aber ein bisschen knapp.« Der Chef erwidert: »Ach, das schaffen Sie schon«, und denkt dann gut gelaunt: »Sehr schön, man muss den Leuten nur zeigen, dass man Ihnen etwas zutraut, dann wachsen sie über sich selbst hinaus.« Die unterstellte Führungskraft denkt: »Ich habe ihm doch ganz klar gesagt, dass das bis Dienstag nicht zu schaffen ist. Super, das heißt mal wieder Überstunden schieben. Aber das ist dem ja völlig egal, diesem Leuteschinder.«

Eine Führungskraft sagt: »*Mein Chef macht mich wahnsinnig. Er kommt grundsätzlich zu allen Verabredungen und Meetings zu spät. Natürlich immer wegen irgendeiner wichtigen Sache.*« Eine andere Sichtweise: Greifen Sie sich an die eigene Nase. Wie konsequent sind Sie? Wenn Sie es sind, der warten muss, empfinden Sie das Verhalten Ihres Chefs als gering schätzend. Wenn Sie aber mit einer eigenen dringenden Sache bei Ihrem Chef sind, stört es Sie gar nicht, dass er sie mit Ihnen »noch eben schnell zu Ende bespricht«. Wenn die anderen warten müssen, weil er sich für Sie Zeit nimmt, ist dasselbe Verhalten auf einmal völlig in Ordnung. Stört Sie tatsächlich das Verhalten des Zuspätkommens an sich, könnten Sie sagen: »Chef, Sie haben in ein paar Minuten das Meeting. Wann können wir das zu Ende besprechen?« Das wäre konsequent und vermittelt eine wirksamere Botschaft als ein trauriges Gesicht, wenn Sie warten mussten.

Überlegen Sie also bei Konflikten zuerst einmal, was Sie selbst zum Konflikt beitragen. Nicht umsonst haben Sie diesen Konflikt mit Ihrem Chef und nicht ein anderer. Sie sind ein Teil des Konflikts, und auf diesen Teil können Sie direkt einwirken, was dann meistens auch eine positive Wirkung auf den anderen Teil hat. Wenn allerdings wirklich viele Kollegen Probleme mit diesem Vorgesetzten haben, deutet das darauf hin, dass er ein schwieriger Typ ist (siehe dazu auch das Kapitel »Von Chaoten, Cho-

lerikern und Pedanten« ab Seite 235). Aber auch dann gibt es Handlungs-
möglichkeiten.

Achten Sie auf Ihre Grundhaltung gegenüber Ihrem Chef

Wenn Sie die Macken Ihres Chefs nicht ertragen können oder, noch
schlimmer, Sie ihn für einen ausgemachten Idioten halten, dann sollten Sie
sich Folgendes bewusst machen:

- Sympathie und Antipathie sind eine Sache der Gegenseitigkeit. Wenn
  Sie denken »Mein Chef ist ein Idiot«, dann werden Sie dies durch Ihre
  Mimik und Körpersprache mehr oder weniger subtil zum Ausdruck
  bringen. Ihr Chef wird es vielleicht eine Zeit lang nicht merken, aber
  irgendwann realisiert er es. Und dann wird er Sie mit an Sicherheit
  grenzender Wahrscheinlichkeit auch für einen Idioten halten.
- Falls Ihr Chef wirklich unfähig ist, nur an seinen eigenen Vorteil denkt
  und nicht im Sinne des Unternehmens handelt, dann ist es nicht Ihre
  Aufgabe als unterstellte Führungskraft, ihn zu enttrohnen oder ihm
  seine Mängel klarzumachen. Das ist die Aufgabe des Vorgesetzen Ihres
  Chefs! Wenn der nichts unternehmen will, werden Sie es als unterstellte
  Führungskraft schwer haben. Schlechte Manager zu ersetzen, ist Aufgabe der obersten Unternehmensführung. Diese muss die Führungspositionen mit Menschen besetzen, die Leistung erbringen und den Werten des Unternehmens entsprechend denken und handeln. Wenn Ihr
  Chef keine Leistung bringt oder ein Egomane ist, muss die Leitung das
  früher oder später merken und ihn austauschen! Sie können das nicht,
  dafür sitzen Sie am zu kurzen Hebel.
- Selbst wenn Sie es schaffen, Ihren Chef aus der Firma zu hebeln, hat
  das für Sie wahrscheinlich eher Nachteile. Auch dann, wenn Ihr Chef
  nicht besonders beliebt war. Sie ernten dadurch nämlich den Ruf eines
  »Vorgesetzten-Mörders«, und welcher Chef will einen solchen Mitarbeiter schon gerne unter sich haben? Dass Sie den Stuhl Ihres Chefs
  erben, passiert in der Praxis selten.

Auch wenn Ihr Chef nicht immer Ihren Vorstellungen einer guten Führungskraft entspricht, sollten Sie Ihre Aufmerksamkeit lieber auf die posi-

tiven Seiten und Stärken Ihres Vorgesetzten lenken, denn hier gibt es für Sie und ihn am meisten zu gewinnen. Schauen Sie, was Ihr Vorgesetzter kann und was er nicht so gut kann. Das, was er kann, sollte zur Geltung kommen. Und bei dem, was er nicht kann, unterstützen Sie ihn. So wird sich Ihre Beziehung zueinander zum Positiven wandeln. Ganz nebenbei erhöhen Sie damit Ihre Karrierechancen. Denn wenn Ihr Chef mit Ihrer Hilfe einen guten Job macht, wird er wahrscheinlich befördert oder wechselt das Unternehmen. Der Nachfolger wird dann oft eine profilierte Führungskraft aus dem betreffenden Bereich, die durch gute Arbeit aufgefallen ist. Vielleicht Sie.

Nehmen wir dagegen an, Sie machen das Gegenteil: Sie mögen Ihren Chef nicht und arbeiten ihm nur so weit zu, wie es Ihr Job verlangt. Ihre Arbeitsleistung ist genau so, dass man sich nicht über Sie beschweren kann. Wenn Ihr Chef befördert oder, aus welchen Gründen auch immer, das Unternehmen verlässt, wer wird dann sein Nachfolger? Die unscheinbare Führungskraft, die unter dem Vorgänger immer ordentlich in der zweiten Reihe gearbeitet hat? Eher nicht. Wenn es keinen wirklich profilierten Nachfolger gibt, besetzt man diese Stelle eher mit einem externen Kandidaten. Und der bringt womöglich gleich noch einen guten Mann aus der letzten Firma als potenziellen Nachfolger mit.

Arbeiten Sie an der Beziehung

Die gute Nachricht ist, Sie müssen Ihren Vorgesetzten nicht zu einem anderen Menschen machen. Das schaffen Sie ohnehin nicht. Sie sollten lediglich daran arbeiten, dass Ihre Beziehung zu ihm besser wird, und das ist ein durchaus überschaubares Unterfangen. Das können Sie erreichen, ohne sich zu verbiegen.

Dazu sollten Sie Folgendes tun:

Übung

1. Schritt: Überlegen Sie zunächst, was Sie an Ihrem Chef schätzen, und würdigen Sie das. Beobachten Sie ihn. Was sind seine positiven Seiten?

Hierzu ein kurzer Erfahrungsbericht eines Managers:
»Ich hatte mal einen Chef, der zu allen sehr unfreundlich und ab-
weisend war. Er gab jedem das Gefühl, unfähig zu sein und ihn zu
nerven. Für eine Weihnachtsfeier hatte eine Kollegin die Idee, dass
jeder für jeden auf einem Zettel zusammenfassen sollte, was er am
anderen besonders schätzte. Auf der Weihnachtsfeier sollten die
Mitarbeiter und Chefs dann einen Brief mit den gesammelten Zetteln bekommen. Das fiel mir echt schwer. Ich sah bei dem betreffenden Vorgesetzten nur Negatives. Als ich mir aber die Mühe
machte, länger darüber nachzudenken, fiel mir einiges auf, was ich
durchaus schätzen konnte. Er war zum Beispiel höchst zuverlässig.
Man konnte sich blind auf seine Zusagen verlassen. Er war sehr
professionell. Er gab eigene Fehler sofort zu und entschuldigte sich
unverzüglich, wenn man ihn darauf aufmerksam machte. Und er behandelte alle gleich unfreundlich (auch seinen eigenen Chef und
Kunden), war also kein Fahrradfahrer, der nach oben buckelt und

nach unten tritt. Und so fielen mir weitere positive Eigenschaften ein, die ich aufgrund der alles überstrahlenden Unfreundlichkeit bisher nicht bewusst wahrgenommen hatte. Die Tatsache, dass ich auch seine positiven Seiten sehen konnte, veränderte meine Beziehung zu ihm, und ich kam schon nach kurzer Zeit wesentlich besser mit ihm aus, weil er spürte, dass ich nicht mehr nur gegen ihn war.« Schreiben Sie also auf, was Sie an Ihrem Chef wertschätzen. Wenn Ihnen spontan nichts einfällt, zeigt das Ihre verzerrte Wahrnehmung. Jeder Mensch hat Stärken und eine liebenswerte Seite. Beobachten Sie Ihren Chef eine Weile. Was kann er? Was sind seine positiven Seiten? Stellen Sie sich vor, Sie müssten in einer Woche eine Liste mit sieben positiven Eigenschaften Ihres Chefs abgeben, die Sie tatsächlich wertschätzen. Wenn Sie das nicht schaffen, werden Sie fristlos entlassen. Welche sieben Eigenschaften sind das?

2. Schritt: Schreiben Sie auf, was genau Sie an der Zusammenarbeit stört und was Sie gerne verändern würden.

Wichtig dabei ist, dass Sie konkret werden. Schreiben Sie also nicht: »Mein Chef zweifelt an meiner Kompetenz«, sondern »Mein Chef kritisiert in zwei von drei Fällen meine Umsatzprognosen für den jeweils nächsten Monat«. Nicht: »Mein Chef behandelt mich wie seinen Leibeigenen«, sondern: »Mein Chef setzt jede Woche ein Meeting nach 19 Uhr an. Außerdem bezeichnet er regelmäßige Nacht- und Wochenendarbeit als für Manager völlig normal und vergibt Arbeiten circa alle zwei Wochen so kurzfristig, dass sie nur in einer Nachtschicht zu leisten sind.«

3. Schritt: Wählen Sie eines oder zwei der notierten Probleme aus, die Sie am meisten belasten. Wenn Sie ein eher schwieriges Verhältnis zu Ihrem Chef haben, können Sie als erste Übung den Punkt wählen, bei dem Sie sich am leichtesten einen Erfolg versprechen. Formulieren Sie ein Ziel, zum Beispiel: »Mein Chef akzeptiert ab nächstem Monat die von mir ausgearbeiteten Umsatzprognosen.« Überlegen Sie sich, wie Sie vorgehen können, um dieses konkrete Ziel zu erreichen beziehungsweise das Problem abzuschaffen oder zu reduzieren, zum Beispiel: »Meine Umsatzprognose werde ich so aufbereiten, dass Sie für meinen Vorgesetzten besser nachvollziehbar ist. Außerdem werde ich sie ihm persönlich präsentieren.«

Durch diese drei Schritte werden Sie Ihren Chef deutlich neutraler wahrnehmen, vorausgesetzt, Sie sind wirklich bereit, an der Beziehung zu arbeiten. Sie legen mit der Beachtung seiner positiven Seiten bis zu einem gewissen Grad die Scheuklappen ab, die dazu führen, dass Sie nur noch das wahrnehmen, was Ihrem bisherigen Urteil entspricht. Sie können natürlich auch beschließen, im Recht zu sein und es dabei belassen. Das ist auch in Ordnung. Aber es hat Konsequenzen.

Was geben Sie Ihrem Chef?

Überlegen Sie sich als Nächstes, inwieweit Sie Ihrem Chef bisher das gegeben haben, was jeder Chef von seinen Mitarbeitern erwartet. In der Regel sind das drei Dinge, die Sie sicherlich auch von Ihren eigenen Mitarbeitern verlangen:

Leistung Das ist eine der besten Möglichkeiten, Ihren Chef zu unterstützen und ihm den Rücken freizuhalten. Bringen Sie Leistung, damit Ihr Vorgesetzter seine Ziele erreicht. Damit haben Sie schon viel getan. Das reicht aber noch nicht. Wie Sie sicherlich wissen, kann man gerade mit den leistungsstarken Mitarbeitern Probleme bekommen, wenn die folgenden beiden Punkte nicht gegeben sind.

Loyalität Gemeint ist die Loyalität gegenüber Ihrem Vorgesetzten. Kann er sich auf Sie verlassen? Ein japanischer Fürst konnte früher einen ihm zugehörigen Samurai ohne jegliche Begründung ins Kloster schicken oder ihn auffordern, Harakiri zu begehen (rituelle Selbsttötung mit einem Messerstich in den Bauch). Auch wenn dieses Loyalitätsverständnis veraltet erscheint, zeigt es doch das Gegenteil der heute oft festzustellenden völligen Loyalitätslosigkeit. Manche Manager laufen heutzutage aus einem Meeting mit ihrem Chef und haben nichts Besseres zu tun, als direkt im Anschluss in der Kaffeeküche ironische Kommentare zu machen, nur weil ihnen eine Entscheidung nicht gepasst hat.

Es ist wichtig, in der Diskussion verschiedener Lösungsansätze für den eigenen Ansatz zu kämpfen. Wenn sich aber der Chef oder die Gruppe für eine andere Lösung als die eigene entscheidet, dann sollte diese akzeptiert und nach außen vertreten werden. Wie schaut es mit Ihnen aus? Halten Sie anderen gegenüber zu Ihrer Führungskraft, auch wenn Sie manche Entscheidungen oder persönliche Marotten nerven? Wie reden Sie über Ihren Chef? Die Regel lautet: »Reden Sie mit ihm, nicht über ihn. Seien Sie loyal!«

Anerkennung seiner Autorität Ihr Chef ist Ihr Chef. Daran gibt es nichts zu rütteln. Wenn Sie ihm durch Ihr Verhalten, Ihre Mimik oder Körpersprache indirekt signalisieren, dass Sie ihn als Ihren Vorgesetzten nicht akzeptieren, beschwören Sie einen Konflikt herauf. Kein Vorgesetzter kann das auf Dauer durchgehen lassen. Auch wenn Ihr Vorgesetzter nicht Ihre Erwartungen an einen vorbildlichen Chef erfüllt, sollten Sie die gegebene Rollenverteilung akzeptieren. So, wie es keinen perfekten Mitarbeiter gibt, gibt es auch keinen perfekten Chef. Jeder Chef hat Macken. Akzeptieren Sie das. Versuchen Sie, mit Ihrer Arbeit positiven Einfluss auf ihn zu nehmen. Mit Motzen und Arbeiten mit angezogener Handbremse verschlechtern Sie den Zustand für alle Beteiligten: Für Ihren Chef, das Unternehmen, Ihre Mitarbeiter und nicht zuletzt für Sie selbst!

Wer hat die Macht?

In meiner Praxis als Führungstrainer treffe ich immer wieder Führungskräfte des mittleren und auch des oberen Managements, die sich in der Rolle des Opfers sehen. Tun Sie sich das bitte nicht an! Damit geben Sie jegliche Lösungskompetenz geistig an der Garderobe ab. Sie übertragen jemand anderem die Macht, über Sie zu bestimmen. Wenn ein Manager über seinen Boss sagt: »Er macht mich total wütend, wenn er XYZ tut«, dann ist es die Entscheidung des Managers, wütend zu werden oder nicht. Konkreter: Ihr Chef kommt wieder mal zu einem Meeting zu spät. Jetzt können Sie in die wunderbare Opferrolle gehen und sich denken: »Eine Sauerei ist das. Jedes Mal lässt er mich warten, und ich muss es mir gefallen lassen.« Damit haben Sie Ihrem Chef die Macht gegeben, Ihre Laune mit seinem Verhalten zu beeinflussen. Er bestimmt scheinbar, wie Sie sich fühlen. Sie könnten auch denken: »Armer Chef, immer in Hektik, immer zu spät.« Und sich weiterhin gut fühlen. Dann behalten Sie die Macht.

»Ja gut«, werden Sie jetzt sagen, »aber was ist, wenn er das mit voller Absicht macht, um mir zu zeigen, wie wichtig er ist und für wie unwichtig er mich hält, dann ist das doch wirklich ärgerlich. Oder?« Es gilt dasselbe Argument. Wollen Sie ihm die Macht geben oder wollen Sie sie behalten? Sie können in dieser Situation nämlich auch denken: »Schade für ihn, dass er das nötig hat.« Ihre Laune bleibt gut. Sie behalten die Macht. Sie entscheiden, niemand sonst!

Machen Sie sich dazu Folgendes klar: Im Prinzip begegnen Sie Ihrem Chef immer auf zwei Ebenen gleichzeitig. Die eine ist die hierarchische Ebene. Im Unternehmen ist er Ihnen übergeordnet. Er hat also mehr Macht. Die andere ist die menschliche Ebene, und hier sind Sie beide auf Augenhöhe. Sie sind absolut gleichwertig. Auf dieser Ebene, von Mensch zu Mensch, hat er nicht mehr Macht. Im Gegenteil, Sie können sein hierarchisches Handeln auf der menschlichen Ebene immer relativieren. Manche Demonstrationen hierarchischer Macht sind auf der menschlichen Ebene nur Zeugnis mangelnder Reife oder die Folge tiefer menschlicher Verletzungen Ihres Vorgesetzten. Wenn Sie dies sehen, können Sie entspannter damit umgehen.

Sie sollten aber nicht den Fehler begehen, sich moralisch über Ihren Chef zu stellen: »So wie der ist, will ich nie werden!« Das führt zu einer Abwertung seiner Person auf der menschlichen Ebene. Damit versuchen Sie ihn klein zu machen, und er wird das spüren. Und weil das keiner sein will, wird Ihr Chef Ihnen zumindest auf der hierarchischen Ebene zeigen, wer hier der Kleinere ist. Nehmen Sie die menschlichen Fehler Ihres Chefs wahr, aber bemühen Sie sich, ihn nicht zu verurteilen. Mit einer positiven oder zumindest neutralen Einstellung ihm gegenüber machen Sie eine Verbesserung Ihrer Beziehung überhaupt erst möglich. Nur so kann er sich Ihnen auf der menschlichen Ebene öffnen. Und nur so lässt er sich von Ihnen bis zu einem gewissen Grad führen. Oder würden Sie sich von jemandem beeinflussen lassen, der Sie offensichtlich für einen Idioten oder eine verachtenswerte Person hält?

Mit dem eben Gesagten ist nicht gemeint, dass Sie sich zum wehrlosen Opfer und Fußabtreter entwickeln sollen. Im Gegenteil. Sie werden sehen, dass Sie mit einer wertschätzenden Einstellung Ihrem Vorgesetzten gegenüber an Stärke gewinnen. Es ist vollkommen in Ordnung, dass Sie sich vor Angriffen oder unreifem Verhalten Ihres Chefs schützen und sich gegebenenfalls zur Wehr setzen. Es ist sogar Ihre Pflicht, wenn es um das Wohl Ihrer eigenen Mitarbeiter geht. Und wenn Ihre Beziehung an sich tragfähig ist, wird er sich von Ihnen auch mal eine Kritik sagen lassen.

Primus inter Pares – So machen Sie sich unkündbar

Das Einzige, was einen Manager überzeugt, ist sein Nutzen.
Klaus D. Tumuscheit
(Autor und Experte für Projektmanagement)

Egal, ob Sie weiter aufsteigen oder einfach nur in Ihrer bestehenden Position unkündbar werden wollen, ist es wichtig, einige Regeln bei Ihrer Kommunikation mit Ihrem Chef zu beachten. Wenn Sie das tun, werden Sie in der Reihe der mittleren Manager der Primus inter Pares, also »Erster unter Gleichen« sein. Wie sieht Ihr Chef Sie heute? Stellen Sie sich vor, Ihr Chef würde ein Ranking all seiner Manager erstellen. An welcher Stelle wäre Ihr Name auf seiner Liste?

Ihr Listenplatz hängt natürlich von Ihrer Leistung ab, aber das allein ist nicht entscheidend. Mindestens ebenso wichtig ist Ihr Geschick, Ihre Leistung und die Ihres Teams zu kommunizieren. Als erfahrener Manager wissen Sie mittlerweile, dass man in Unternehmen nur zum Teil aufgrund von Leistung befördert wird. Auswahlverfahren laufen oft nicht geregelt und schon gar nicht objektiv ab. Kündigt ein Manager, muss manchmal schnell ein Nachfolger bestimmt werden, damit das Unternehmen handlungsfähig bleibt. Das Topmanagement setzt sich kurzfristig zusammen und diskutiert die Kandidaten. Die Person, mit der die meisten Topmanager positive Eindrücke verbinden, bekommt den Job. Und das ist nicht immer diejenige mit der objektiv besten Leistung oder Qualifikation! Aus der Marktforschung ist bekannt, dass ein mittelmäßiges Produkt in einer sehr guten Verpackung sich deutlich besser verkauft als ein gutes Produkt in einer schlechten Verpackung. Wie steht es um Ihre Verpackung? Wie nimmt Ihr Chef Sie wahr?

Wenn Sie glauben, Ihr Chef wisse schon, was er an Ihnen habe, lesen Sie diesen kurzen Erfahrungsbericht von Jens-Uwe Meyer, der als Reporter und Korrespondent für einen Fernsehsender jahrelang aus den Krisengebieten im Nahen Osten und Bosnien berichtete:

»Es gibt Mitarbeiter, die fallen ihrem Chef nicht auf. Sie erledigen ihre Arbeit so geräuschlos, dass sich niemand aus der Führungsetage mit ihnen beschäftigt. Mir selbst ist diese Tatsache bewusst geworden, als ich einen Termin beim Chef des Fernsehsenders hatte, für den ich als Reporter in der ganzen Welt unterwegs war. Es ging um Formalitäten, für die ich seine Unterschrift brauchte. Als wir uns gegenüberstanden, fragte er mich, was denn so meine Aufgabe sei. Ich hatte mit allen Fragen gerechnet: Wie es mir in Bosnien ergangen sei, wie ich es schaffe, jeden Abend von woanders zu berichten, wie mir die Arbeit gefalle und so weiter. Aber diese Frage verblüffte mich wirklich. Zu diesem Zeitpunkt war ich seit ungefähr anderthalb Jahren beinahe jeden Abend in den Nachrichten als Live-Reporter auf Sendung. Auf der Straße wurde ich regelmäßig von Menschen erkannt und angesprochen. Nur für meinen eigenen Chef war ich ein No-Name-Produkt aus dem Supermarktregal. Wie konnte das sein? (…) Ein Mensch nimmt nur das bewusst wahr, was für ihn wichtig ist. Alles andere wird ignoriert. Anders ausgedrückt: Für meinen Vorgesetzten war es vollkommen unwichtig, wer jeden Abend für die Nachrichten berichtete. Hauptsache, irgendjemand tat es.«[26]

Dieses Beispiel zeigt, dass Sie sich besser nicht der Hoffnung hingeben, Ihr Chef wisse schon, was Sie leisten, wenn Sie das nicht tatsächlich immer wieder kommunizieren. Gerade Manager des oberen beziehungsweise des Topmanagements haben zu viel zu tun und nehmen sich daher häufig kaum Zeit, sich in Ruhe mit Ihnen und Ihrer Leistung zu beschäftigen. Die Meinung Ihrer Führungskraft wird also abgesehen von einigen wenigen objektiven Leistungsmerkmalen stark durch das geprägt, was aktiv an sie herangetragen wird, sei es von Ihnen direkt oder von anderen über Sie. Viele Manager des mittleren Managements leisten einen guten Job. Sie sorgen dafür, dass alles reibungslos funktioniert. Und gerade deshalb bekommt der Vorgesetzte von diesen Managern fast nichts zu hören.

Es gibt in der Wahrnehmung des oberen Chefs drei Klassen von mittleren Managern. Die erste Gruppe sind Manager, die ihre gesetzten Ziele nicht erreichen oder sonst irgendwie Probleme machen. Diese werden heute in Unternehmen meist nicht besonders alt. Die zweite Gruppe sind die Manager, von denen er nichts hört, die also keine Probleme machen und bei denen alles funktioniert. Das rechnet er bestenfalls positiv an, oder aber er hält jemanden genau deshalb für mittelmäßig. Er hört nichts Schlechtes; er hört aber auch nichts Gutes. Die dritte Gruppe sind die Manager, die beim Chef hohes Ansehen genießen, weil sie sich aus Sicht des Chefs durch irgendetwas auszeichnen. Der Unterschied, ob Sie zur durchschnittlichen zweiten oder zur angesehenen dritten Gruppe von Managern gehören, liegt oft nur darin, wie gut Sie sich und Ihre Leistung verkaufen.

Vielleicht gehören Sie zu den Menschen, die Schaumschläger verachten und die Bescheidenheit als eine universell erstrebenswerte Tugend ansehen? Wenn dies der Fall ist, sollten Sie über Folgendes nachdenken: Ein Schaumschläger ist jemand, der bestimmte Qualitäten oder Fähigkeiten vortäuscht, die er in Wahrheit nicht besitzt. Sie und Ihr Team besitzen diese Qualitäten und Fähigkeiten aber tatsächlich, und es ist Teil Ihrer

Aufgabe als Manager, das zu kommunizieren. Die tatsächlich erbrachte Leistung für andere sichtbar werden zu lassen ist klug! Vergessen Sie Bescheidenheit im Job. Privat können Sie sich das leisten, und es ziert Sie sehr! Im Beruf ist das Kommunizieren von Erfolg ein Teil Ihrer Managementaufgabe. Das schulden Sie sich selbst und Ihren Mitarbeitern! Diese wollen in einer als erfolgreich angesehenen Abteilung arbeiten, die von einem im Unternehmen angesehenen Chef geleitet wird. Besonders die Besten unter ihnen ertragen es kaum, unter einem Vorgesetzten zu arbeiten, der im Unternehmen kein Ansehen und keine Hausmacht hat. Also sorgen Sie dafür, dass man Ihre Leistung und die Ihres Bereichs im Haus wahrnimmt.

Wenn Sie und Ihr Team Erfolge erzielen, sollten diese auch auf Ihrem Konto verbucht werden. Richard Cobden, ein englischer Nationalökonom, hat geschrieben: »Der Erfolg hat viele Väter. Der Misserfolg ist ein Waisenkind.« Bei Erfolg wollen alle möglichen Personen dafür verantwortlich sein. Der Marketingleiter erzählt auf einmal, seine Vermarktungsstrategie habe den Erfolg gebracht. Der Leiter der Entwicklung betont bei jeder Gelegenheit, dass das von ihm entwickelte Produkt die Ursache des Erfolgs sei. Das können Sie nicht vermeiden. Sorgen Sie aber dafür, dass man erfährt und wahrnimmt, dass der Hauptteil des Erfolgs auf das Konto Ihres Bereichs geht. Hier in falscher Bescheidenheit zu schweigen bedeutet, Ihren Mitarbeitern die verdiente Anerkennung zu rauben!

Übung

Beantworten Sie für sich die folgenden Fragen:

- Welchen Ruf hat Ihr Bereich im Haus?
- Wann und wie haben Sie Ihre Erfolge bei Ihrem Chef das letzte Mal positiv ins Spiel gebracht?
- Wie regelmäßig machen Sie Ihren Vorgesetzten auf Ihre Leistung und die Ihres Teams aufmerksam?
- Welche besondere Leistung könnten Sie Ihrem Chef noch kommunizieren?
- Wann wollen Sie das tun?

Bringen Sie Geld mit

Lernen Sie, so zu argumentieren, wie das Topmanagement denkt. Topmanager sind kurz davor einzuschlafen, wenn Sie über verbesserte Produktionsprozesse, geplante Marketingaktivitäten oder neue Ideen aus der Forschungs- und Entwicklungsabteilung sprechen. Aber sie werden hellwach und schreiben mit, wenn Sie ihnen sagen, wie sie den Gewinn steigern oder zentrale Ziele erreichen können. Deshalb richten Sie Ihre Argumente gegenüber Ihrem Chef und anderen Vertretern des Topmanagements darauf aus. Wenn Sie etwas von Ihrem Chef wollen, muss er das Gefühl haben, Sie bringen Geld mit, statt es zu fordern. Das erreichen Sie, indem Sie Ihre Bitte nach notwendigen Mitteln nicht als Kosten darstellen, sondern als Investition. Verkaufen Sie den Topmanagern die zu erwartenden Einnahmen oder Ersparnisse Ihrer Investition, nicht die Investition selbst. Die Schlange der Bewerber für Mittel ist lang. Vermitteln Sie den Eindruck, dass es sich lohnt, bei Ihnen zu investieren, und geben Sie dem Topmanagement das Gefühl, dass Sie der beste Investor für das bewilligte Geld sind. Verdeutlichen Sie den Return on Investment und beantworten Sie die zentralen drei Fragen, die jeder Topmanager im Kopf hat[28]:

1. Was bringt das? Steigert es den Gewinn oder hilft es mir zumindest bei der Erreichung eines strategisch wichtigen Ziels?
2. Wie schnell geht das? Wie lange muss ich warten, bis das Ergebnis erreicht wird?
3. Wie sicher tritt das zu erwartende Ergebnis ein?

Das ist doch selbstverständlich, sagen Sie? In der Praxis beobachte ich, dass viele Präsentationen mittlerer Manager diese Fragen eben nicht beantworten. Es wird nicht aufgezeigt, was es für den Topmanager bedeutet, sondern wo die Vorteile für den eigenen Bereich liegen. Versuchen Sie daher, die zu erwartenden Ergebnisse zu quantifizieren und überzeugend zu vermitteln. Jeder Topmanager hat im Kopf oder auf dem Schreibtisch drei Stapel für Budgetanträge:

Stapel 1: Unbedingt
Stapel 2: Vielleicht
Stapel 3: Nein

Auf welchem Stapel Ihr Projekt landet, hängt auch davon ab, wie gut Sie die drei Fragen »Was bringt das?«, »Wie schnell?« und »Wie sicher?« beantworten können. Nur etwas zu versprechen reicht natürlich nicht. Es spielt auch eine Rolle, wie Sie bisher gewirtschaftet haben. Man wird Ihre Prognosen an Ihrer bisher erzielten Leistung messen.

Wie das Wesentliche bei Ihrem Chef hängen bleibt

Selten haben Vorgesetzte aus dem oberen Management die Zeit, sich ein differenziertes Bild von ihren mittleren Managern zu machen. Der Gesamteindruck, den Ihr Chef von Ihnen hat, wird häufig von einigen wenigen Eigenschaften geprägt. Eine typische Verzerrung wird durch den Halo-Effekt ausgelöst. Dieser hat zum Inhalt, dass eine einzelne Eigenschaft andere Eigenschaften überstrahlt und den Gesamteindruck entscheidend prägt. Nehmen wir mal an, Sie führen ein Bewerbungsgespräch mit einem Kandidaten, von dem Sie wissen, dass er in Harvard studiert hat. Obwohl Sie sonst nichts über ihn wissen, werden Sie ihn wahrscheinlich für klug, gut organisiert und selbstbewusst halten. Und das hat eine Wirkung. Es kann zum Beispiel sein, dass Ihnen der Kandidat auf eine Ihrer Fragen eine Antwort gibt, bei der Sie bei jeder anderen Person denken würden: »Das ist ganz schön platt.« Da Sie ihn aber für sehr klug halten, fragen Sie sich vielleicht, was wohl der tiefere Sinn hinter dieser scheinbar platten Antwort ist, schließlich hat der Mann in Harvard studiert.

Ein mir bekannter Manager hatte am Anfang des Tages meistens einen bis zu 30 cm hohen Stapel Post und Arbeit im Eingangskorb. Am Ende des Tages war dieser immer leer und der ganze Schreibtisch blitzblank aufgeräumt. Ich bewunderte damals sehr sein Selbstmanagement und nahm an, dass er vorbildlich effizient und organisiert sei. Dass das eine Illusion war, stellte sich erst nach Jahren heraus, als ich bei der Leitung eines größeren Projekts auf seine Mitarbeit angewiesen war. In Wahrheit war er sehr unzuverlässig und schlecht organisiert. Nur seinen Schreibtisch hielt er ordentlich. Der aufgeräumte Schreibtisch hatte einen starken Halo-Effekt auf mich.

Dem Halo-Effekt sehr ähnlich sind sogenannte zweitklassige Ersatzinformationen. Da es oft schwierig ist, sich detaillierte Informationen über jemand zu besorgen, bilden wir unsere Meinung gerne aufgrund von zweitklassigen Ersatzinformationen. Professor Samuel L. Popkin von der Universität von Kalifornien in San Diego hat das Phänomen der zweitklassigen Ersatzinformationen bei Wählern erforscht.[28] So kann ein Wähler die wirtschaftliche Kompetenz eines Politikers nur sehr schwer und nicht ohne erheblichen Aufwand einschätzen. Wenn er aber hört, dass der Politiker früher einmal Betriebswirtschaft studiert hat, nutzt er dies als zweitklassige Ersatzinformation und denkt sich: »Ach, der kennt sich bestimmt mit Wirtschaft aus.« Hier wird also ein BWL-Studium gleichgesetzt mit Sachverstand für komplexe wirtschaftliche und volkswirtschaftliche Zusammenhänge.

Was wissen die meisten Menschen über die Politiker in ihrem Land? Nicht sehr viel. Die Werbestrategen in den USA versuchen deshalb, die biographischen Daten eines Politikers in den Köpfen der Wähler zu verankern, die als zweitklassige Ersatzinfomationen geeignet sind, ein gewünschtes Bild zu vermitteln. (Gewünschtes Bild: Bush ist ein geborener Kämpfer. Zweitklassige Ersatzinfomation: Sein Vater war es, der den ersten Irak-Krieg und den Panama-Krieg gewonnen hat). Die Strategen der anderen Partei betonen dagegen die nachteiligen biographischen Daten des politischen Gegners. (Gewünschtes Bild: Bush ist ein Drückeberger. Zweitklassige Ersatzinfomation: Er ist zur inländischen Nationalgarde gegangen, um sich vor Vietnam zu drücken).

Welche nachteiligen Folgen es haben kann, wenn anderen die falschen zweitklassigen Ersatzinformationen zu Ohren kommen, zeigt Ihnen das folgende Beispiel:

In einem Unternehmen soll eine international agierende Abteilung, die sich weltweit um bestimmte Kundenbelange kümmert, als eigenständige Einheit aufgelöst und einem anderen Bereich untergeordnet werden. Dafür kommen zwei bestehende Bereiche infrage. Nennen wir sie Bereich A und Bereich B. Für beide Bereiche gibt es gute Gründe. Man entscheidet sich nach einigen Überlegungen für den Bereich B. Der Manager von Bereich B bekommt so wesentlich mehr Verantwortung, entsprechend größere Räume zur Verfügung gestellt und auch nach kurzer Zeit eine deutliche Gehaltserhöhung. Der Manager des Bereichs A geht leer aus. Einige Zeit später erfährt Manager A über Umwege, dass der ausschlaggebende Grund für die Entscheidung der gewesen sei, dass sein Profil zu wenig international ausgerichtet ist. Man hielt ihn für zu wenig sensibel im Umgang mit anderen Kulturen, um einen weltweit vernetzten Bereich leiten zu können. Das Topmanagement wusste von ihm, dass seine Schwiegereltern ein gutbürgerliches Weingut in einem Pfälzer Dorf hatten und er am Wochenende öfters dort mithalf. Das war auch deshalb jedem bekannt, weil er sich bei größeren Feiern immer wieder anbot, den Wein zu organisieren, und dabei auf seinen familiären Hintergrund hinwies. »Pfälzer Weinbauer« klingt nun mal nicht nach hoher interkultureller Kompetenz. Leider hatte Manager A nie erwähnt, dass er nicht nur Englisch, sondern auch fließend Spanisch und recht gut Portugiesisch sprach. Das stand zwar in seiner Bewerbung, aber an die konnte sich zu dem Zeitpunkt niemand mehr erinnern. Auch die Tatsache, dass die Frau des Managers eine Chinesin war und er einen guten Teil seiner Kindheit in Südamerika verbracht hatte, weil sein Vater dort viele Jahre als Manager für einen Konzern gearbeitet hatte, war nur sehr wenigen Kollegen bekannt. Davon stand nichts in seiner Akte. Glauben Sie, man hätte ihm mangelndes kulturelles Verständnis unterstellt, wenn man mit ihm in Verbindung gebracht hätte »Das ist doch der Manager, der mit einer Chinesin verheiratet ist und lange in Argentinien gelebt hat«?

Sie sehen, dass es sich lohnt, die richtigen sekundären Ersatzinformationen zu verbreiten. Verabschieden Sie sich von dem Gedanken, die Welt oder Ihr Vorgesetzter seien irgendwie objektiv. Wir Menschen entscheiden meist subjektiv aufgrund von wenigen Informationen, denen wir zentrale Bedeutung beimessen. Der Verstand dient oft nur dazu, emotional getroffene Entscheidungen im Nachhinein rational zu begründen.

Übung

Welche zweitklassigen Ersatzinformationen wollen Sie von sich selbst bei Kollegen und Ihrem Chef verankern, um deren Kompetenzvermutung zu steigern?

Anstrengung versus Leichtigkeit

Was ist besser? Als ein Manager angesehen zu werden, der bis an seine physische Grenze hart arbeitet, oder den Eindruck zu erwecken, ein

Manager zu sein, der seine Arbeit mit Leichtigkeit erledigt? Die meisten werden denken, ein hart arbeitender Manager sei immer gut. Allein schon deshalb, weil man sonst noch mehr Arbeit aufgeladen bekomme. Aber ist das wirklich so? Raubt es Ihrer Person nicht jeglichen Zauber? Thomas Mann beschreibt in seinem schelmischen Roman *Bekenntnisse des Hochstaplers Felix Krull*, wie der kleine Felix mit seinem Vater ins Theater geht und dort einen sehr eindrucksvollen Schauspieler auf der Bühne erlebt, der als Star des Stücks das Publikum begeistert und die Frauenherzen höher schlagen lässt. Nach der Vorstellung nimmt sein Vater ihn mit hinter die Bühne, da er den Schauspieler kennt. Hier macht Felix in der Garderobe des Schauspielers eine erstaunliche, unangenehme Erfahrung. Der eben noch imposante Schauspieler sitzt abgeschminkt und blass, nur mit seiner Unterhose bekleidet, in seiner Garderobe. Seine entzündeten Augen schauen die beiden Besucher an, sein Körper ist voller Pickel und er fragt immer wieder verunsichert, ob er gut war. Der Kontrast könnte nicht größer sein. Auf der Bühne schuf dieser Mann eine Illusion, für die die Menschen Eintritt zahlen und in Scharen kommen. Hinter der Bühne in der Nahaufnahme wird die Illusion brutal zerstört, sobald die Schminke abgetragen ist. »Ich bin Manager und kein Schauspieler«, könnten Sie sagen. Das ist richtig. Trotzdem steht es auch Ihnen frei, nur solche Informationen weiterzugeben, die eine positive Illusion erlauben beziehungsweise nicht zerstören. Wenn Sie zum Beispiel eine wichtige Rede halten müssen, dann werden Sie diese tagelang vorbereiten und üben. Während Sie diese halten, wirken Sie ganz entspannt und souverän. Niemand sieht Ihnen jetzt die ganze Arbeit und den Schweiß an, der dahintersteckt. Vermeiden Sie es, die vorangegangenen Mühen offensichtlich zu machen und von sich aus, ohne Nachfrage, die Illusion zu zerstören. Lassen Sie den Menschen den Eindruck, Sie könnten das einfach. Das macht Sie in deren Augen größer, als wenn Sie erklären, wie aufwändig und lange Sie sich auf die Rede vorbereitet haben.

Nehmen wir an, Ihr Chef gibt Ihnen ein kurzfristiges Krisenprojekt, das zeitlich eigentlich nicht mehr zum vereinbarten Termin zu schaffen ist. Sie schlagen sich zwei Nächte um die Ohren, um Analysen durchzuführen, auszuwerten und das Nötige zu veranlassen. Am dritten Tag geben Sie das Ergebnis bei Ihrem Chef ab. Er ist hoch zufrieden und fragt Sie, wie Sie das nur geschafft haben. Jetzt können Sie ihm sagen, wie viele

Kannen Kaffee Sie getrunken haben und wie wenig Sie geschlafen haben. Er wird es wertschätzen, aber beeindrucken wird es ihn nicht. Wenn Sie ihn dagegen gut gelaunt anlächeln und mit einem Augenzwinkern sagen »Chef, Sie wissen doch, dass Sie immer auf mich zählen können, wenn Not am Mann ist«, wird er Sie wahrscheinlich für einen außergewöhnlich fähigen Manager halten, der Unmögliches zustande bringt. Behalten Sie Ihre kurzfristige Anstrengung lieber für sich, denn befördert werden die, die ihren Job anscheinend mit Leichtigkeit machen, und nicht diejenigen, die am Leistungslimit angekommen sind. Das gilt natürlich nicht für den Fall, dass Sie tatsächlich seit Längerem an Ihrem totalen Limit arbeiten und bereits sehr erschöpft sind. Das sollten Sie dann deutlich kommunizieren.

Vermeiden Sie es, als Problemdiskutierer zu gelten. Manche Manager erklären jedem, wie schwer doch ihr Job sei, wie knallhart der Markt und wie zahlreich die Probleme. Sie glauben damit zu zeigen, dass sie hart für die Firma arbeiten. Dieses Verhalten ist das genaue Gegenteil von Leichtigkeit. Andere Manager sprechen in Gegenwart des Vorgesetzten auch von Problemen, aber nicht ohne anzumerken, dass sie diese natürlich bereits gelöst haben. Und wenn Sie mal tatsächlich ein aktuelles Problem mit Ihrem Chef besprechen müssen, schauen Sie ihn nicht mit großen traurigen Augen an, sondern präsentieren ihm zu dem Problem auch gleich drei mögliche Lösungswege, die Sie sich im Vorfeld überlegt haben. Der Chef kann dann zwischen den verschiedenen Alternativen wählen, und Sie bekommen den Ruf eines Problemlösers statt eines Problemdiskutierers.

Der Kanal, auf dem Ihr Chef empfängt

Beobachten Sie, wie Ihr Chef am liebsten Informationen verarbeitet. Die meisten Menschen sind entweder »Leser« oder »Zuhörer«. Ein Leser will Dinge schriftlich haben und in Ruhe studieren. Auf diese Art nimmt er Informationen am besten und am schnellsten auf. John F. Kennedy war zum Beispiel ein »Leser«. Seine Berater mussten ihre Stellungnahmen immer schriftlich formulieren. Erst nachdem er diese Schriftstücke gelesen und sich Notizen gemacht hatte, traf er sich mit seinem Beraterstab zum Austausch. Auch Präsident Eisenhower war ein ausgeprägter »Leser«, der sich alles Wichtige auf jeweils einer Seite schriftlich zusammenfassen ließ. Franklin D. Roosevelt dagegen war ein solch ausgeprägter »Zuhörer«, dass er sich Schriftstücke zuerst einmal vorlesen ließ, bevor er sich auf die Papiere konzentrierte. Wie schätzen Sie sich selbst ein? Sind Sie eher ein »Leser« oder ein »Zuhörer«? Wie nehmen Sie Informationen am liebsten auf?

Es gibt zwar Menschen, die gleich gut lesen und zuhören können, diese sind aber die Ausnahmen. Die meisten bevorzugen einen der beiden Wahrnehmungskanäle. Überlegen Sie, welchen Kanal Ihr Vorgesetzter am liebsten benutzt. Wenn Sie sich nicht sicher sind, können Sie ihn auch fragen, in welcher Form er sich Informationen von Ihnen wünscht. Viele Menschen begehen den Fehler zu glauben, der andere nehme Informationen ebenso auf wie sie selbst. Als »Leser« werden Sie wahrscheinlich saubere Berichte abfassen und Ihrem Vorgesetzten vorlegen. Aber anstatt sie zu lesen, lässt er Ihren Bericht einmal wie ein Daumenkino durch seine Hand blättern und sagt dann zu Ihnen »Fassen Sie das doch mal kurz für mich zusammen«, weil er ein »Zuhörer« ist. Sie denken sich: »Wofür schreibe ich das Ganze eigentlich, er kann es doch lesen?« Das Verhalten Ihres Vorgesetzten kann so leicht als abwertend interpretiert werden. Wenn Sie dagegen ein »Zuhörer« sind, werden Sie Ihren Chef unter Umständen gerne mal überfallen und spontan in ein Gespräch verwickeln. Ist Ihr Chef ein »Zuhörer«, wird er nichts dagegen haben. Ist er aber ein »Leser«, möchte er die Informationen nicht in dieser Form aufnehmen und fühlt sich gestresst, wenn Sie bereits der Vierte in Folge sind. Er will sich die Sache in Ruhe ansehen und bittet Sie, ihm die Unterlagen zu der Sache zu zeigen. Sie denken sich: »Prima, am besten mit Durchschlag, gelocht und geheftet. Mein Gott, kann der denn nicht einmal einfach spontan entscheiden.« Stellen Sie sich auf den Kanal Ihres Chefs ein. Aber Achtung: Falls Sie beide »Leser« sind, also gerne schriftlich verkehren, achten Sie darauf, dass Sie nicht zu wenig persönlichen Kontakt mit Ihrem Chef haben. Ich erinnere mich an einen Manager, der mit seinem Chef fast nur über E-Mail kommunizierte, obwohl ihre Büros auf einem Stockwerk in direkter Nähe lagen. Beide waren stark ausgeprägte »Leser«. Bedenken Sie, wenn Sie zu wenig direkten Kontakt zu Ihrem Chef haben, ist das Ihr Nachteil, nicht seiner.

Die Kunst der Selbstverteidigung – So korrigieren Sie übertriebene Anforderungen Ihres Chefs

Wenn du nicht stark bist – sei klug.
Sunzi, auch Sun Tzu
(Chinesischer General und Militärstratege)

Im letzten Kapitel haben Sie erfahren, was Sie tun können, um bei Ihrem Vorgesetzten als Leistungsträger gut dazustehen und im Ranking seiner besten Führungskräfte einen oberen Platz einzunehmen. Wichtig für die Zusammenarbeit mit Ihrem Chef ist aber auch, wie Sie sich verhalten, wenn er übertriebene oder unklare Anforderungen an Sie stellt. Viele mittlere Manager stöhnen: »Mein Chef gibt mir jedes Jahr höhere Zielvorgaben. Meine Leute sind bereits am absoluten Limit. Ich weiß nicht, wie das noch gehen soll.« Oder: »Bei uns laufen wieder mal Restrukturierungsmaßnahmen. Mein Bereich muss Kosten einsparen und es wird Personal abgebaut. Nicht genug, dass meine Mitarbeiter schon demotiviert

sind, jetzt haben wir auch noch ein aus meiner Sicht völlig nutzloses Zusatzprojekt bekommen.«

Da das stetige Erhöhen der Ziele ein Teil des Marktwirtschaftspiels ist, werden Sie sich als mittlerer Manager nicht prinzipiell dagegen wehren können. Aber Sie sollten in einigen Situationen Techniken der Selbstverteidigung anwenden. In diesem Kapitel beschäftigen wir uns damit, was Sie tun können, wenn

- Sie unklare Ziele gesetzt bekommen,
- Sie für Ihre Ziele zu wenig Budget oder Zeit bekommen,
- Ihr Chef dringend benötigte Entscheidungen nicht trifft oder
- Ihnen aus Ihrer Sicht nutzlose Projekte übertragen werden.

Unklare Ziele und Erfolgskriterien

Üblicherweise besprechen die meisten Manager im Jahresgespräch mit ihrem Vorgesetzten ihre Ziele für das nächste Jahr. Häufig sind diese Ziele leider schwammig und unpräzise formuliert. Auch wenn Ihr Unternehmen keine Jahresgespräche mit Zielformulierung vorschreibt, hat Ihr Chef wahrscheinlich dennoch gewisse Erwartungen an Sie. Diese Erwartungen werden ebenfalls oft nicht klar oder sogar überhaupt nicht kommuniziert. Unter diesen Umständen ist es Glückssache, ob Sie die Erwartungen Ihres Chefs erfüllen und damit aus seiner Sicht erfolgreich sind oder nicht. Er wird Sie am Ende des Jahres trotzdem beurteilen. Lassen Sie es darauf nicht ankommen.

Reden Sie mit Ihrem Chef. Klären Sie seine Erwartungen an Sie, damit Sie diese aktiv beeinflussen können. Hat er zu hohe Erwartungen, ist es besser, wenn Sie diese am Anfang des Jahres mit ihm diskutieren und mit einer fundierten Planung veranschaulichen, was Sie für erreichbar halten, als am Ende des Jahres zu begründen, warum Sie seine Erwartungen nicht erfüllt haben. Machen Sie Ihren Erfolg stattdessen zu Beginn des Jahres objektiv messbar. Vereinbaren Sie gemeinsam ein oder mehrere SMART formulierte Ziele (siehe Seite 104).

Um das richtige Ziel formulieren zu können, müssen Sie die richtigen Fragen stellen. Das gilt nicht nur für die Jahresziele, sondern auch ganz besonders dann, wenn Ihr Chef Ihnen innerhalb des Jahres eine größere

Aufgabe oder ein Projekt überträgt. Viele Manager gehen mit unklaren Anweisungen aus einem Gespräch.

In der Praxis läuft das oft so ab: Ein Topmanager überträgt einem mittleren Manager in einem Gespräch ein neues Projekt. Dem Manager ist aber im Gespräch nicht klar geworden, was genau der Topmanager eigentlich von ihm will. Da er aber nicht den Eindruck erwecken möchte, schwer von Begriff zu sein, fragt der mittlere Manager ab einem gewissen Punkt nicht mehr weiter nach. Er glaubt, das Thema zumindest ungefähr verstanden zu haben, und arbeitet erst einmal los, um dem Vorgesetzten erste Resultate zeigen zu können. Dann stellt sich aber heraus, dass im Gespräch ein Missverständnis aufgetreten ist. Die daraus entstandene Arbeit ist damit umsonst gewesen, und man fängt von vorne an. Ein anderer Grund, warum Manager einen Vorgesetzten oft nicht mehr weiter befragen, ist der Eindruck des Managers, dass der Topmanager es selbst nicht so genau weiß. Das wird offensichtlich, wenn der Manager gezielt nachfragt. Da der Manager merkt, dass der Vorgesetzte die Fragen nicht präzise beantworten kann, stellt er keine mehr, damit Letzterer nicht das Gesicht verliert.

Unabhängig davon, ob Sie nicht richtig verstanden haben, was Ihr Chef will, oder Ihr Chef es selbst nicht so genau weiß, sollten Sie nachhaken. Es ist sehr wichtig, zuerst einmal genau zu verstehen, was das Problem Ihres Vorgesetzten ist, und erst anschließend aus dieser Problemdefinition heraus Ihr Ziel abzuleiten. Wenn Sie kein klares Ziel haben, ist das Ihr Nachteil! Es sind Ihre Ressourcen und Ihre Zeit, die durch Fehlarbeit unnütz verloren gehen. Also fragen Sie lieber freundlich, aber beharrlich nach. Leiten Sie aus den Informationen ein klares Ziel ab, an dem Sie sich messen lassen können. Bestätigen Sie Ihrem Vorgesetzten das Ziel noch einmal schriftlich auf Papier oder per E-Mail. Spätestens dann sollten eventuelle verbliebene Missverständnisse offensichtlich werden. In manchen Unternehmen werden Aufträge auch von beiden unterschrieben. Fangen Sie nicht an zu arbeiten, wenn Sie kein klares Ziel haben!

Das folgende Beispiel aus der Praxis soll aufzeigen, was es Ihnen bringen kann, wenn Sie den Mut und die Ausdauer haben, nachzufragen und darauf zu bestehen, dass Ziele klar und deutlich formuliert werden:

Ein Leiter des Bereichs Marketing wurde spontan zu einem Vorstandsmitglied gerufen. Dieser machte einen offensichtlich verärgerten Eindruck und hielt ihm einen kurzen energischen Vortrag, die Corporate Identity entspreche nicht mehr der aktuellen Entwicklung des Unternehmens und sei veraltet. Sie müsse dringend überarbeitet werden. Der Marketingleiter bekam den Auftrag, sich innerhalb der nächsten Wochen ein Konzept für eine neue Corporate Identity auszudenken. Da der Vorstand einen Termin hatte, blieb nur wenig Zeit für das Gespräch. Auch die Tatsache, dass der Vorstand verärgert war, ermutigte den Marketingleiter nicht gerade zum detaillierten Nachfragen. Auf die abschließende Frage des Marketingmanagers, was genau das Ziel sei, antwortete der Vorstand:»Das habe ich doch gesagt. Ihr Ziel ist es, eine neue Corporate Identity zu erarbeiten.«

Die Antwort des Vorstands ist alles andere als ein Ziel. Sie wissen bereits, dass Ziele SMART sein müssen, also spezifisch, messbar, anspruchsvoll, realistisch und terminiert. Außerdem sollen sie ein Endergebnis beschreiben und keinen Prozess. Die oben beschriebene Aufgabe dagegen ist unspezifisch und damit nicht messbar. Außerdem beschreibt sie einen Prozess und kein Endergebnis.

Einige Manager hätten jetzt trotzdem, auch ohne ein klares Ziel, ihre Leute aufgescheucht und in Bewegung gebracht, um ein Konzept für eine neue Corporate Identity zu entwerfen. Immerhin handelte es sich um das Projekt eines Vorstandsmitglieds. Dieser Marketingleiter war jedoch erfahren genug, nichts zu unternehmen, bevor er kein klar definiertes Ziel hatte. Ihm war bewusst, dass ohne ein SMARTes Ziel meistens nur wertvolle Arbeitszeit vergeudet wird.

Der Marketingleiter wusste außerdem, dass Corporate Identity ein umfassender Begriff ist, der sich aufteilt in das Corporate Design, die Corporate Communication, die Corporate Behaviour, die Corporate Philosophy und die Corporate Culture. Er konnte sich nicht vorstellen, dass der Vorstand alle Bereiche als veraltet empfand und komplett austauschen wollte. Das wäre eine Arbeit für Jahre gewesen. Außerdem gibt es neben der Corporate Identity, die das Selbstbild des Unternehmens beschreibt, auch noch das Corporate Image, das das Fremdbild des Unternehmens aufzeigt. Über was also hatte sich der Vorstand geärgert, und was war das eigentliche Problem? Er beschloss, einen zweiten Termin beim Vorstand zu vereinbaren.

Bei diesem Treffen wurde durch freundliches, aber gezieltes und ausdauerndes Fragen seitens des Marketingleiters deutlich, dass der Vorstand keine Ahnung hatte, was sich alles hinter dem Begriff Corporate Identity verbirgt.

Letztendlich stellte sich heraus, dass ihm nur die Unternehmensbroschüre nicht gefiel. Und um genau zu sein, empfand er diese sogar als gut gemacht, ihn störte aber das mittlerweile veraltete Foto, mit dem er in der Broschüre abgebildet war! Das Ziel, das der Marketingleiter nach dieser hartnäckigen Klärung mit ihm vereinbarte, lautete also: »Am 31.12. sind alle Mitarbeiterfotos in der Unternehmensbroschüre aktualisiert.« Dieses Ziel konnte er mit Leichtigkeit und mit minimalem Personaleinsatz einhalten. Zum Vergleich lautete der ursprüngliche Auftrag: »Ihr Ziel ist es, eine neue Corporate Identity zu erarbeiten.«

Die Moral von der Geschichte: Beginnen Sie ohne ein klar definiertes Ziel nicht zu arbeiten. Die Auftragsklärung und die anschließende Zieldefinition sind das A und O Ihres messbaren Erfolgs. Präzises Nachfragen bei Ihrem Chef erfordert Feingefühl, Ausdauer und manchmal auch Mut, aber es lohnt sich. Zum einen können Sie nur so die bis dahin oft unausgesprochenen Erwartungen Ihres Chefs erfüllen oder übertreffen, weil Sie erfahren, was ihm wirklich wichtig ist. Zum anderen vermeiden Sie, dass Ihre Mitarbeiter sinnlose Mehrarbeit leisten müssen. Die so gesparte Energie können Sie besser investieren.

Zu wenig Zeit oder Budget

Stellen Sie sich folgende Situation vor: Ihr Chef ruft Sie zu sich und sagt: »Schön, dass Sie da sind. Ich habe eine Aufgabe für Sie.« Anschließend beschreibt er Ihnen ein komplexes Projekt, das Sie mit Ihrem Team umsetzen sollen. Auf Ihre Frage nach Zeitrahmen und Budget antwortet er Ihnen: »In drei Monaten brauchen wir das. Ein Budget gibt es dafür nicht. Das fällt doch in Ihren ganz normalen Aufgabenbereich. Sie machen das schon. Ich weiß, auf Sie kann ich mich verlassen.« Dann wendet er sich seinem Schreibtisch zu und deutet Ihnen damit an, dass die Besprechung beendet ist. In Ihrem Kopf detonieren kleine Stressbomben: »Wie soll ich das schaffen? Das ist viel zu wenig Zeit.«

Wie reagieren jetzt viele Manager? Manche verlassen den Raum und fühlen sich als Verlierer, weil sie wissen, dass die Umsetzung nur mit Nachtschichten und Wochenendarbeit oder auch gar nicht zu schaffen ist. Andere wiederum gehen in den Widerstand: »Chef, das geht so nicht. Das

Projekt ist in der kurzen Zeit nicht durchführbar. Schon gar nicht ohne ein Budget. Wir sind doch sowieso schon überlastet, seit Frau Müller nicht mehr da ist.« Die übliche Reaktion eines Chefs? »Erzählen Sie mir nicht, was Überlastung ist. Jeder hat hier viel zu tun. Seien Sie doch nicht immer so pessimistisch. Ich bin mir sicher, Sie schaffen das.« Was also hat der Einwand bewirkt? Nichts, außer dass Ihr Chef Sie als Bedenkenträger ansieht.

Gelungene Selbstverteidigung sieht anders aus. Sie hören sich zunächst die Anforderungen Ihres Chefs an. Da Sie wissen, dass Sie seine Erwartungen nicht erfüllen können, reagieren Sie ungefähr so: »Prima, ich werde mir Gedanken über die Umsetzung machen und Sie wieder ansprechen, wenn die erste Planung steht. Ist das in Ordnung?« Dann setzen Sie sich hin und kalkulieren das Projekt hinsichtlich Zeitaufwand und Kosten durch. Diese Berechnung dokumentieren Sie nachvollziehbar und übersichtlich auf einer Seite und besuchen damit erneut Ihren Chef. Topmanager lieben Zusammenfassungen auf einer Seite! Jetzt können Sie mit ihm über Ihre Kalkulation sprechen.

Natürlich wird er Ihnen nicht alles so abnehmen, wie Sie es kalkulieren, aber das Endergebnis ist für Sie meistens deutlich besser als die vorherige Pauschalforderung Ihres Chefs. Manager fordern oft aus dem Bauch heraus: »Drei Monate!« Das klingt doch nach viel Zeit. Das muss also zu schaffen sein. Vorgesetzte sind sich der Komplexität einer Aufgabe nicht immer bewusst.

Dazu lässt sich in der Praxis ein interessantes Phänomen beobachten: Nehmen wir an, Sie und einige Ihrer Mitarbeiter schätzen eine komplexe Aufgabe auf zehn Personentage. (Ein Personentag bedeutet, dass jemand zur Bewältigung der Aufgabe einen Tag von morgens bis abends daran arbeiten muss, ohne etwas anderes zu tun.) Jetzt nehmen Sie die komplexe Aufgabe und unterteilen sie in ihre Unteraufgaben. Anschließend schätzen Sie und Ihr Team für alle Unteraufgaben den benötigten Zeitaufwand jeweils einzeln und addieren dann die Zeiten. Das Ergebnis liegt erfahrungsgemäß fast immer über den zunächst veranschlagten zehn Tagen. Diskutieren Sie also mit Ihrem Chef nicht pauschal die Gesamtaufgabe, sondern kalkulieren Sie die Teilaufgaben in schriftlicher Form auf einem Blatt Papier und besprechen Sie Ihre Schätzung mit ihm. Eine gute, vorwurfsfreie Argumentation wird Ihr Chef viel eher akzeptieren als eine pauschale Absage im Sinne von »Chef, das geht nicht!«. Ihre Einschätzung erstellen Sie am besten in einfacher Form in folgenden Schritten:

1. Schritt: Zerlegen Sie eine komplexe Aufgabe in ihre Einzelteile Überlegen Sie, wie groß der zeitliche Aufwand in Personentagen für diese Aufgabe ist. Wenn Sie nicht wissen, wie viel Aufwand an Personentagen oder -stunden eine Aufgabe produziert, fragen Sie einen Experten unter Ihren Mitarbeitern oder im Unternehmen zum Thema. Die wissen es meist sehr genau.

2. Schritt: Erstellen Sie anschließend einen Terminplan, aus dem die tatsächliche Dauer für die Umsetzung der Aufgabe hervorgeht. Berechnen Sie den für das Projekt benötigten Zeitaufwand unter Berücksichtigung folgender Punkte:

- Wie viele Mitarbeiter können sich dem Projekt widmen?
- Wie viel Arbeitszeit pro Tag steht dem Mitarbeiter dafür zur Verfügung?
- Welche anderen wichtigen Aufgaben sind gleichzeitig in Arbeit und können unter keinen Umständen aufgeschoben werden?
- Haben die für das Projekt zuständigen Mitarbeiter in dieser Zeit bereits Urlaub beantragt?

Nehmen wir an, Ihr Vorgesetzter überträgt Ihnen und Ihrer Gruppe eine Aufgabe und gibt Ihnen für die Erledigung fünf Wochen Zeit. Die Bearbeitung der Aufgaben wird von Ihnen oder einem Experten auf zehn Personentage geschätzt. Nur eine Ihrer Mitarbeiterinnen kann die Aufgabe bearbeiten, da nur sie über das nötige Wissen verfügt. Auf Ihre Anfrage belegt sie Ihnen nachvollziehbar, dass sie wegen ihrer sonstigen Arbeit maximal ein Viertel ihrer Arbeitszeit in das Projekt investieren kann, ohne dass andere zentrale Projekte massiv darunter leiden. Damit sind wir schon bei 40 Tagen. Da Ihre Mitarbeiterin nicht am Wochenende arbeitet, entsprechen 40 Arbeitstage acht Wochen Dauer. Bei einem Blick in den Kalender stellen Sie beide fest, dass in dieser Zeit noch eine große Veranstaltung stattfindet, durch die Ihre Mitarbeiterin eine weitere Woche gebunden ist, und sie außerdem eine Woche Urlaub angemeldet hat. Rechnen Sie diese beiden Wochen hinzu, braucht die Aufgabe, die Sie auf zehn

Personentage geschätzt haben, zur Umsetzung tatsächlich zehn Wochen, also 70 Kalendertage.

Ihre einfache Kalkulation sieht folglich so aus:
Aufgabe XYZ, bearbeitet von Frau Meier:
10 Personentage x 4 (da nur 25 Prozent Arbeitszeit) = 40 Arbeitstage
40 Arbeitstage + 5 Tage Veranstaltung + 5 Tage Urlaub = 50 Arbeitstage
50 Arbeitstage = 10 Wochen Dauer

Jetzt können Sie Ihrem Chef überzeugend belegen, warum Sie bei seiner Forderung, das Ganze solle in fünf Wochen fertig sein, ein schlechtes Bauchgefühl hatten. Wenn Sie verständlich begründen können, in welche Arbeiten Ihre Mitarbeiterin über das Projekt hinaus involviert ist und dass die 25 Prozent realistisch sind, wird er verstehen, warum Sie die fünf Wochen nicht einhalten können.

3. Schritt: Bieten Sie Ihrem Chef Lösungen an, sonst fühlt er sich in die Ecke gedrängt und wird seine hierarchische Macht im Sinne von »das muss aber gehen« ausspielen. Machen Sie wenn möglich drei Lösungsvorschläge. Erst bei drei Lösungsalternativen hat ein Manager das Gefühl, eine freie Wahl zu haben. Nur eine Lösung baut dagegen Druck auf, und zwei Lösungen sind ein Dilemma. Mit etwas Denkarbeit lassen sich meistens drei Lösungen finden.

Anknüpfend an unser Beispiel würden Sie überlegen, wo Frau Meier bei dieser oder einer ihrer anderen Aufgaben entlastet werden könnte.

- *Lösung 1*: »Bei dieser Aufgabe könnte Frau Schmidt Frau Meier entlasten. Dann könnte sie vor der Veranstaltung und ihrem Urlaub fertig werden. Das spart uns vier Wochen.«
- *Lösung 2*: »Für diese Teilaufgabe könnten wir mit einer Agentur zusammenarbeiten. Das würde auf jeden Fall zu einer Einhaltung der fünf Wochen führen.«
- *Lösung 3*: »Wir verlängern den Zeitraum auf zehn Wochen. Dann erreichen wir die Ergebnisse ohne zusätzlichen personellen oder Kostenaufwand.«

Sie werden erstaunt sein, wie schnell sich bei von Ihnen belegten zusätzlichen Kosten oder Personalaufwand die ehemals »sehr dringende« Aufgabe auf einmal in eine weniger dringende verwandelt. Hat der Vorgesetzte Ihnen Ihre Schätzung abgenommen, reichen auf einmal auch acht Wochen für die Erledigung der Aufgabe. Dass er Ihnen die vollen zehn Wochen zugesteht, kommt wohl nicht so häufig vor, aber acht Wochen sind für Sie schon deutlich besser als fünf Wochen.

Wenn Ihr Chef keine Entscheidung trifft

Kennen Sie das? Sie arbeiten unter Termindruck an einer wichtigen Angelegenheit. An einer bestimmten Stelle brauchen Sie eine Entscheidung von einem höheren Manager und damit verbunden seine Unterschrift. Sie bitten den Manager um eine schnelle Antwort, damit es weitergehen kann, und was passiert? Nichts! Er entscheidet nicht, und Sie sitzen auf glühenden Kohlen. Das kostet Nerven. Die Ursache für das Nichtentscheiden liegt aber oft darin, dass dem Manager nicht ausreichend Informationen vorliegen, oder zu viele in unstrukturierter Form. In beiden Fällen sollten Sie es ihm einfacher machen. Gewöhnen Sie sich an, übersichtliche Entscheidungsmatrizes zu erstellen, in denen Sie die Alternativen gegenüberstellen und zusätzlich aufzeigen, was passiert, wenn keine Entscheidung getroffen wird.[29] Zeigen Sie auf, welchen Einfluss die Alternativen auf die drei Kriterien Qualität, Kosten und Termin haben. Nehmen wir ein Beispiel:

Ihr Unternehmen plant einen Messeauftritt auf einer wichtigen Messe. Die Leistung Ihres Bereichs wird dabei an zentraler Stelle im Ausstellungspavillon gezeigt. Um der Fachwelt Ihre Leistung adäquat zu präsentieren, haben Sie sich ausnahmsweise selbst um das Design des Messestands gekümmert. Es gibt zwei Angebote, die infrage kommen. Messebauer A ist günstiger als Messebauer B, aber auch weniger innovativ. Anbieter B hat Ihnen dagegen einige sehr inspirierende Vorschläge gemacht, wodurch jedoch die Gesamtkosten um knapp 20 Prozent erhöht würden. Da Ihnen nicht die Budgetverantwortung unterliegt, haben Sie den verantwortlichen Manager darum gebeten, Ihnen das Zusatzbudget für B zu genehmigen. Ohne diese Unterschrift können Sie keinen Auftrag erteilen, und alle weiterführenden Arbeiten müssen liegen bleiben. Um eine schnelle Antwort zu erhalten, haben Sie eine Entscheidungsmatrix erstellt:

Tabelle 8

Entscheidung	Für Anbieter A	Für Anbieter B	Entscheidung nicht bis 28.02. getroffen
Q: Qualität	Konservatives Standdesign. Man fällt nicht unangenehm auf, hebt sich aber auch nicht aus der Masse hervor (siehe Bilder im Angebot).	Stand mit Multimedia-Funktionen. Unsere Imagefilme laufen nonstop auf integrierten Projektionsflächen. Innovatives Lichtkonzept. Integrierte Lounge für unsere Firmenkunden (siehe Bilder im Angebot).	Messeteilnahme muss abgesagt werden, da Standerstellung nicht mehr möglich.
K: Kosten	56 000 Euro (16 000 € Gebühr für Standplatz + 40 000 Euro für Messestand)	67 000 Euro (16 000 Euro Gebühr für Standplatz + 51 000 Euro für Messestand)	• 16 000 Euro Gebühr Standplatz • 300 000 Euro Verlust an Messeaufträgen • Imageverlust bei Kunden und Mitbewerbern
T: Termin	Keine Verzögerung	Keine Verzögerung	Messeteilnahme nicht mehr möglich.

Empfehlung: Beauftragung von Anbieter B. Er kostet zwar ein Fünftel mehr, bietet aber dafür erheblich mehr an Leistung und hebt unser Unternehmen aus der Masse der Anbieter heraus. *Je früher Ihre Entscheidung fällt, desto mehr Detailarbeit können wir in das Standkonzept investieren.*

Eine Entscheidungsmatrix hilft bei einer schnellen Entscheidung. Ein Entscheider, der zu wenig Informationen hat, kann keine fundierte Entscheidung treffen und wird sie hinauszögern. So fällt es dem budgetverantwortlichen Manager in unserem Beispiel von eben schwer, sich zu entscheiden, wenn er statt der Entscheidungsmatrix nur die Prospekte der beiden Messebauer im Eingangskörbchen hätte. Dabei findet er eine Notiz, dass Alternative B 11 000 Euro mehr kostet und besser sein soll. Auch bei sehr komplexen Themen kann eine einfach gehaltene Entscheidungsmatrix sinnvoll sein, um dem Entscheider nicht zu viele Informationen zuzumuten. Sie bringt das Wesentliche auf den Punkt und vereinfacht die Entscheidung. Für den Chef, der es gerne genau haben will, können Sie an Ihre übersichtliche, möglichst einseitige Entscheidungsmatrix eine umfangreiche Dokumentation von Informationen und/oder eine differenzierte Ableitung Ihrer eigenen Entscheidungsfindung anhängen. Gewöhnen Sie sich an, bei terminkritischen Entscheidungen die Konsequenzen einer Nichtentscheidung mithilfe der Entscheidungsmatrix aufzuzeigen. Sie werden sehen, wie viel schneller Sie Entscheidungen erhalten.

Nutzlose Projekte

Ihr Chef fordert von Ihnen, eine Aufgabe umzusetzen, die Sie für reine Zeitverschwendung halten. Ihre Erfahrung sagt Ihnen, dass sich schon nach kurzer Zeit niemand mehr für das Thema interessieren wird. Was tun Sie jetzt? Wenn Sie nichts tun, kann eine plötzliche Nachfrage sehr peinlich werden. Andererseits macht es wenig Sinn, Energie in eine Aufgabe zu investieren, die Sie für unsinnig halten. Natürlich können Sie Ihrem Auftraggeber sagen, was Sie denken, aber ändert das etwas? Wird er reumütig zugeben, dass seine Idee töricht war? Die Antwort ist Ihnen bekannt. Niemand verliert gerne das Gesicht. Erarbeiten Sie lieber eine kurze Kalkulation, in der Sie Ihrem Chef oder dem Auftraggeber in freundlicher Form aufzeigen, welchen Aufwand die Bearbeitung der Aufgabe verursacht. Wenn der Auftraggeber hört, dass einer Ihrer Mitarbeiter zwei Wochen an der Lösung arbeiten muss, kann er noch zurücktreten, ohne einen Fehler eingestehen zu müssen: »Das ist etwas mehr Aufwand, als ich geschätzt habe. Warten Sie mit der Umsetzung noch mal. Ich spreche Sie dann wieder an, wenn es akut wird.« Übersetzt heißt das: »O. k., dann lassen wir das.« Sollte Ihr Chef weiter auf der Umsetzung bestehen, können Sie ihn bitten, Prioritäten zu setzen, wenn Sie zu viele Projekte gleichzeitig managen müssen. Berichten Sie ihm, welche Projekte in Ihrem Bereich neben dem Tagesgeschäft bearbeitet werden, und bitten Sie ihn zu entscheiden, wo Sie Kapazitäten abziehen können, welche andere Aufgabe später fertiggestellt werden kann oder wofür Sie mehr Budget bekommen können. Entweder er nennt Ihnen eine Aufgabe, die Sie verschieben können, oder aber er sieht ein, dass alle laufenden

Projekte wichtiger sind, und stellt seine Idee hinten an. So oder so bedeutet es für Sie erst mal eine Entlastung.

Politisch motivierte Projekte oder Aufgaben von oben, für die sich nach Ihrer Einschätzung sehr wahrscheinlich schon nach kurzer Zeit niemand mehr interessieren wird, empfiehlt der Projektmanagement-Experte Tumuscheit zur Selbstverteidigung als Standby-Projekte zu behandeln. Beginnen Sie mit der Aufgabe und arbeiten Sie so lange an ihr, bis Sie etwas Vorzeigbares in der Hand haben, was Sie in die Schublade legen können. Es reicht der erste Schritt. Sollte das Projekt in Vergessenheit geraten, haben Sie nicht übermäßig viel Zeit investiert. Wenn aber doch jemand sich daran erinnert und nach dem Stand der Dinge fragt, können Sie das Produkt Ihrer Arbeit aus der Schublade ziehen und überzeugend vorbringen, dass Sie die Aufgabe angegangen sind. Hat sich Ihr Auftraggeber wider Erwarten erinnert und Ihre Unterlagen angesehen, erarbeiten Sie den nächsten Schritt für die Schublade. Die Dokumentation braucht nicht sehr detailliert zu sein, investieren Sie nur die notwendige Zeit. Ab der zweiten Nachfrage sollten Sie sich aber überlegen, ob das Projekt für Ihren Auftraggeber womöglich doch einen höheren Stellenwert hat, als Sie ursprünglich angenommen hatten. In vielen Fällen dürften Sie aber mit Ihrer ersten Einschätzung richtig liegen und Sie werden nicht wieder auf das Projekt angesprochen.

Von Chaoten, Cholerikern und Pedanten – So führen Sie Ihren Chef, wenn er extreme Macken hat

Manche Chefs braucht man nicht zu parodieren.
Es genügt, dass man sie zitiert.

> Robert Neumann
> (Österreichischer Schriftsteller)

Ihr Chef ist schwierig? Er ist ein Choleriker, Pedant oder ein auf andere Art schwieriger Charakter? Sie fragen sich täglich, wie Sie mit ihm umgehen sollen? Können Sie einen solchen Vorgesetzten überhaupt führen? Die Antwort ist: »Ja, Sie können!« Dafür braucht es zwei Dinge: Sie benötigen die richtige Einstellung Ihrem Chef gegenüber (siehe dazu das erste Kapitel des vierten Teils) und die richtigen Taktiken, wie Sie mit Ihrem Chef umgehen. Um diese richtigen Taktiken soll es hier gehen. Lassen Sie uns einen Blick auf infrage kommende Extreme werfen, die Ihr Vorgesetzter möglicherweise auslebt – oft sind es mehrere gleichzeitig. Ich zeige Ihnen für jede einzelne der extremen Verhaltensweisen die drei wichtigsten Regeln für den Umgang mit ihnen. Die Kombination der Lösungsansätze befähigt Sie dazu, Ihre Taktik gegenüber Ihrem schwierigen Chef neu zu überdenken und gegebenenfalls zu ändern.

In der Praxis beobachte ich, dass ausgelebte Extreme meistens mit einem oder mehreren der im Folgenden behandelten fünf Themen zusammenhängen. Diese Aufstellung deckt natürlich nicht alle möglichen schwierigen Verhaltensmuster eines Menschen ab. Sie bietet Ihnen aber die Möglichkeit, die Beziehung zwischen Ihnen und Ihrem Chef in den Bereichen zu überprüfen, in denen es besonders häufig zu Konflikten kommt. Am Ende des Kapitels können Sie anhand eines kurzen Tests überlegen, wie Sie Ihr eigenes Verhalten als Führungskraft einordnen und wie Sie Ihren Chef sehen. Wenn Ihr Chef ein extremes Verhalten zeigt und Sie das gegenteilige Verhalten kultivieren, dann kann das zu andauernden Konflikten führen. Diese Konflikte werden weniger, wenn einer von beiden sich auf die Mitte zubewegt. Sie können das Verhältnis aktiv beein-

flussen, indem Sie der oder die »Eine« sind. Wenn Sie und Ihr Chef ein extrem unterschiedliches Verhalten an den Tag legen, wird Sie das Verhalten Ihres Chefs wahrscheinlich Nerven kosten. Regel Nummer 1 lautet: Nehmen Sie es nicht persönlich! Es hat nichts mit Ihnen zu tun. Das macht er bei allen. Der Chaot lässt jeden warten und der Pedant gibt jedem die einzelnen Schritte vor und kontrolliert diese.

Betrachten wir nun die fünf Konfliktherde im Einzelnen. Die Charaktere werden hier in ihrer Extremform beschrieben.

Die Arbeitsmethodik

Jeder Chef benötigt eine gewisse Arbeitsmethodik. Wer ein exzellentes Selbstmanagement hat, dem fällt es meistens auch leichter, Strukturen und Abläufe für seinen Bereich zu definieren oder zu optimieren. Dadurch werden bis zu einem gewissen Grad die allgemeine Orientierung und das Sicherheitsgefühl der Mitarbeiter erhöht. Was aber passiert, wenn Arbeitsmethodik und das Vorgeben von Strukturen beim Chef nicht vorhanden sind oder von ihm stark übertrieben werden?

◄──►

Chaot   **Arbeitsmethodik/Struktur**   Pedant

Der Chaot

Ein Manager sagt: »Mein Chef macht mich wahnsinnig. Meine Abteilung gilt allgemein als sehr lahm. Und warum? Weil die Sachen auf dem Schreibtisch meines Chefs drei Wochen Staub fangen, bevor er sie mir auf den letzten Drücker zurückgibt. Und ich muss dann schauen, wie ich den Termin noch rette.« Besitzt auch Ihr Chef keine wahrnehmbare Arbeitsmethodik beziehungsweise kein Selbstmanagement? Der Chaot hält Termine selten ein. Er vergisst sie oder er schafft es einfach zeitlich nicht. Das »Warten auf den Chef« ist ein zentraler Bestandteil Ihres Jobs. Entweder auf ihn persönlich, auf wichtige Informationen zum Weiterarbeiten oder auf seine Entscheidung oder Unterschrift. Strukturen gibt Ihr Chef keine vor und wenn doch, hält er sich selbst mit Sicherheit nicht daran. Würde er sich auch nur etwas Mühe geben, könnte Ihr Arbeitsalltag wesentlich entspannter sein. Arbeitsspitzen und viel Ärger würden sich vermeiden lassen.

Lösungen:

1. Helfen Sie ihm, sich und den Bereich besser zu organisieren
Wenn Ihr Chef ein Chaot ist, ist das für Sie eine Chance. Wenn Sie über eine gute Arbeitsmethodik verfügen, sind Sie für Ihren Chef eine echte Ressource. Managen Sie ihn aktiv, statt sich ihm auszuliefern und sich dauernd zu ärgern. Helfen Sie ihm, als Führungskraft sinnvolle Strukturen zu etablieren und Aufgaben zeitgerecht zu erledigen. Sie haben Fähigkeiten, die er dringend braucht, um seine Ziele zu erreichen. Das ist ein Vorteil!

2. Seien Sie freundlich, aber bestimmt Helfen Sie ihm beziehungsweise seinem kaum vorhandenen Gedächtnis. Wenn er Ihnen für Montag etwas zusagt, warten Sie nicht bis Dienstag oder sogar Mittwoch, um ihm dann mit gequälter Stimme zu sagen: »Chef, Sie wollten mir doch bis Montag XYZ zukommen lassen.« Sprechen Sie ihn stattdessen gut gelaunt schon am Montagmittag an: »Chef, denken Sie daran, dass Sie mir heute noch XYZ geben wollten?« Seien Sie beharrlich, ohne ihm auf die Nerven zu gehen, das heißt freundlich beharrlich. Beweisen Sie Ausdauer. Die meisten Chaoten-Chefs lassen sich nicht wirklich kurieren, aber die Symptome lassen sich verbessern. Irgendwann merkt Ihr Chef, dass Sie nicht lockerlassen und konsequent nachhaken, wenn er Ihnen etwas zugesagt hat. Er wird sich dann mit Terminen bei Ihnen etwas mehr Mühe geben als bei anderen.

3. Setzen Sie ihm Grenzen Wenn er Ihnen mal wieder eine Aufgabe viel zu spät auf den Tisch legt, die Sie in einer Nachtschicht noch retten sollen, lehnen Sie sie ab. Erklären Sie ihm, dass Sie den Abend bereits verplant haben, und gehen Sie. Seien Sie dabei freundlich, aber bestimmt. Erstaunlicherweise reagieren Chaoten-Chefs auf das Setzen von Grenzen zwar meistens verblüfft, aber nicht sauer. Sie wissen selbst, was ihr Anteil an der Sache ist. Ihr Chaoten-Chef wird sich nicht ändern, wenn Sie immer funktionieren und seine Unzulänglichkeiten ausbügeln. Grenzensetzen funktioniert immer dann gut, wenn Ihr Vorgesetzter merkt, dass Sie ihn grundsätzlich akzeptieren (vergleiche Seite 206).

Der Pedant

»Geben Sie her, ich will mir das mal genauer ansehen«, sagt Ihr Chef und greift nach Ihrer Unterlage. Als Pedant verfügt er über eine fest zementierte Arbeitsmethodik und empfindet Perfektionismus als seine größte Stärke. Strukturen und Abläufe vorzugeben ist sein persönliches Hobby. Sie sind bei ihm nicht Mittel zum Zweck, sondern Zweck an sich. Ihr Chef liebt Zahlen und ist sich nicht zu schade, völlig unwichtige Dinge, wie zum Beispiel bei Spesenabrechnungen die dritte Stelle nach dem Komma, noch einmal nachzurechnen. Echtes Delegieren mit der Übertragung von Verantwortung und freier Wahl des Lösungsweges kennt er nicht. Lieber erteilt er Ihnen detaillierte Arbeitsanweisungen, denn er glaubt, niemand wüsste besser als er selbst, wie es geht. Um Ihnen endgültig das Gefühl zu geben, wieder ein Viertklässler zu sein, kontrolliert er die Einhaltung seiner Vorgaben auch noch. Weil er sich gerne mit Details beschäftigt, verliert er manchmal den Überblick.

Lösungen:

1. Geben Sie ihm erst mal Recht   Haben Sie schon mal versucht, einen Pedanten davon zu überzeugen, dass seine Vorgehens- oder Denkweise nicht richtig ist? Dann wissen Sie, dass das sehr, sehr schwierig ist. Deshalb geben Sie ihm erst mal Recht, indem Sie seine Absicht positiv deuten, und machen Sie dann Ihre Anmerkungen. Das ist wie »Ja, aber …« sagen, ohne das »aber«. Statt »Wenn wir den Prozess immer so penibel einhalten müssen, verlieren wir zu viel Zeit« sagen Sie einfach: »Sie haben sicherlich Recht, wenn Sie im Sinne des Qualitätsmanagements auf eine saubere Einhaltung des Prozesses Wert legen. (Pause) Ich denke noch darüber nach, wie wir das Problem mit dem zeitlichen Ablauf besser in den Griff bekommen können.«

2. Bauen Sie Vertrauen auf   Pedanten legen Wert auf Genauigkeit und die Einhaltung der Vorgaben. Ist Ihre eigene Arbeitsmethodik nur durchschnittlich ausgeprägt, seien Sie gründlicher als sonst. Machen Sie möglichst wenig formale Fehler und halten Sie seine (manchmal lächerlichen) Vorgaben und Abläufe ein. Vermeiden Sie es, diese zu kritisieren. Beobachten Sie, was ihm besonders wichtig ist. Achten Sie darauf, ihn nicht zu verärgern. Informieren Sie ihn pro-aktiv über alles, was wichtig oder auch unwichtig ist. Warten Sie nicht, bis er fragt. Er muss sich gut informiert fühlen und den Eindruck haben, er habe alles unter Kontrolle. Das will er nämlich. Geben Sie ihm dieses Gefühl. Dann wird er Sie mit der Zeit weniger kontrollieren.

3. Suchen Sie sich Aufgaben, in denen Sie frei walten können
Jeder Pedant hat seinen Lieblingskontrollbereich. Suchen Sie sich Arbeitsschwerpunkte, die ihn weniger interessieren oder die er nicht so gut versteht. Wenn Sie vorher Vertrauen aufgebaut haben, wird er Sie in diesen Bereichen mehr in Ruhe lassen.

Das Fachwissen

Jeder Vorgesetzte braucht Fachwissen über die Aufgaben der Abteilung, die er führt. Meistens werden Mitarbeiter auch deshalb zu Führungskräften ernannt, weil sie am meisten Fachwissen haben und sachliche Probleme in der Vergangenheit am besten lösen konnten. Wenn sie dann Chef geworden sind, müssen sie sich aber mehr mit Führungsaufgaben beschäftigen und können es sich leisten, im Fachwissen etwas nachzulassen. Was aber passiert, wenn ihr Fachwissen im Lauf der Zeit auf null zurückfällt? Oder wie gehen Sie damit um, wenn Ihr Chef seine ganze Führungsaufgabe nur darin sieht, fachlich die Nummer 1 zu bleiben?

Nichtskönner	**Fachwissen**	Besserwisser

Ein Manager: »Mein Chef hat keinen Plan, was wir hier machen. Oft sehe ich an seinem Blick, dass er überhaupt nicht versteht, worüber ich rede. Das wäre ja nicht so schlimm, wenn er nicht regelmäßig trotz meiner Warnungen Entscheidungen treffen würde, die völlig an den Haaren herbeigezogen sind.« Fachlich inkompetente Führungskräfte haben entweder keine Lust mehr, immer auf dem neuesten Stand zu bleiben (zum Beispiel vor der Pensionierung), oder sie wurden von einer anderen Stelle »wegbefördert«. Da sie nicht entlassen werden konnten, wurden sie auf einen Posten befördert, auf dem sie keinen Schaden anrichten können – und von dem sie leider auch keine Ahnung haben. Ein fachlich inkompetenter Vorgesetzter lässt sich unter Umständen gut führen, da er sich nicht so gut auskennt. Andererseits will er aber auch nicht das Gefühl haben, nach Ihrer Pfeife zu tanzen. Deshalb entscheidet er manchmal gegen Ihre vernünftigen Vorschläge, obwohl das irrational und aus Ihrer Sicht völlig unverständlich ist, einfach nur, weil er zeigen will, dass er der Chef ist.

Lösungen:

1. Geben Sie ihm das Gefühl, der Entscheider zu sein Ihr Chef hat keine Ahnung und er weiß das. Das gibt ihm das Gefühl, unterlegen zu sein, und das will er nicht. Also wird er sich regelmäßig als Chef aufspielen. Das Beste ist also, ihm das Gefühl zu geben, er sei der Chef und er entscheide. Legen Sie ihm gut vorbereitete Entscheidungsvorlagen vor, aufgrund derer er die Entscheidungen richtig treffen kann. Geben Sie ihm in knapper Form alle notwendigen Informationen, damit er versteht, was er entscheidet.

2. Beteiligen Sie ihn an manchen Entscheidungen nicht Treffen Sie Entscheidungen alleine. Bei einem Nichtskönner sind Sie als Führungskraft in die Pflicht genommen, mehr Verantwortung zu übernehmen beziehungsweise mehr eigenständig zu entscheiden. Wenn Sie ihn informieren müssen, tun Sie dies teilweise nebenbei: »Ich habe, während Sie in Berlin waren, XYZ veranlasst. Das hat den klaren Vorteil, dass... Ich gehe davon aus, dass das in Ihrem Sinne ist.«

3. Lassen Sie ihn niemals auflaufen Wenn seine Argumentation oder seine Entscheidungen von geballter Inkompetenz zeugen, lassen Sie es sich nicht anmerken. Augenrollen und gepresste Lippen sind verräterisch. Noch wichtiger: Lassen Sie ihn niemals vor Kollegen auflaufen! Das nimmt er sehr persönlich und zahlt es Ihnen heim. Ob Sie in der Sache Recht haben oder nicht, ist dabei völlig nebensächlich. Stellen Sie Ihre

Anmerkungen, Einwände oder Gegenvorschläge so dar, dass er sie wohlwollend annehmen kann und damit seine Weisheit zeigt.

Besserwisser

»Ihr Vorschlag ist ja ganz nett. Aus Erfahrung weiß ich aber, dass ...«, so beginnt Ihr Chef gerne seine Ausführungen? Im Gegensatz zum Nichtskönner hat der Besserwisser nicht zu wenig, sondern zu viel Fachwissen. Er verbringt den größten Teil seiner Zeit damit, fachlich die Nummer 1 zu bleiben, und er ist sehr stolz auf sein Wissen. Da Ihr Chef als Führungskraft nicht unbedingt glänzt, ist es ihm umso wichtiger klarzustellen, wie viel Ahnung er hat. Es fällt Ihrem Chef immer noch schwer, inhaltlich anspruchsvolle Aufgaben zu delegieren. Während der Pedant auf Prozesse und Form Wert legt, schaut der Besserwisser mit der Lupe auf den fachlichen Inhalt. Gerne mischt er sich immer wieder mit Detailfragen in Ihre Projekte ein. Schwierig wird es dann, wenn der Besserwisser sein enormes Wissen zur Schau trägt und andere behandelt, als hätten sie nur wenig Ahnung. Manchmal verliert er die Relation dafür, wie viel Expertise in eine Arbeit einzubringen ist.

Lösungen:

1. Geben Sie ihm das Gefühl, der Schlauste zu sein Der Besserwisser will der Schlauste sein. Für diesen Ruf investiert er einen Großteil seiner Zeit. Geben Sie ihm, was er will. Bewundern Sie sein Wissen und zollen Sie ihm den gebührenden Respekt. Der Besserwisser schätzt es sehr, wenn er nach seiner Meinung gefragt wird. Vor allem bei schwierigen Expertenthemen sollten Sie ihn einbinden und sich bedanken: »Vielen Dank! Sie kann man immer fragen.«

2. Zeigen Sie fachliche Kompetenz, ohne in den Wettbewerb zu treten Da der Besserwisser sich selbst über Expertenwissen definiert, akzeptiert er nur Mitmenschen als seinesgleichen, die auch über solches verfügen. Mit ähnlich gearteten Mitarbeitern hat er oft ein besonders gutes Verhältnis. Es ist, wie wenn sich zwei Menschen mit demselben Hobby unterhalten. Sie sollten also über eine gute Fachkompetenz verfügen und diese auch in Gesprächen immer wieder zeigen, sonst akzeptiert er Sie nicht. Auch können Sie ihn gelegentlich mit fachlichen Neuigkeiten überraschen. So zeigen Sie ihm, dass Sie sich auf dem neuesten Stand halten. Aber Vorsicht! Er darf dabei nie das Gefühl bekommen, dass Sie glauben, besser zu sein als er. Das käme für ihn einer Kriegserklärung gleich.

3. Füllen Sie das Führungsvakuum Vorgesetzte, die sich über ihr Fachwissen definieren, investieren oft nur wenig bis gar keine Zeit in klassische Führungsarbeit. Mitarbeitergespräche, Personalentwicklung und das Festsetzen von Zielen werden als lästige Pflichtübung betrieben oder ganz vernachlässigt. Dieses Vakuum müssen Sie als unterstellte Führungskraft bis zu einem gewissen Grad ausfüllen. Bei Ihren eigenen Mitarbeitern können Sie es besser machen. Bei Ihrem Chef müssen Sie diese Dinge für sich selbst einfordern.

Energie für Neues

Neben der eigentlichen Führungsarbeit verbringt eine Führungskraft einen guten Teil ihrer Arbeitszeit mit administrativen und organisatorischen Aufgaben. Darüber hinaus muss sie ihren Bereich regelmäßig aktuellen Entwicklungen anpassen beziehungsweise idealerweise diese vorwegnehmen. So kann sie zum Beispiel eine Dienstleistung besser den Bedürfnissen des Kunden anpassen oder interne Arbeitsabläufe optimieren. Um diese kleinen und größeren Wandlungsprozesse zu managen, braucht es zusätzliche Energie und Zeit. Was aber passiert, wenn ein Vorgesetzter keine Energie für diese Dinge aufbringen will oder aber vor lauter Wandel-Energie Funken schlägt?

◀─────────────────────────────────▶

Bremser   **Energie für Neues**   Spontan-Kreativer

Bremser

»Ist das wirklich nötig?«, fragt Ihr Chef gerne. Der Bremser weiß: »So wie es ist, ist es gut.« Da weiß man wenigstens, was man hat. Auch wenn es Probleme sind. Wenigstens kennt er diese und hat gelernt, mehr oder weniger gut mit ihnen umzugehen. Ihr Chef versteht gar nicht, warum die Leute die Vorteile des Status quo nicht sehen. Etwas zu verändern bedeutet immer ein Risiko. Daher scheut er spontane Entscheidungen wie der Teufel das Weihwasser. Ihr Chef braucht Zeit, viel Zeit. Deshalb verschiebt er Entscheidungen lieber. Und siehe da: Manchmal löst sich das Problem von alleine. Genau darauf baut der Bremser, denn das hat schon oft geklappt. Da er aber seinen Ruf nicht ruinieren will, findet Ihr Chef immer gute Gründe für sein Beharren. Wirklich Neues führt er nur dann ein, wenn ihm Ranghöhere die Pistole auf die Brust setzen. Aber auch dann überlegt er noch, ob man nicht Althergebrachtes variieren kann.

Lösungen:

1. Zeigen Sie Risiken auf Hinter dem Verhalten des Bremsers stecken oft Angst und Unsicherheit. Wirklich etwas ändern wird er dann, wenn ihm die Folgen einer Nicht-Änderung mehr Angst machen als die Folgen der Änderung. Zeigen Sie ihm also auf, welche fatalen Konsequenzen sich ergeben werden, wenn nicht gehandelt wird. Schildern Sie ihm die Risiken seines Beharrens auf dem Status quo in den schwärzesten Farben.

2. Liefern Sie ihm Entscheidungsvorlagen Der Bremser entscheidet nicht gerne. Es fällt ihm schwer. Machen Sie es ihm daher einfacher. Bereiten Sie Entscheidungsvorlagen vor, in denen Sie klar aufzeigen, was die jeweiligen Konsequenzen sind und wie notwendigerweise zu entscheiden ist. Wenn die Entscheidungsvorlage zu keiner ganz klaren Empfehlung kommt, ist es für den Bremser keine Hilfe. Also zeigen Sie eindeutig auf, welche von mehreren Optionen die mit großem Abstand empfehlenswerteste ist. Ein Bremser fühlt sich auch nach einer Entscheidung schlecht. Er hat immer Angst, es könne die falsche gewesen sein. Versichern Sie ihm auch nach seiner Entscheidung, dass diese notwendig und richtig gewesen ist.

3. Geben Sie Ihrem Chef Sicherheit Der Bremser hat feine Antennen für Unsicherheit. Treten Sie daher ruhig und überlegt auf. Zeigen Sie ihm, dass Sie alles bedacht haben. Präsentieren Sie sich niemals als

Revolutionär. Sprechen Sie positiv über den Ist-Zustand. Zeigen Sie auf, was getan werden muss, um ihn zu erhalten! Gehen Sie dabei auf seine Sprache ein. Nutzen Sie in Ihrer Argumentation Worte wie »Risikominimierung«, »Sicherheit« und »Garantie«. Das hat für ihn emotional dieselbe Wirkung wie die Worte »Urlaub«, »Lachen« und »Sonnenschein«. Reden Sie nicht von »Trends«, »Change« und »Chancen«, die es zu nutzen gilt. Das klingt in seinen Ohren wie »Krankheit«, »Gefahr« und »Unglück«.

Der Spontan-Kreative

»Ich habe da eine Idee«, sagt Ihr Chef häufig, während er in Ihr Büro stürmt. Der Spontan-Kreative zeichnet sich durch enorme Veränderungsenergie aus. Während der Bremser eine überdimensionierte Handbremse besitzt, hat der Spontan-Kreative ein riesengroßes Gaspedal. Ständig sprüht es in seinem Kopf. Funken fliegen auf, und schon ist eine neue Idee geboren. Dass diese Funken oft verglühen, stört ihn dabei nicht im Geringsten. Als unterstellte Führungskraft wissen Sie leider nie so genau, was aus dem einzelnen Funken wird. Verglüht er im Unternehmen ungesehen oder bringt er etwas zum Brennen? So oder so verteilt Ihr spontankreativer Chef gerne nach allen Seiten Arbeit zu seinen jeweiligen Geistesblitzen. Ihm wird es schnell langweilig. Ist gerade mal nichts Größeres umzusetzen, wird kurzerhand etwas ins Leben gerufen. Er liebt es, alle Mann aufzuscheuchen. Wenn er nicht im Büro ist, erscheint Ihnen Ihr Bereich wie eine Oase des Friedens.

Lösungen:

1. Zeigen Sie Interesse Keine Frage, der spontan-kreative Chef kann manchmal eine Prüfung sein. Das letzte Projekt, mit dem er Sie betraut hat, ist versandet, weil es ihn nicht mehr interessiert hat. Ihr aktuelles Projekt ist in der arbeitsintensivsten Phase, da schneit er herein, verkündet seinen neuesten Geniestreich und beginnt Arbeitsaufträge zu verteilen. Jetzt heißt es ruhig bleiben. Fangen Sie jetzt nicht an, genervt kritische Kommentare abzugeben und damit aus Sicht Ihres Chefs zu »blockieren«. Das machen nur Bremser. Und die mag er nicht. Sagen Sie etwas wie

»Das ist ja eine spannende Idee« und hören Sie vor allem zu. Der Spontan-Kreative will seine Ideen mit begeisterten Zuhörern teilen, denn das macht ihm Freude.

2. Beobachten Sie gelassen Hören Sie interessiert oder sogar begeistert zu, aber vermeiden Sie es, Arbeitsaufträge anzunehmen. Wenn er sie verteilen will, zeigen Sie ihm auf, welche wichtige Arbeit Sie gerade tun. Nennen Sie freundlich, aber bestimmt die Konsequenzen dessen, was passiert, wenn Sie das Projekt jetzt abbrechen, und stellen Sie ihn vor eine klare Entscheidung. Schließen Sie aber sofort an: »Ich würde diese Aufgabe gerne zu Ende führen und dabei über Ihre Idee nachdenken. Da fällt mir bestimmt noch etwas ein.« Anschließend beobachten Sie ein paar Tage lang die Helligkeit des Funken. Wenn er verglüht, haben Sie Zeit gespart. Wenn er tatsächlich etwas entzündet, gehen Sie zu Ihrem Chef und liefern ihm weitere Ideen.

3. Bringen Sie gute Ideen zum Brennen Spontan-Kreative haben manchmal sehr gute und manchmal unsinnige Ideen. Helfen Sie als Führungskraft Ihrem Chef. Wenn Sie sehen, dass eine Idee wirklich gut ist, dann setzen Sie Ihre Truppe in Gang und liefern Sie ihm, was er benötigt, um sie voranzubringen. Zeigen Sie dann Ihren Eifer und Ihre ganze Begeisterung. Der Spontan-Kreative liebt Menschen, die »mitziehen«. So erwerben Sie sein Ansehen. Wenn die Idee aus Ihrer Sicht nichts taugt, warten Sie wie gesagt ab, ob sie nicht verglüht. Ist das nicht der Fall, helfen Sie Ihrem Chef vorsichtig dabei, die Qualität der Idee in den Gesamtkontext der anderen Projekte einzuordnen.

Kontrolle der eigenen Emotionen

Bei der Mitarbeiterführung bringt der Vorgesetzte neben Führungstechniken auch stark seine eigene Persönlichkeit mit ein. Um glaubwürdig zu führen, muss die Führungskraft authentisch sein. Dazu gehört auch der Umgang mit den eigenen Emotionen. Nur wer mit seinen Gefühlen gut umgehen kann, ist als Vorgesetzter glaubwürdig und ausgeglichen. Die Kunst besteht darin, die eigenen Emotionen in bestimmten Situationen zeigen und in anderen Situationen kontrollieren und in vernünftige Bahnen lenken zu können. Was aber ist zu tun, wenn ein Chef gar keine Emotionen zeigen kann oder sie unkontrolliert auslebt?

←————————————————————————————————————→
Mr. Ice Cube   **Kontrolle der Emotionen**   HB-Männchen

Mr. Ice Cube

Ein Manager: »Bei meinem Chef weiß man immer, wo er gerade ist, weil dort jedes Lachen erstirbt. Stellen Sie sich mal vor, er hat das Lachen im Büro verboten, weil er glaubt, dass es keinen guten Eindruck auf die Kunden macht. Auch mit Sekt auf einen Geburtstag anzustoßen oder Kuchen mitzubringen ist verboten.« Mr. Ice Cube macht seinem Namen alle Ehre. Betritt er den Raum, senkt sich fühlbar die Temperatur. Mr. Ice Cube vermeidet es mit allen Mitteln, Emotionen zu zeigen. Also verdrängt er sie – die guten wie die schlechten. In schwierigen Situationen wirkt er kontrolliert und reagiert beherrscht. Das ist sein Vorteil. Der Nachteil ist, dass er leider auch in den schönen Momenten des Lebens kaum Emotionen zeigt. Wenn es angebracht wäre, wirkt er verkrampft. Zeigen andere ihm gegenüber Emotionen, fühlt er sich überfordert, reagiert kühl und manchmal abwertend. Sein Mantra lautet: »Wir sind zum Arbeiten hier.«

Lösungen:

1. Lassen Sie ihm seine Distanz   Einen Mr. Ice Cube aufzutauen funktioniert meist nur in amerikanischen Liebesfilmen. Die Gründe für seine äußerliche Gefühlskälte liegen tief in der Persönlichkeitsgeschichte vergraben. Da kommt ohne professionelle Hilfe noch nicht mal er selbst dran. Sie können ihn wahrscheinlich nicht ändern. Akzeptieren Sie ihn, wie er ist. Argumentieren Sie eher sachlich, ohne starke Emotionen einzubringen. Damit kann Mr. Ice Cube gut umgehen.

2. Seien Sie trotzdem nett zu ihm   Mr. Ice Cube hat gleichwohl auch Gefühle. Er lässt sie nur nicht nach außen dringen. Trotzdem freut sich auch Mr. Ice Cube insgeheim über menschliche Zuwendung. Kleine freundschaftliche Gesten nimmt er durchaus wahr, auch wenn er sich das im Allgemeinen nicht anmerken lässt. Steter Tropfen höhlt den Stein. Wenn Sie ihn besser kennen lernen und sich auf ihn einlassen, werden Sie erkennen, auf welche versteckte Art er seine Zuneigung bekundet.

3. Holen Sie sich aktiv Rückmeldung Mr. Ice Cube kritisiert gerne und lobt wenig. Beim Loben müsste er mal lächeln und menschliche Wärme zeigen. Das fällt ihm aber schwer. Da ihm meist schwer anzusehen ist, was er denkt, sollten Sie ihn manchmal einfach fragen, wie er Ihre Arbeit einschätzt. Bleibt er zu allgemein, fragen Sie nach, was ihm konkret gefällt. Das hilft Ihnen, ihn und seine Meinung über Sie besser einzuschätzen.

Das HB-Männchen

Eine der erfolgreichsten deutschen Werbungen aller Zeiten war die Zigarettenwerbung der Marke HB mit der Figur des HB-Männchens in den 60er Jahren. Sein Markenzeichen war die Explosion beziehungsweise das »in die Luft gehen« im Verlauf des jeweiligen Trickfilms. Der Werbespott zeigt das typische Verhalten eines Cholerikers. Blut wird in den Kopf gepumpt, stößt an die Schädeldecke und rauscht dann in das Sprachorgan. Kurzfristigen Druck im Kopf baut der Choleriker gerne mit ausgiebigem Schreien ab. Ist Ihr Chef ein HB-Männchen? Regt er sich schnell auf? Beim Vorstand kann er sich gerade noch beherrschen, aber direkt danach explodiert er. Der Anlass muss kein großer sein. Schon eine Kleinigkeit kann reichen, wenn die Lunte schon offen liegt.

Lösungen:

1. Bleiben Sie ruhig Das HB-Männchen brüllt manchmal gar nicht Ihretwegen. Die Psychologen nennen das eine »Verschiebung«. Er hat sich über seinen eigenen Chef aufgeregt. Da er den aber nicht anschreien kann, macht er es bei Ihnen wegen irgendeiner Kleinigkeit. Wenn Sie zurückschreien, wird es noch schlimmer. Sie haben keine Chance. Schreien ist seine Kernkompetenz und die lässt er sich auch nicht nehmen. Wenn Sie sich kleinmachen, ist es auch nicht besser. Dann sind Sie für ihn kein Gegner mehr, sondern ein Opfer. Bleiben Sie also ruhig und gefasst. Schauen Sie ihn an, denn wer nach unten schaut, geht in die Büßerstellung. Die wichtigste Regel ist hier: Nehmen Sie seine Angriffe nicht persönlich. Ich weiß, dass das nicht einfach ist. Versuchen Sie es trotzdem. Sachlich argumentieren bringt meistens nichts. Der Vorschlag, sich doch nicht so aufzuregen, bewirkt genau das Gegenteil. Lassen Sie den Choleriker sich entladen. Er will seine Emotionen loswerden, nicht eine Fachdiskussion führen.

2. Setzen Sie Grenzen Wenn Ihr Chef Sie zum Beispiel vor Ihren eigenen Mitarbeitern anschreit, dann verlassen Sie den Raum mit den Worten: »Es tut mir leid, aber so können wir nicht reden und so werden wir auch keine Lösung finden. Lassen Sie uns das bitte unter vier Augen besprechen, wenn Sie sich beruhigt haben. Entschuldigen Sie mich.« Damit verschaffen Sie sich bei ihm Respekt. Aber gehen Sie dann auch und bleiben Sie nicht unschlüssig stehen, wenn er weiter auf Sie einbrüllt.

3. Seien Sie diplomatisch Widersprechen Sie ihm in kritischen Angelegenheiten nicht vehement (»Das geht gar nicht. Dass schaffen wir nicht in der Zeit mit dem Budget.«). Bringen Sie Einwände stattdessen vorsichtig an: »Qualität und Termin bekommen wir hin. Was ich noch brauche, ist etwas mehr Budget oder wir verschieben den Termin doch noch ein paar Tage nach hinten, dann geht es auch ohne. Was meinen Sie?«

Einfühlungsvermögen

Das Einfühlungsvermögen ist eine Fähigkeit, die Führungskräfte unbedingt haben sollten. Wer sich in seine Mitarbeiter hineinversetzen kann und bereit ist, es zu tun, bekommt mit, wie es den einzelnen Mitarbeitern geht. Wahrscheinlich kennen Sie die Unterteilung in Sachorientierung und Personenorientierung bei Führungskräften. Gute Chefs verfügen über beides. Einfühlungsvermögen ist die Voraussetzung für Personenorientierung. Dazu gehört zum Beispiel, dass Ihr Vorgesetzter sich regelmäßig Zeit nimmt für ein persönliches Gespräch oder ein positives Feedback zu Ihrer Arbeit. Was aber können Sie tun, wenn Ihr Chef kein Einfühlungsvermögen besitzt oder Sie damit überschüttet?

<--->

Ausbeuter   **Einfühlungsvermögen**   Buddy

Ausbeuter

Ein Manager: »Mein Chef ist knallhart. Ich habe mir mal das Bein gebrochen und rief in der Firma an, um drei Wochen Urlaub zu bekommen. Mein Chef meinte, das sei kein Problem, ich könne mir dann nach der Zeit gleich meine Papiere abholen. Ich besorgte mir also einen Chauffeur und fuhr täglich ins Büro.« Den Ausbeuter interessiert nur, ob die Arbeit getan wird. Nicht einmal bei ernsthaften privaten Problemen seiner Mitarbeiter, die zu Leistungsabnahmen führen, drückt er ein Auge zu. Seine Mitarbeiter sind dafür da, Leistung zu bringen. Alles andere ist ihm egal. Hier passt der Spruch: »Unser Chef hat ein Herz aus Gold, nur härter.« Junge Ausbeuter sind oft »Karrieristen«. Sie sind menschlich noch unreif und denken in erster Linie an sich selbst und die eigene Karriere. Ältere Ausbeuter kamen häufig auf die gleiche Art und Weise in Toppositionen. Sie quetschten das Letzte aus ihren Mitarbeitern heraus und erzielten damit maximale Ergebnisse. Oft wechseln sie das Unternehmen, bevor sich die langfristigen Auswirkungen ihrer Politik bemerkbar machen, und hinterlassen verbrannte Erde.

Lösungen:

1. Unterstützen Sie seine Ziele Finden Sie heraus, was die Ziele des Ausbeuters sind. Sein Hauptziel ist normalerweise, Karriere zu machen. Ihre Aufgabe ist es, herauszufinden, durch Erreichung welcher Ziele er Karriere machen will und was ihm außerdem noch wichtig ist. Auf dieser Klaviatur können Sie dann spielen. Wenn er Sie als »Unterstützer« verbucht, bleibt Ihnen das Schlimmste erspart.

2. Geben Sie ihm Anerkennung Ausbeuter legen großen Wert auf Bestätigung. Da sie menschlich nicht sehr reif sind, haben sie meistens ein übermäßig ausgeprägtes Ego, das sich gerne streicheln lässt. Überlegen Sie, was er wirklich gut kann. Irgendetwas wird es geben. Und das wertschätzen Sie dann auf dezente Art und Weise. Ausbeuter sind leider oftmals intelligent. Deshalb müssen Sie Punkte finden, die Sie wirklich wertschätzen können, sonst sind Sie nicht authentisch und schmeicheln nur – und das merkt er. Reden Sie bei Zusammentreffen nicht von sich, sondern immer von ihm. Stellen Sie ihn und seine Interessen in den Mittelpunkt Ihrer Argumentationen. Alles andere interessiert ihn sowieso nicht.

3. Schützen Sie sich und Ihre Mitarbeiter Wenn Ihr Chef ein Ausbeuter ist, sollten Sie sich selbst und Ihre Mitarbeiter, so gut es geht, vor ihm schützen, damit er Sie nicht ausquetscht wie eine Zitrone. Überlegen Sie sich eine Abwehrstrategie, sonst fordert er immer mehr. Wehren Sie sich dagegen mit guten Sachargumenten und indem Sie Grenzen setzen. Kommunizieren Sie des Öfteren schriftlich. Vor allem dann, wenn Sie Ziele oder Zeitvorgaben für nicht erreichbar halten. Das sichert Sie ab, denn der Ausbeuter findet immer einen Sündenbock, wenn etwas nicht funktioniert hat. Es ist besser, wenn Sie schriftlich nachweisen können, dass Sie von Anfang an auf die Problematik hingewiesen haben.

Buddy

Ein Manager: »Zuerst dachte ich, mein Chef sei ein echt netter Typ, und ich hätte großes Glück gehabt. Dann musste ich feststellen, dass er sich mit seiner freundlichen Art gegen jedwede Kritik immunisiert.« Der Buddy ist sehr am Wohl seiner Mannschaft und jedes Einzelnen interessiert. Er sieht Sie und die Mitarbeiter als seine Familie. Er ist immer für Sie da, hat Verständnis für alles und natürlich duzen Sie sich. Gerne nimmt er sich Zeit für ein persönliches Gespräch. Er fragt nach Ihrem Privatleben und erzählt von seinem. Ihr Arbeitsverhältnis ist sehr harmonisch. Der Buddy-Chef bindet Sie auch in sein privates Umfeld mit ein. Beim Grillfest lernen Sie seine Familie kennen. Im Gegensatz zu den meisten deutschen Managern lobt der Buddy-Chef gerne und oft. Außerdem hat er immer einen aufbauenden Spruch auf den Lippen. Die Medaille hat aber auch eine Kehrseite. Als kleine Gegenleistung verlangt er von Ihnen nämlich bedingungslose Treue. Kritik empfindet er schnell als Verrat und nimmt sie meist sehr persönlich.

Lösungen:

1. Lassen Sie sich nicht zu sehr vereinnahmen Das »Du« können Sie Ihrem Chef schlecht verweigern, wenn er es Ihnen anbietet. Sie können aber darauf achten, dass er Sie nicht zu sehr vereinnahmt. Überlegen Sie sich gut, ob Sie seine Einladung in seinen Golf-Club oder zu den Rotariern annehmen möchten. Allzu große Vertrautheit kann später als moralische Keule benutzt werden. Bei Widerspruch bekommen Sie dann schnell zu hören: »Das hätte ich von dir nicht gedacht, wo wir beide doch ein so gutes Verhältnis haben.«

2. Trennen Sie in Ihrer Argumentation die Beziehungs- von der Sachebene Wenn Sie Kritik äußern wollen, machen Sie glasklar, dass es keine Kritik an ihm, sondern an der Sache ist. Bevor Sie eine negative Kritik zu einem Thema äußern, formulieren Sie ein positives Feedback zu ihm und Ihrer Beziehung: »Peter, du weißt, dass ich dich sehr schätze und wie wichtig mir unser Projekt ist. Deshalb möchte ich dich auch auf einen kritischen Punkt hinweisen, der mir aufgefallen ist.«

3. Drehen Sie den Spieß um Ihr Vorteil: Das Ganze funktioniert auch andersherum. Wenn Sie mal eine Gehaltserhöhung für eine gute Mitarbeiterin brauchen, können Sie ihm gegenüber auch emotional argumentieren: »Mensch Peter, ich versteh ja, dass die Kassen knapp sind. Aber sie hat die Erhöhung wirklich verdient. Du kannst mich da nicht hängen lassen.«

Ein extremes Verhalten Ihres Chefs ist übrigens dann kein Problem, wenn Sie dasselbe extreme Verhalten kultivieren. Gut vertragen sich untereinander normalerweise: Chaot–Chaot, Pedant–Pedant, Bremser–Bremser, Spontan-Kreative–Spontan-Kreative, Mr. Ice Cubes–Mr. Ice Cubes, Ausbeuter–Ausbeuter und Buddy–Buddy. Lediglich die Kombination Besserwisser–Besserwisser und HB-Männchen–HB-Männchen entwickeln zusammen sehr schnell eine negative Dynamik. Nichtskönner–Nichtskönner verstehen sich zwar meist gut, fallen aber in der Kombination durch Mangel an Leistung schnell auf.

Übung

Setzen Sie auf den Skalen jeweils einen Punkt dort, wo Sie Ihren Chef und wo Sie sich selbst sehen. Verbinden Sie jeweils Ihre Punkte und die Ihres Chefs mit einer Linie. Je weiter Ihre Profile auseinanderliegen, desto größeres Konfliktpotenzial birgt Ihre Verbindung, aber desto mehr haben Sie auch das Potenzial, Ihren Chef zu ergänzen. Um dabei erfolgreich zu sein, müssen Sie ihm gegenüber die richtige Einstellung haben, klug agieren und konfliktfähig sein, sonst sind Auseinandersetzungen unvermeidlich.

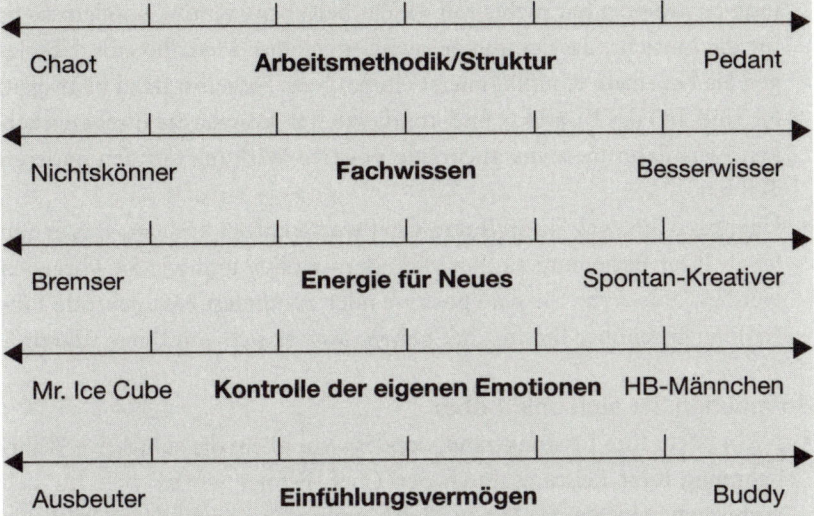

| Chaot | **Arbeitsmethodik/Struktur** | Pedant |

| Nichtskönner | **Fachwissen** | Besserwisser |

| Bremser | **Energie für Neues** | Spontan-Kreativer |

| Mr. Ice Cube | **Kontrolle der eigenen Emotionen** | HB-Männchen |

| Ausbeuter | **Einfühlungsvermögen** | Buddy |

Die Kriterien, in denen Ihr Chef Extreme auslebt oder in denen Sie deutlich voneinander abweichen, sind kritisch. Kombinieren Sie die Verhaltensempfehlungen für diese Bereiche und leiten Sie daraus Ihre zukünftige Taktik ab. Wenn Ihr Chef in der Mitte ist, Sie aber ein Extrem ausleben, passen Sie sich Ihrem Vorgesetzten an.

Was Sie auf dieser Skala auch sehen können ist, dass Ihr Chef vielleicht gar nicht so unmöglich ist. Wahrscheinlich liegt er nicht in allen fünf Bereichen in den Extremen. Demnach gibt es also Bereiche, die er gut beherrscht und in denen er Ihnen das Leben nicht schwer macht, wie andere Chefs es tun. Diese Erkenntnis kann Ihnen helfen, die richtige Einstellung gegenüber Ihrem Chef zu festigen, von der wir am Anfang dieses Buchteils gesprochen haben. Nehmen Sie wahr, welche Schwächen Ihr Chef hat, aber verurteilen Sie ihn nicht. Helfen Sie ihm, diese auszugleichen. Er wird es Ihnen danken.

Management Summary

So gehen Sie damit um, wenn Ihr Chef Sie nervt

- Wenn Sie sich über Ihren Chef ärgern, bleibt Ihnen meist als einzige Möglichkeit, Ihre Einstellung zu verändern. An Ihrer eigenen Einstellung zu arbeiten hat nichts mit »klein beigeben« zu tun, sondern steht für die Einsicht, dass es immer zwei Seiten einer Medaille gibt. Überlegen Sie bei einem Konflikt zuerst einmal, was Sie selbst dazu beitragen. Sie sind Teil des Konflikts und auf diesen Teil können Sie direkt einwirken, was dann meistens auch eine positive Wirkung auf den anderen Teil hat.
- Überlegen Sie, was Sie an Ihrem Chef wertschätzen können, was genau Sie in Ihrer Beziehung zu ihm verändern wollen und wie Sie vorgehen werden. Nur wenn Sie eine positive oder zumindest eine neutrale Einstellung gegenüber Ihrem Chef haben, lässt er sich von Ihnen führen.

So machen Sie sich unkündbar

- Nicht allein Ihre Leistung zählt, sondern vor allem die subjektive Wahrnehmung Ihrer Leistung durch den Chef. Erfolge wollen viele für sich verbuchen. Machen Sie Ihrem Chef klar, was Ihr Anteil daran ist. Es ist Teil Ihrer Aufgabe als Manager – auch für Ihr Team –, Ihre Leistung und Erfolge im Unternehmen an wichtigen Stellen sichtbar zu machen.
- Passen Sie Ihre Argumentation der Denkweise des Topmanagements an. Verkaufen Sie dem Topmanagement die zu erwartenden Einnahmen oder Ersparnisse Ihrer Investition, nicht die Investition selbst, indem Sie die drei zentralen Fragen beantworten: »Was bringt das?«, »Wie schnell?« und »Wie sicher?«.
- Vermitteln Sie das Gefühl von Leichtigkeit. Vermeiden Sie es aufzuzeigen, wie viel harte Arbeit hinter Ihrer Performance steckt. Das zerstört die Illusion, dass Sie etwas Besonderes sind.
- Reden Sie mit Ihrem Chef über Ihre Probleme, aber hauptsächlich über die, die Sie bereits gelöst haben. Wenn Sie ein aktuelles Problem ansprechen müssen, bieten Sie gleich mögliche Lösungswege dazu an.

So korrigieren Sie übertriebene Anforderungen Ihres Chefs

- Sie können verschiedene wirksame Techniken der Selbstverteidigung anwenden, wenn Ihr Chef Sie mit unklaren, unrealistischen oder nutzlosen Projekten beauftragt oder dringend benötigte Entscheidungen nicht trifft.

- Beginnen Sie ohne ein klar definiertes Ziel nicht zu arbeiten. Die Auftragsklärung und die anschließende Definition sind das A und O Ihres messbaren Erfolgs.
- Zerteilen Sie für Ihren Chef nachvollziehbar komplexe Aufgaben in Unteraufgaben und schätzen Sie, wie viel Zeit und Arbeitskraft diese in Anspruch nehmen werden. Meistens ergeben die zusammengezählten Einzelschätzungen eine längere Dauer als die vorherige Schätzung des gesamten Projekts.
- Reagieren Sie freundlich, wenn Ihnen nutzlose Projekte übertragen werden, kalkulieren Sie anschließend, wie viel Aufwand diese verursachen, und teilen Sie Ihrem Chef Ihre Ergebnisse mit. Verlangt er trotzdem die Umsetzung, behandeln Sie es als Standby-Projekt.
- Schiebt Ihr Chef Entscheidungen heraus, erstellen Sie übersichtliche Entscheidungsmatrizes, in denen Sie die Alternativen gegenüberstellen und aufzeigen, was passiert, wenn keine Entscheidung getroffen wird. Sprechen Sie am Ende eine klare Empfehlung aus.

So führen Sie Ihren Chef, wenn er extreme Macken hat

- Um Ihren schwierigen Chef zu führen, brauchen Sie die richtige Einstellung und die richtige Taktik. In der Regel lassen sich die Konflikte zwischen Managern und ihren Chefs auf fünf Punkte zurückführen: 1. Die Arbeitsmethodik Ihres Chefs, 2. sein Fachwissen, 3. seine Energie für Neues, 4. sein Umgang mit den eigenen Emotionen, 5. seine Einfühlung in andere.
- Analysieren Sie, wie weit sich Ihr Profil vom Profil Ihres Chefs bezüglich dieser Punkte unterscheidet. Manche Punkte stören Sie vielleicht gar nicht, da Sie ein ähnliches Profil haben, in anderen Fällen leben Sie eventuell ein anderes Extrem aus als Ihr Chef. Schauen Sie sich für die Extreme Ihres Chefs die empfohlenen Verhaltensregeln an und erstellen daraus Ihre Taktik.

Ihre ersten Schritte
zum 360-Grad-Leadership

Durch dieses Buch haben Sie viele Anregungen bekommen, wie Sie Ihr Führungsverhalten in alle Richtungen weiter verbessern können. Sie haben jetzt drei Möglichkeiten:

1. Sie legen das Buch weg mit dem Gedanken: »Tolle Ideen, da müsste man mal was machen.« Dann wird nichts passieren. Wenn Sie nicht jetzt sofort damit anfangen, etwas umzusetzen, sinkt die Wahrscheinlichkeit mit jedem weiteren Tag, denn ab morgen hat Sie der ganz normale Alltagswahnsinn wieder, und die Inhalte geraten in Vergessenheit. Motivierter als jetzt, wo Sie sich die Zeit genommen haben, ein Buch zum Thema zu lesen, werden Sie nicht mehr sein!
2. Sie sind begeistert und nehmen sich gleich zehn Dinge auf einmal vor. Das nennt man Herkulesaufgabe, weil ihr außer Herkules niemand gewachsen ist. Nach einer Woche geben Sie frustriert auf und fallen in das alte Verhalten zurück.
3. Sie nehmen sich jetzt aus dem gesamten Inhalt des Buches drei Dinge vor, die Sie innerhalb der nächsten drei Tage beginnen werden, und verfolgen diese konsequent weiter. Wenn Sie das schaffen, werden Sie einen hohen Nutzen aus der Investition in dieses Buch ziehen.

Übung

Schreiben Sie drei Aktivitäten auf, die Sie aufgrund der Lektüre dieses Buches innerhalb der nächsten drei Tage angehen werden:

1. _____

2. _____

3. _____

Wenn Sie die ersten drei Dinge erfolgreich in Ihrem Arbeitsprozess umgesetzt haben, nehmen Sie sich die nächsten drei Dinge vor.

Der Job des mittleren Managers ist einer der härtesten im Unternehmen, gleichzeitig ist er aber auch einer der spannendsten und er kann sehr erfüllend sein. Er bietet Ihnen viele Herausforderungen und damit Möglichkeiten zu persönlichem Wachstum. Die vielen Entscheidungen, die Sie als mittlerer Manager treffen müssen, die Siege, die Sie erringen, und die Niederlagen, die Sie einstecken, geben Ihnen als Mensch die Chance, Ihren Charakter und die eigenen Werte zu festigen und vorzuleben. Darüber hinaus bietet Ihnen die Position des mittleren Managers die Möglichkeit, etwas für die Menschen zu tun, die für Sie arbeiten.

Manche Führungskräfte übernehmen Führungspositionen nur mit dem begrenzten Blick auf die eigene Karriere und ihren Aufstieg im Unternehmen. Sie nehmen dann kaum Anteil an den Menschen, die sie führen. Wer in so einem Fall auf der Karriereleiter stecken bleibt, verbittert leicht. Schon Albert Einstein schrieb: »Ein Leben, das vor allem auf die Erfüllung persönlicher Bedürfnisse ausgerichtet ist, führt früher oder später zu bitterer Enttäuschung.«

Ich habe durch meinen Beruf viele Führungskräfte kennen gelernt. Einige davon waren gereifte Persönlichkeiten mit einem starken Charakter, die ihre Arbeit lieben und denen die ihnen unterstellten Menschen etwas bedeuten. Unter diesen Managern arbeiten Mitarbeiter, die täglich gerne zur Arbeit kommen. In diesen Abteilungen wird nicht nur gute Leistung erbracht, sondern auch viel gelacht, was das sicherste Zeichen für eine gute Atmosphäre ist. Das ist wahre Führung!

Damit sind wir am Ende des Buches angekommen. Ich wünsche Ihnen viel Erfolg bei der Umsetzung der von Ihnen ausgewählten Punkte, den Blick für das Wesentliche und viele spannende Begegnungen mit interessanten Menschen.

Ich freue mich über Feedback und Anregungen. Sie können mich auch gerne bei Fragen zu offenen oder firmeninternen Führungsseminaren, Führungsjahresprogrammen oder Führungsvorträgen kontaktieren:

Führungsseminare
Alexander Groth
Telefon: 0700/ 444 99 88-8
Fax: 0700/ 444 99 88-4
E-Mail: dialog@alexander-groth.de
Internet: www.alexander-groth.de

Noch eine letzte Bitte:
Wenn Ihnen das Buch gefallen hat, empfehlen Sie es weiter. – Vielen Dank!

Anmerkungen

1   Fredmund Malik: *Führen Leisten Leben*. Frankfurt/New York 2006, S. 144.

2   Vgl. Marcus Buckingham/Donald O. Clifton: *Entdecken Sie Ihre Stärken jetzt!* Frankfurt/New York 2007, S. 33.

3   Friedemann Schulz von Thun: *Miteinander reden: Kommunikationspsychologie für Führungskräfte*. Reinbek 2003.

4   Anselm Grün: *Menschen führen – Leben wecken*. München 2006, S. 20.

5   Daniel Goleman: *EQ2. Der Erfolgsquotient* München 2000, S. 387.

6   Thomas Hohensee: *Der Buddha hatte Zeit*. München 2005, S. 114–116.

7   Vgl. Fredmund Malik: *Führen Leisten Leben*. Frankfurt/New York 2006, S. 279.

8   Fredmund Malik: *Führen Leisten Leben*. Frankfurt/New York 2006, S. 118.

9   Vgl. Richard Koch: *Das 80/20 Prinzip*. Frankfurt/New York 2004.

10 Richard Koch: *Das 80/20 Prinzip*. Frankfurt/New York 2004, S. 144f.

11 Frederick Herzberg: Was Mitarbeiter in Schwung bringt, in: *Harvard Business Manager: Motivation. Was Manager und Mitarbeiter antreibt*. 2004.

12 *Frankfurter Zeitung* 19.1.2004.

13 Frederick Herzberg: Was Mitarbeiter in Schwung bringt, in: *Harvard Business Manager: Motivation. Was Manager und Mitarbeiter antreibt*. Frankfurt 2004.

14 Knut Bleicher: *Normatives Management*. Frankfurt/New York 2004.

15 Vgl. DGQ – Deutsche Gesellschaft für Qualität e.V.: *TQM 3-8/9*. Frankfurt 2005.

16 Jack und Suzy Welch: *Winning. Die Antworten auf die 74 brisantesten Managementfragen*. Frankfurt/New York 2007, S. 69.

17 Jim Collins: *Der Weg zu den Besten*. Stuttgart/München 2001, S. 61.

18 Jack und Suzy Welch: *Winning. Das ist Management*. Frankfurt/New York 2005, S. 103.

19 Vgl. Michael Watkins: *Die entscheidenden 90 Tage*. Frankfurt/New York 2007.

20 Michael Watkins: *Die entscheidenden 90 Tage*. Frankfurt/New York 2007, S. 157.

21 Jack und Suzy Welch: *Winning. Die Antworten auf die 74 brisantesten Managementfragen*. Frankfurt/New York 2007, S. 61f.

22 Peter F. Drucker: *Die ideale Führungskraft*. Düsseldorf 1995, S. 142.

23 Stephen R. Covey: *Die 7 Wege zur Effektivität*. Offenbach 2005.
24 Alfred Thiele: *Argumentieren unter Stress*. Frankfurt 2007.
25 Mario Puzo: *Der Pate*. Deutsche Übersetzung von Gisela Stege. Copyright © 1969 by Mario Puzo; alle deutschen Rechte bei C. Bertelsmann Verlag GmbH, München 1981. Veröffentlicht im Rowohlt Taschenbuch Verlag, Reinbek 1971, S. 19 f.
26 Jens-Uwe Meyer: *Fest im Sattel*. Frankfurt/New York 2007, S. 94 f.
27 Mack Hanan: *So überzeugen Sie Ihren Chef*. Düsseldorf 1995.
28 Jens-Uwe Meyer: *Fest im Sattel*. Frankfurt/New York 2007.
29 Klaus D. Tumuscheit: *Erste-Hilfe-Koffer für Projekte*. Zürich 2004.

Kommentierte Buchempfehlungen zum Weiterlesen

Hier finden Sie zu den vier Buchteilen von mir empfohlene Literatur, die mich besonders inspiriert hat und die ich Ihnen zum Weiterlesen empfehle. Ausführliche Buchrezensionen zu den hier aufgeführten Büchern sowie über 200 weitere Empfehlungen zu vielen Führungs- und Managementthemen finden Sie auf meiner Homepage: www.alexander-groth.de

1. Teil Führen Sie sich selbst als Führungskraft

- Buckingham, Marcus und Clifton, Donald O.: *Entdecken Sie Ihre Stärken jetzt! Das Gallup-Prinzip für individuelle Entwicklung und erfolgreiche Führung*, 275 Seiten, 3. überarbeitete Aufl. Frankfurt/New York 2007.
  Ein ausgezeichnetes Buch, um die eigenen Stärken zu erkennen. Beinhaltet einen Zugangscode für einen hervorragenden Onlinetest zum Bestimmen der eigenen Talente. Sehr gut geschrieben und ein extrem gutes Preis-Leistungs-Verhältnis.
- Attems, Rudolf und Heimel, Franz: *Typologie des Managers. Potenziale erkennen und nutzen mit dem Myers-Briggs Type Indicator*, 255 Seiten, 2. Aufl. Frankfurt, Wien 2003.
  Ein sehr schönes Buch mit gut gemachtem Fragebogen zum Bestimmen der eigenen Stärken und Präferenzen. Das Buch baut auf dem Myers-Briggs Type Indicator (MBTI) auf und ist speziell auf Manager abgestimmt. Zurzeit leider nur antiquarisch erhältlich.
- Stahl, Stefanie und Alt, Melanie: *So bin ich eben! Erkenne dich selbst und andere*, 272 Seiten, 4. Aufl. Hamburg 2005.
  Wenn Sie das Buch von Attems (s. o.) nicht bekommen, nehmen Sie dieses. Flott geschrieben erklärt es Ihnen die eigenen Stärken und Präferenzen mithilfe des MBTI. Leider ist der selbst auszuwertende Fragebogen mit nur 40 Fragen etwas dürftig ausgefallen.
- Littauer, Florence: *Einfach typisch! Die vier Temperamente unter der Lupe*, 219 Seiten, 20. Aufl. Asslar 2002.
  Dieses Buch baut auf der Temperamentlehre des Hippokrates auf. Sie erfahren

mithilfe eines kleinen Tests, welcher Temperamenttyp Sie sind und welche Stärken daraus resultieren. Unterhaltsam und witzig geschrieben.

- Hohensee, Thomas: *Der Buddha hatte Zeit. Der Weg zu einem Leben ohne Hektik und Stress*, 175 Seiten, München 2005.
  Ein exzellentes Büchlein voller Weisheit, das zu meinen Lieblingsbüchern gehört und das ich häufig verschenke. Hier bekommen Sie viele sehr praxistaugliche Anregungen, wie Sie mehr Freude und Muße in Ihr Leben bringen können.
- Grün, Anselm: *Leben und Beruf. Eine spirituelle Herausforderung*, 163 Seiten, Münsterschwarzach 2005.
  Dieses Buch ist auch für nicht gläubige Menschen geeignet, sich Gedanken über sich selbst zu machen. Grün bringt in diesem Buch die Ängste und Probleme vieler Manager sehr gut auf den Punkt, spendet Trost und gibt Rat.
- Münchhausen, Marco von: *So zähmen Sie Ihren inneren Schweinehund. Vom ärgsten Feind zum besten Freund*, 230 Seiten, 6. Aufl. Frankfurt/New York 2005.
  Wenn Sie immer wieder Probleme haben, sich selbst zu überwinden, ist dieses Buch das richtige für Sie. Münchhausen erklärt anschaulich, wie Sie Dinge angehen, die Sie schon lange mal tun wollten, aber nie umgesetzt haben.

2. Teil Führen Sie das untere Management

- Drucker, Peter F.: *Was ist Management? Das Beste aus 50 Jahren*, 398 Seiten, 3. Aufl. München 2002.
  Drucker ist eine Legende! Dieses Buch enthält eine Zusammenstellung der wichtigsten Texte aus seinen Büchern. Es lohnt sich sehr zu lesen, was der Urvater der modernen Managementlehre in gewohnt klarer Sprache über Management, Führung und die Gesellschaft zu sagen hat.
- Malik, Fredmund: *Führen, Leisten, Leben*, 400 Seiten, Frankfurt/New York 2006.
  Dieses Buch ist bereits ein Klassiker und das zu Recht. Malik beschreibt die Grundsätze, Aufgaben und Werkzeuge des Managers. Das Buch bietet einen sehr hohen Erkenntnisgewinn. Durch die Verdichtung des Wissens auch zum Nachschlagen geeignet.
- Buckingham, Marcus und Coffman, Curt: *Erfolgreiche Führung gegen alle Regeln. Wie Sie wertvolle Mitarbeiter gewinnen, halten und fördern*, 292 Seiten, 3. Aufl. Frankfurt/New York 2005.
  Dieses Buch beschreibt, wie Sie Stärkenmanagement in Ihrem Unternehmen oder in Ihrem Bereich umsetzen können. Das Buch enthält viel innovatives Wissen über Führung, das Sie nirgendwo sonst zu lesen bekommen.
- Welch, Jack und Welch, Suzy: *Winning. Das ist Management*, 400 Seiten, Frankfurt/New York 2005.
  Wenn der bekannteste Manager der Welt sein Wissen zum Besten gibt, lohnt es

sich hinzuhören. Dank seiner schreibbegabten Frau Suzy ein Lesegenuss mit hohem praktischem Nutzen.

- Pinnow, Daniel F.: *Führen. Worauf es wirklich ankommt*, 320 Seiten, 3. Aufl. Wiesbaden 2008.
  Sehr gut verständlicher Überblick über alle wichtigen Führungstheorien und Autoren. Ein Schwerpunkt liegt auf der Idee der systemischen Führung. Aufgrund kleiner Schrift ein sehr umfassendes Werk.
- Schulz von Thun, Friedemann: *Miteinander reden: Kommunikationspsychologie für Führungskräfte*, 192 Seiten, Reinbek 2003.
  Die Bücher des Kommunikationspapstes Schulz von Thun sind immer eine Freude an Lesbarkeit. Er fasst hier die Modelle aus seinen Bestsellern *Miteinander reden 1–3* zusammen und überträgt dies auf Führung. Exzellent!
- Grün, Anselm: *Menschen führen – Leben wecken*, 126 Seiten, München 2006.
  Der bekannte Pater überträgt die Regeln des heiligen Benedikts für den Cellerar, den wirtschaftlichen Leiter des Klosters, auf den modernen Manager. Ein Buch zum meditieren.

3. Teil Führen Sie Ihre Kollegen im mittleren Management

- Covey, Stephen R.: Die 7 *Wege zur Effektivität. Prinzipien für persönlichen und beruflichen Erfolg*, 368 Seiten, 10. überarbeitete Auflage Offenbach 2005.
  Dieses Buch wurde weltweit über 15 Millionen Mal verkauft. In der Tat bietet es sehr viele Anregungen und Ideen zur Weiterentwicklung der eigenen Person oder zum Umgang mit anderen.
- Thiele, Alfred: *Argumentieren unter Stress. Wie man unfaire Angriffe erfolgreich abwehrt*, 280 Seiten, 6. Aufl. Frankfurt 2007.
  Thiele zeigt Ihnen, wie Sie mit unfairen Angriffen umgehen können und wie Sie in schwierigen Situationen des Verhandelns, Präsentierens und Diskutierens sinnvoll reagieren.
- Scherer, Hermann: *Wie man Bill Clinton nach Deutschland holt. Networking für Fortgeschrittene*, 216 Seiten, Frankfurt/New York 2006.
  Dieses Buch scheint mir von den vielen am Markt vorhandenen Büchern über Networking das Beste zu sein. Scherer hat einen angenehmen Schreibstil und hält viele nützliche Tipps parat.

4. Teil Führen Sie Ihren Chef und das obere Management

- Meyer, Jens-Uwe: *Fest im Sattel. Insider-Strategien zur Jobsicherung*, 224 Seiten, Frankfurt/New York 2007.

Meyer zeigt alle Überlebens- und Guerilla-Strategien auf, die Sie brauchen, um fest im Sattel zu bleiben. Das Buch ist eine interessante Sammlung an Ideen zur Sicherung der eigenen Position.

- Wehrle, Martin: *Die Geheimnisse der Chefs*, 256 Seiten, Hamburg 2004.
  Sehr humorvolle Abhandlung über den Umgang mit dem eigenen Chef. Wer wissen will, wie der Chef tickt, kann es hier nachlesen. Das Buch ist aus der Sicht eines Chefs geschrieben.
- Tumuscheit, Klaus D.: *Erste-Hilfe-Koffer für Projekte. 33 Lösungen für die häufigsten Probleme*, 207 Seiten, Zürich 2004.
  Dies ist ein Buch über den Umgang mit den typischen Problemen im Projektmanagement. Da mittlere Manager und Projektmanager häufig dieselben Probleme haben, lässt sich hier viel lernen.

Literaturverzeichnis

Andrzejewski, Laurenz: *Trennungs-Kultur*, 2. Aufl. München/Unterschleißheim 2004.

Attems, Rudolf und Heimel, Franz: *Typologie des Managers. Potenziale erkennen und nutzen mit dem Myers-Briggs Type Indicator*, 2. Aufl. Frankfurt/Wien 2003.

Begemann, Petra: *Den Chef im Griff. Strategien für den richtigen Umgang mit Vorgesetzten*, Frankfurt 2004.

Bleicher, Knut: *Das Konzept Integriertes Management*, 7. überarb. u. aktual. Aufl., Frankfurt/New York 2004.

Buckingham, Marcus und Coffman, Curt: *Erfolgreiche Führung gegen alle Regeln. Wie Sie wertvolle Mitarbeiter gewinnen, halten und fördern*, 2. Aufl., Frankfurt 2002.

Buckingham, Marcus und Clifton, Donald O.: *Entdecken Sie Ihre Stärken jetzt! Das Gallup-Prinzip für individuelle Entwicklung und erfolgreiche Führung*, 3. aktual. und überarb. Aufl., Frankfurt/New York 2007.

Buckingham, Marcus: *Go put your Strengths to work. Six Powerful Steps to Achieve Outstanding Performance*, London 2007.

Collins, Jim: *Der Weg zu den Besten. Die sieben Management-Prinzipien für dauerhaften Unternehmenserfolg*, Stuttgart München 2001.

Covey, Stephen R.: *Die 7 Wege zur Effektivität. Prinzipien für privaten und beruflichen Erfolg*, Offenbach 2005.

Csikszentmihalyi, Mihaly: *Flow. Das Geheimnis des Glücks*, Stuttgart 1992.

DGQ – Deutsche Gesellschaft für Qualität e. V.: *TQM. Verbesserung von Unternehmensprozessen*, Lehrgangsunterlage, Frankfurt 2005.

Drucker, Peter F.: *Die ideale Führungskraft. Die hohe Schule des Managers*, Düsseldorf 1995.

Drucker, Peter F.: *Was ist Management? Das Beste aus 50 Jahren*, München 2002.

Förster, Anja und Kreuz, Peter: *Alles, außer gewöhnlich. Provokative Ideen für Manager, Märkte, Mitarbeiter*, Berlin 2007.

Gabrisch, Jochen: *Die Besten entdecken*, 2. überarb. Aufl., Köln 2007.

Giuliani, Rudolph W.: *Leadership. Verantwortung in schwieriger Zeit. Meine Prinzipien erfolgreicher Führung*, München 2002.

Goleman, Daniel: *EQ2. Der Erfolgsquotient*, München 2000.

Grün, Anselm: *Menschen führen – Leben wecken*, München 2006.

Grün, Anselm: *Leben und Beruf. Eine spirituelle Herausforderung*, Münsterschwarzach 2005.

Hanan, Mack: *So überzeugen Sie Ihren Chef. Ideen und Projekte erfolgreich durchsetzen*, Düsseldorf 1995.

Herzberg, Frederick: Was Mitarbeiter in Schwung bringt, in: *Harvard Business Manager: Motivation. Was Manager und Mitarbeiter antreibt*, Frankfurt 2004.

Hohensee, Thomas: *Der Buddha hatte Zeit. Der Weg zu einem Leben ohne Hektik und Stress*, München 2005.

Kanitz, Anja von: *Emotionale Intelligenz*, München 2007.

Koch, Richard: *Das 80/20 Prinzip. Mehr Erfolg mit weniger Aufwand*, 2. aktual. Aufl. Frankfurt/New York 2004.

Littauer, Florence: *Einfach typisch! Die vier Temperamente unter der Lupe*, 20. Aufl. Asslar 2002.

Malik, Fredmund: *Führen, Leisten, Leben*, Frankfurt/New York 2006.

Meyer, Jens-Uwe: *Fest im Sattel. Insider-Strategien zur Jobsicherung*, Frankfurt/Main 2007.

Münchhausen, Marco von: *So zähmen Sie Ihren inneren Schweinehund, Vom ärgsten Feind zum besten Freund*, 6. Aufl., Frankfurt/New York 2005.

O'Kelly, Eugene: *Auf der Jagd nach dem Tageslicht. Wie mit meinem bevorstehenden Tod ein neues Leben begann*, München 2006.

Pinnow, Daniel F.: *Führen. Worauf es wirklich ankommt*, Wiesbaden 2005.

Puzo, Mario: *Der Pate*, Reinbek 1971.

Scherer, Hermann: *Wie man Bill Clinton nach Deutschland holt. Networking für Fortgeschrittene*, Frankfurt/New York 2006.

Schulz von Thun, Friedemann: *Miteinander reden: Kommunikationspsychologie für Führungskräfte*, Reinbek 2003.

Stahl, Stefanie und Alt, Melanie: *So bin ich eben! Erkenne dich selbst und andere*. 3. Aufl. Hamburg 2005.

Thiele, Alfred: *Argumentieren unter Stress. Wie man unfaire Angriffe erfolgreich abwehrt*, 6. Aufl. Frankfurt 2007.

Tumuscheit, Klaus D.: *Erste-Hilfe-Koffer für Projekte. 33 Lösungen für die häufigsten Probleme*, Zürich 2004.

Watkins, Michael: *Die entscheidenden 90 Tage. So meistern Sie jede neue Managementaufgabe*, Frankfurt/New York 2007.

Wehrle, Martin: *Die Geheimnisse der Chefs. So bekommen Sie Ihren Vorgesetzten in den Griff*, Hamburg 2004.

Weimer, Wolfram: *Kapitäne des Kapitals. Zwanzig Unternehmensporträts großer deutscher Gründerfiguren*, Frankfurt 1993.

Welch, Jack und Welch, Suzy: *Winning. Das ist Management*, Frankfurt/New York 2005.

Welch, Jack und Welch, Suzy: *Winning. Die Antworten auf die 74 brisantesten Managementfragen*, Frankfurt/New York 2007.

Danksagung

Wer ein Buch schreibt, braucht Unterstützung. Ich hatte das große Glück, von vielen außergewöhnliche Menschen unterstützt zu werden. An erster Stelle ist meine Frau Tanja zu nennen, die mich in den acht Monaten der Doppelbelastung als Trainer und Buchautor sehr liebevoll und mit viel Nachsicht für meine Einseitigkeit unterstützt hat. Ich weiß, was ich ihr verdanke! Außerdem danke ich meinem vierjährigen Sohn Maximilian, der mich mit einem für sein Alter unglaublichen Verständnis und viel Liebe behandelte, wenn der »Papa« mal wieder nicht mit ihm spielen konnte.

Direkt an zweiter Stelle kommt mein kompetentes Team: Britta Kroker beriet mich mit ihrer großen Verlagserfahrung und ihrer herzerfrischenden Art beim Konzept des Buches und stellte den Kontakt zu den Verlagen her. Die freie Übersetzerin Mary Anne van Mens verbesserte mit ihrem wunderbar feinen Gespür für Sprache die Texte sowohl sprachlich als auch inhaltlich sehr deutlich. Maren Wetcke und Juliane Meyer, meine kompetenten Lektorinnen vom Campus Verlag, haben mir mit Rat und Tat zur Seite gestanden und die gesamte Entstehung des Buches sehr professionell gemanagt. Thomas Plassmann, dessen Bilder ich schon lange bewundere, steuerte die wunderbaren Cartoons bei, die visuell geprägte Menschen wie mich ansprechen. Ich hoffe sehr, dass mich dieses Team auch bei weiteren Buchprojekten begleiten wird.

Persönlicher Dank gilt auch ganz besonders meinen beiden guten Freunden, Elmar Schwager von der Audit Factory und Dr. Markku Klingelhöfer von Merck, die mir mit ihren kritischen Anmerkungen aus der Sicht erfahrener Manager bei der Verbesserung der Inhalte geholfen haben. Drei »Führungskräfte« sind mir ein Vorbild an Integrität, Authentizität und vor allem an Menschlichkeit geworden. Diese sind Pater Dr. Anselm Grün, Robert Link (im Ruhestand) und Robert Stüwe (im Ruhestand). Weiterhin danke ich allen Autoren, die ich in diesem Buch zitiere, ihre klugen Gedanken haben mich bereichert und inspiriert. Besonders hervorheben möchte ich Peter Drucker, Fredmund Malik und Marcus Buckingham, deren Sichtweisen über Führung mich am nachhaltigsten beeinflusst haben.

Abschließend danke ich meinen Schwiegereltern Helga Helfmann und Jürgen Kreutzfeldt für ihre Unterstützung in dieser Zeit und die wunderbaren Notfallsuppen. Last but not least danke ich als Führungstrainer meinen vielen Seminarteilnehmern und meinen Auftraggebern für ihr Vertrauen, viele spannende Diskussionen und menschliche Begegnungen.

Register